工程硕士实践教学用书

全国工程硕士教指委"加强实践基地建设，提升实践教学质量"课题立项支持
上海市教委"专业学位研究生实践教学基地建设（中石化上海工程有限公司）"课题立项支持

SHI YOU HUA GONG GEI SHUI PAI SHUI GONG CHENG SHE JI

SSEC

中石化上海工程有限公司

石油化工给水排水工程设计

吴德荣 主编

华东理工大学出版社
EAST CHINA UNIVERSITY OF SCIENCE AND TECHNOLOGY PRESS

·上海·

图书在版编目(CIP)数据

石油化工给水排水工程设计 / 吴德荣主编. —上海：华东理工
大学出版社,2018.7
ISBN 978-7-5628-5502-6

Ⅰ.①石… Ⅱ.①吴… Ⅲ.①石油化工-给水工程-工程设计
②石油化工-排水工程-工程设计 Ⅳ.①TU745.7

中国版本图书馆 CIP 数据核字(2018)第 132972 号

策划编辑 /	徐知今
责任编辑 /	徐知今
装帧设计 /	戴晓辛　靳天宇
出版发行 /	华东理工大学出版社有限公司
	地址：上海市梅陇路 130 号,200237
	电话：021-64250306
	网址：www.ecustpress.cn
	邮箱：zongbianban@ecustpress.cn
印　　刷 /	江苏凤凰数码印刷有限公司
开　　本 /	787mm×1092mm　1/16
印　　张 /	16
字　　数 /	384 千字
版　　次 /	2018 年 7 月第 1 版
印　　次 /	2018 年 7 月第 1 次
定　　价 /	58.00 元

本书编委会

主编

    吴德荣

编委（按姓氏笔画排序）

王江义	叶文邦	刘文光
陈宇奇	沈江涛	吴丽光
宋　扬	吴卓敏	汪建羽
陈国明	杨兴有	杨琳琳
胡　金	凌元嘉	夏庭海
曹成亮	崔文钧	褚以健

序

为了适应我国经济建设和社会发展对高层次专业人才的需求，培养具有较强专业能力和职业素养、能够创造性地从事实际工作的高层次工程人才，国务院学位委员会于 1997 年第十五次会议审议通过了《工程硕士专业学位设置方案》，由此拉开了我国工程硕士专业学位研究生教育的序幕。

15 年来，我国工程硕士专业学位教育获得了快速发展，培养高校不断增加、培养规模迅速扩大、培养领域不断拓展。从上海的情况来看，目前有 11 所高校开展工程硕士研究生培养，涉及现有 40 个工程领域中的 35 个，共有 150 个工程领域授权点。随着工程硕士专业学位研究生教育的发展，国外的办学模式、办学理念及实践教材被不断引进国内。同时，国内各地区、各部门积极推进工程硕士培养的实践教学环节改革，已取得了一定成效。但总体而言，目前工程硕士专业学位研究生的实践应用能力与实际岗位需求仍有一定差距，高校的实践教学工作仍需大力加强，特别紧迫的是要构建起具有特色、符合岗位需求的实践教材和课程体系，更好地指导和开展工程硕士专业学位研究生实践能力的培养与教学。

为此，上海市学位办组织相关高校从事工程硕士教育的专家和管理干部，多次召开加强实践教学的工作研讨会，旨在推动高校在构建实践教材和课程体系方面取得积极进展，以不断满足工程硕士专业学位研究生培养的实践教学需求。华东理工大学作为全国首批工程硕士培养单位之一，根据多年工程硕士培养的经验，结合行业岗位的实际要求，与中石化上海工程有限公司合作编写了这本工程硕士实践教学用书。该书具有实践性强、应用面广、内容通俗易懂的特点，可供相关领域工程硕士研究生开展实践学习时选用，也可为广大从事工程实践的工程技术人员提供相关参考。

2012 年正逢华东理工大学建校 60 周年，很高兴看到华东理工大学能够结合学校学科特色，与企业合作编写"工程硕士实践教学用书"，这在提升工程硕士实践教学水平、提高工程实践能力方面是一次有益的探索。相信经过努力，华东理工大学在工程硕士实践教学方面必然会取得更多的成就，工程硕士培养质量会更上一层楼。

上海市教委高教处 来金梦

2012 年 10 月

前　言

中石化上海工程有限公司(以下简称上海工程公司)的前身是上海医药工业设计院,创建于 1953 年。65 年来,公司不断发展壮大的历程铸就了企业深厚的文化底蕴,在诸多工程技术领域创下了永志史册的"全国第一"。众多创新成就在各个领域跻身先进行列,为我国国民经济发展做出了积极贡献。

上海工程公司本次受全国工程硕士教指委、上海市教委和华东理工大学的委托,负责编写工程硕士实践教学用书《石油化工给水排水工程设计》。上海工程公司集 65 年企业工程建设实践与理念为一体,组织多名设计大师和国家注册资深设计专家,融入了多年工程建设的智慧和经验,吸收了工程技术人员的最新创新成果,依据既注重基本理论,更着力实践应用原则,使教材基于理论,源于实践,学以致用,力求将专家、学者、行家里手在长期工程实践活动中积累的心得体会和经验介绍给广大的青年学子,借此希望能对工程硕士培养教育和工程实践企业基地建设工作有所启发、借鉴和指导。

全书共 11 章,主要介绍石油化工给水排水工程设计中的给水工程,排水工程,建筑给水排水工程,净化水场设计,循环水场设计,给水排水水质标准,给水排水工程消耗计算规定,给水排水管道设计、给水排水管道材料设计、管道的绝热、防腐与表面色设计等内容。本书资料翔实,内容丰富,具有应用性强、章节分明、解释准确等特点,既可作为相关领域工程硕士实践教学用书,亦可供从事石油化工结构工程设计的工程技术人员作参考。

本书编印获得全国工程硕士教指委"提升实践教学质量,培养社会需求人才"课题和上海市教育委员会"专业学位研究生实践教学基地建设"课题立项支持,在此表示感谢。本书编写过程中参考了许多文献,引用了一些行业资料和数据,亦在此向相关作者致谢。本书编委会的各位专家在编制过程中付出了辛勤的劳动和努力,在此表示衷心的感谢!

由于石油化工给水排水工程设计博大精深,涉及知识浩如烟海,且在工程建设实践中不断充实、完善和发展,因此书中的不足之处在所难免,希望广大师生、同行专家和读者提出宝贵的意见和建议,以便我们提高水平,持续改进。

编者
2018.05

目　录

第1章 绪论

随着经济和科学技术的不断发展,石油化工及煤化工工程的规模日渐趋于大型化,同时国家对环境保护和消防安全设计的要求越来越高,设计安全、可靠、经济和环保的石油化工及煤化工工程是石油化工企业设计人员的共同目标。本书旨在使给水排水设计人员在石油化工及煤化工工程设计中更好地贯彻落实《石油化工给水排水系统设计规范》《石油化工企业设计防火规范》等国家和行业标准,进一步提高石油化工及煤化工工程给水排水设计质量和设计效率,供全国各设计单位参考执行,也可作为石油化工给水排水专业教学用书。

石油化工给水排水工程设计包括给水系统设计、给水管道设计、给水泵房设计、净化水场设计、循环水场设计、排水系统设计、排水管道设计、排水泵站设计、水体污染防控措施设计、污水防渗设计、排水管道安全措施、建筑给水设计、建筑排水设计、建筑热水设计、建筑消防设计等。

给水系统设计是按照生产设施的供水要求,划分给水系统,确定给水系统流程,设置增压设施等。

给水管道设计是在给水系统设计的基础上,确定给水管道的走向、平面位置、管径、标高,设置相关的检修阀门及辅助阀门(排气阀、排空阀)等。

给水泵房设计是在给水系统设计的基础上,选择水泵(增压设备)的型号,确定泵房的平面尺寸及高度,选择合适的起重设备以及相关的管道设计等。

净化水场设计是按照建设地的市政供水状况和给水系统设计需求,确定净化水场处理规模及净水处理的流程,选择各种处理设备的规模,确定净水站各类处理设备的平面布置及高程,选择合适的水泵(增压设备)以及各类设备和管道的设计等。

循环水场设计是依据给水系统设计需求,确定循环水场的供水规模及流程,选择合适的冷却塔、旁滤设备、水泵、水处理药剂及加药设备,确定循环水场各类设备的平面布置以及各类设备和管道的设计等。

排水系统设计是按照生产设施的排水要求,划分排水系统,确定排水系统流程,包括提升泵站的设置等。

排水管道设计是在排水系统设计的基础上,确定排水管道的走向、平面位置、管径、标高,设置相关的排水检查井、水封井等辅助设施。

排水泵站设计是在排水系统设计的基础上,选择合适的排水泵(增压设备),确定泵房的平面尺寸及高度,选择起重设备以及其他辅助设备和管道的设计等。

水体污染防控措施设计是通过分析在事故状态下物料泄漏、火灾、爆炸等过程中可能产生的污水对水体和土壤环境的危害,确定防污染排水的流程,划分受控面积,计算污染排水的排水量,确定事故水池的容积,以确保事故状态下,污染排水的有效收集,最大限度避免影响周边环境。

污水防渗设计是根据生产装置污染防治区域类别,合理划分污染防治区,还包括排水管材的选择、接口的处理、管沟的设置以及土壤防渗的具体处理等。

排水管道安全措施设计包括排水系统的划分、水封井的设置、排气管的设置、含可燃液体污水管的总体布置以及污水管材的选择等。

建筑给水排水及建筑消防设计是根据建筑生产、生活需求,确定给水排水系统及消防系统,完成给水排水和消防设备及管道设计(包括管道走向、平面位置、管径、标高等,并设置相关的消防设施、阀门、清扫口等)。

本书的编写目的是让有志于从事石油化工行业给水排水设计的学生全面了解石油化工行业给水排水设计的工作内容、步骤和设计要点,相信通过本书的学习,能为培养合格的石油化工工程给水排水设计技术人员打下坚实的专业基础。

第2章 给水工程

2.1 给水系统

2.1.1 给水系统的划分

石化、化工生产离不开水的供应,水不仅用来冷却带走生产中需要除去的热量,在大多数化工、石化生产中水也是一种工艺介质。因此,一般化工、石化工厂都有以下几种给水系统。

(1)循环冷却水系统。用于带出工艺过程中的热量;供给工艺换热器、冷凝冷却器、机泵、汽轮机等的冷却用水,回水返回冷却塔冷却后循环使用。系统主要组成:冷却塔、水泵、加药、加氯(或其他氧化性杀菌剂)、监测换热器等。

(2)工艺用水系统。用于为工艺生产提供所需纯度的水,例如一般生产用水、软化水、除盐水等;脱离子水、纯净水等特殊要求的工艺用水一般在装置内自建相关净化装置,属于工艺装置和流程的一部分。

(3)生活给水系统。生活给水系统包括办公室卫生用水(生活饮用、生活洗涤、淋浴、冲厕),也包括事故紧急喷淋和洗眼器用水的供水。

(4)稳高压消防水系统,平时采用稳压设施维持高压消防水管网的压力。火灾时,依靠压力供生产装置区、罐区及辅助生产区等区域消防用水(包括消防冷却、消防灭火、泡沫液配制等用水)。系统管道压力一般为 0.7~1.2 MPa。消防水的流量及持续供水量须满足相关消防规范的要求。

(5)回用水系统。根据不同水质可供生产、绿化、冲洗、消防水系统的补充等用水。

(6)再生水系统。根据不同水质可供生产、循环水场、罐区的洗罐及试压、冲洗、开停工用水、消防水系统的补充、绿化等用水。

2.1.2 给水系统用水量定额和水量计算

工厂或单元的设计给水量一般包括生产给水量、生活给水量、稳高压消防水量、循环冷却水量。各种水量均应根据工厂或单元设计能力按系统分别计算。

1. 生产给水量

全厂生产产量最高时设计给水量(除循环水系统外)应按同时生产的各单元最高用水量与系统未预见水量之和计算。未预见水量可分别按各种系统水量的 15%~20% 计算;在计算单元生产给水量时,不计算未预见水量。

生产用水量应按工艺生产需要计算,下列几种用水量可按"用水量指标"计算。

(1)储罐夏季喷淋冷却用水量,可按表 2-1 计算。

表 2-1　储罐喷淋冷却用水量指标

储罐种类	每小时用水量指标
球罐或卧式罐	0.18 m³/m²
拱顶罐	0.4～0.6 m³/m

注1:球型罐或卧式罐的冷却用水量按罐表面积的一半计算。

注2:拱顶罐的冷却用水量按罐的周长计算。

（2）冲洗储罐用水量,可按表2-2、表2-3、表2-4计算。

表 2-2　冲洗储罐用水量指标

储罐容积	一次冲洗用水量/m³
100	9
200	13
300	16
500	25
700	30
1 000	45
2 000	70
3 000	100
5 000	160
10 000	300

表 2-3　冲洗储罐用水量指标

储罐容积		一次用水量指标/（立方米/辆）
大于 10 000 m³	罐底一次冲洗用水量	0.3～0.5
	罐内壁一次冲洗用水量	0.1～0.2

表 2-4　罐车人工洗刷用水量指标

罐车类型		一次用水量指标/（立方米/辆）
重油车	冷水用水量	0.5～1.0
	热水用水量	3.0～5.0
轻油车		0.5～1.0
其他		3.0～7.0

注1:当采用洗罐器洗刷时,洗一台汽车或煤油车为 10～15 min,其用水量可按 4.5～6.75/辆计算;洗一台柴油车为 20～25 min,其用水量可按 11.25 立方米/辆计算;洗一台润滑油车为 20～30 min,其用水量可按 9～13.5 立方米/辆计算。

注2:罐车洗涤站用洗罐器洗刷车辆时,洗罐器的同时作业率按 25%～50%设计。每台洗罐器的用水量为 27 m³/h。

（3）冲洗汽车用水量，可按表 2-5 计算。

表 2-5　冲洗汽车用水量指标（有洗车台）

汽车类型	每天用水量指标/（升/辆）
小客车	250～400
大客车、货运车	400～600
消防车	400～600

注1：在沥青路面、混凝土路面或块石路面上行驶的污染程度较轻的车采用低值。
注2：每日冲洗汽车的数量按汽车总数的 80%～90% 计算。
注3：每辆汽车冲洗时间为 10 min，同时冲洗的汽车数量按洗车台数量决定。

（4）水质处理离子交换剂再生用水量，可按表 2-6 计算。

表 2-6　水质处理离子交换剂再生用水量指标

项　　目			每立方交换剂用水量指标/m³
树脂再生	固定床	阳性	3.0～6.0
		阴性	17.0
	浮床反逆流	阳性	10.0
		阴性	13.5
	移动床	阳性	11.5
		阴性	17.0
磺化催化剂再生	固定床	阳性	11.0

（5）取样冷却器用水量，可按表 2-7 计算。

表 2-7　取样冷却器用水量指标

项　　目	每小时用水量指标/立方米/个
过热蒸汽取样冷却器	1.5～2.5
饱和蒸汽取样冷却器	1.5～2.5
锅炉水取样冷却器	1.5～2.0
给水（150℃）取样冷却器	0.7～1.0
给水（105℃）取样冷却器	0.5～0.7
油品取样冷却器	1.0

注1：锅炉取样冷却器的用水指标是根据样品出口最高温度不超过 40℃，流量为 30～40 L/h 时，冷却水进出口温差为 6～12℃ 等条件确定的。若不符合上述条件，应经计算决定。

（6）浇洒道路和工厂绿化用水量，可按表 2-8 计算。

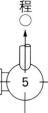

表 2-8 浇洒道路和工厂绿化用水量指标

项 目	一次用水量指标/[L/(m² · d)]
浇洒道路	2.0～3.0
绿化	1.0～3.0

（7）循环冷却水水量计算见本书 6.2.2 节。

2. 生活给水量

（1）全厂生活用水量最高时设计给水量应按同时生产的各单元最高时用水量与系统未预见水量之和计算。未预见水量可分别按各种系统水量的 15%～20% 计算；在计算单元生活给水量时，不计算未预见水量。

（2）工业企业建筑、管理人员的生活用水定额可取 30～50 升/(人·班)，车间工人的生活用水定额应根据车间性质确定，宜采用 30～50 升/(人·班)；用水时间宜取 8 h，小时变化系数宜取 1.5～2.5。

（3）工业企业建筑淋浴用水定额，应根据现行国家标准《工业企业设计卫生标准》中车间的卫生特征分级确定，可采用 40～60 L/(人·次)，延续供水时间宜取 1 h。

3. 循环冷却水量，全厂循环冷却水的最高时设计给水量应按所供给用户要求的最大连续小时用水量之和加上用户可能同时发生的最大间断小时用水量确定。

2.1.3 设计资料收集

1. 前期阶段

（1）地下水作为水源时应提供凿井工程资料和已建地下水源各种设施概况及产水量、供水量等工作情况（用于改扩建项目）。

（2）当地地下水资源管理部门和城建部门对建设地下水源的批准文件或协议书。

（3）利用水库水作为水源时应提供水库管理部门的供水协议书。

（4）地面水作水源时应提供河床地形及河流（水库、湖泊）规划资料。

拟建地面水取水地区流域地形图，比例尺为 1:10 000～1:50 000。

拟建地面水取水地段河道地形图，比例尺为 1:2 000～1:5 000。其范围选取水点上游 4 千米至下游 2 千米。

河流综合利用现状情况以及码头、航运、木材流放、水产养殖等对河流及取水构筑物的要求。

河流（水库、湖泊）流域规划、城市和环保部门对河流综合利用的规划及对建设取水设施的意见。

（5）水质资料。

近 5 年逐月河水（水库、湖泊）的物理、化学、微生物、细菌的化验分析资料。

近 5 年枯水期地下水水质化验全分析资料。

近 10 年逐月河流（水库、湖泊）泥沙的平均含量和颗粒组成，洪水季节泥沙的最大含量及持续时间。

近 10 年河流量大输沙率和平均输沙率、垂线泥沙含量和颗粒组成及泥沙运动的变化规律。

河流（水库、湖泊）水生植物、浮游生物的繁殖和生长的季节和数量，洪水期杂物及平时河流中漂浮物的情况。

（6）气象资料。

近 5～10 年历年最热月（6 月、7 月、8 月），日平均干球温度和湿球温度实测值的算术平均值,或经统计计算用于冷却塔计算的干、湿球温度。

近5～10年历年最热月(6月、7月、8月),日平均相对湿度,或经统计计算用于冷却塔计算的相对湿度。

近5～10年历年最热月(6月、7月、8月)平均风速(距地面2 m高处),或经统计计算用于冷却塔计算的平均风速。

(7) 其他

若水源为城市自来水,应提供接管点的平面位置,水压、管径、管材、埋深标高等。

应了解建厂地区现有排水系统的划分、排水能力、管径、管材、埋深标高及接口条件等;若雨水直接排入水体,应收集河流的常年水位、最高水位、最低水位等相关资料。

老厂改造工程,应提供老厂区的地下管网平面布置图,注明各类管道的走向、用途、管径、管材、埋深标高、平面坐标等。

2. 工程设计阶段

(1) 应收集修改与补充前期阶段的资料。

(2) 地下水作为水源时,对小型工程或改扩建工程,应提供地下水源扩建的勘察资料或凿井资料及原有地下水源各种设施的详细资料,包括产水量、供水量、主要设备型号、输水管道能力等。

(3) 地面水作为水源时,应提供河床地形及河流(水库、湖泊)的规划资料。

拟建地面水取水地段岸边地形图,比例尺为1∶500～1∶1 000,其范围视工程大小定。

拟建取水口水下地形图,比例尺为1∶200～1∶500。其范围一般可从取水口上游600 m到下游300 m,从岸边到拟建取水头部以外10～20 m。

取水河段河床断面图,比例尺为1∶200～1∶500,其范围一般为取水口上下游各50 m,断面间距根据取水河段河床而定。

输水管线带状地形图。比例尺为1∶500～1∶1 000,宽度以现场初定管位两侧各50～100 m。

拟建取水构筑物附近河段,历年河道变化的实测和调查资料。

2.1.4 给水构筑物设计流量

给水构筑物设计流量计算公式见表2-9所示。

表2-9 给水构筑物设计流量计算

计算公式	符号说明
取水构筑物、一级泵房、净水构筑物、从水源到水厂的输水管按日最高平均时流量加水厂自用水量计算。 $$Q_h = \frac{AQ_d}{T} \ (m^3/h) \qquad (2-1)$$ 取地下水源一级泵房按日最高平均时流量计算。 $$Q_h = \frac{Q_d}{T} \ (m^3/h) \qquad (2-2)$$ 管网按日最高流量计算。 $$Q_h = K_h \frac{Q_d}{T} \ (m^3/h) \qquad (2-3)$$ 二级泵房能力及清水池和管网调节构筑物的调节容积按照用水量曲线和拟定的二级泵房水泵工作曲线确定。	Q_d—日最高设计流量,m^3/d; A—水厂自身用水系数(一般取1.05～1.10); T—一级泵房或水厂每天工作时间,h; K_h—小时变化系数

石油化工给水排水工程设计

2.1.5　水泵扬程计算

泵的扬程计算是选择泵的重要依据,由管网的安装和操作条件决定。计算前应首先绘制流程草图,平、立面图,计算出管线的长度、管径及管件形式和数量(表 2-10)。

表 2-10　水泵扬程计算

计算公式	符号说明
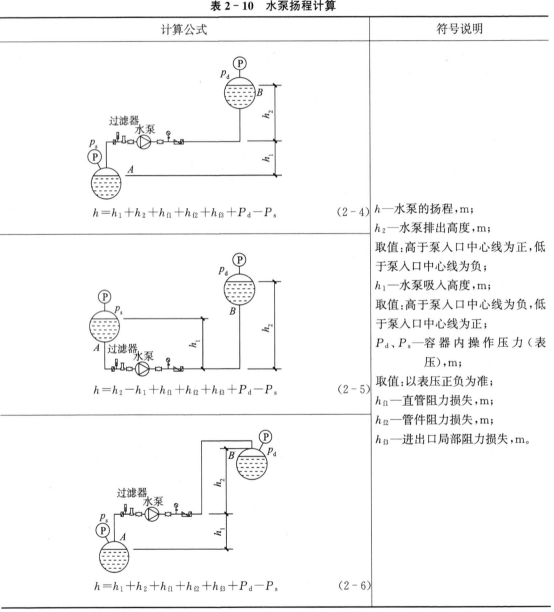 $h=h_1+h_2+h_{f1}+h_{f2}+h_{f3}+P_d-P_s$ （2-4） $h=h_2-h_1+h_{f1}+h_{f2}+h_{f3}+P_d-P_s$ （2-5） $h=h_1+h_2+h_{f1}+h_{f2}+h_{f3}+P_d-P_s$ （2-6）	h—水泵的扬程,m; h_2—水泵排出高度,m; 取值:高于泵入口中心线为正,低于泵入口中心线为负; h_1—水泵吸入高度,m; 取值:高于泵入口中心线为负,低于泵入口中心线为正; P_d、P_s—容器内操作压力(表压),m; 取值:以表压正负为准; h_{f1}—直管阻力损失,m; h_{f2}—管件阻力损失,m; h_{f3}—进出口局部阻力损失,m。

2.1.6　给水工程抗震

对位于设防烈度为 6 度地区的室外给水工程设施可不作抗震计算,抗震措施按 7 度设防的有关要求采用。

对室外给水工程中的取水构筑物和输水管道、水质净化处理厂内的主要水处理构筑物和变配电站、送水泵房、氯库等应按本地区抗震烈度提高一度采取抗震措施,当抗震设防烈度为9度时,可适当加强抗震措施。给水工程抗震一般要求见表2-11。

表2-11 给水工程抗震一般要求

	抗震要求
水源	(1) 水源设置应不少于两个,并布局在不同方位; (2) 对将地表水作为主要水源的城市,在有条件时宜配置适量的地下水备用水源井
给水管材	(1) 材质应具有较好的延性; (2) 承插式连接的管道,接头填料宜采用柔性材料; (3) 过河倒虹管或架空管应采用焊接钢管; (4) 穿越铁路或其他主要交通干线以及位于地基土为可液化土地段的管道,宜采用焊接钢管
其他	(1) 当设防烈度为7度且地基土为可液化土地段或设防烈度为8、9度时,泵的进出水管上宜设置柔性连接; (2) 在穿管的基础上应设置套管,穿管与套管间的缝隙内应填充柔性材料; (3) 当穿越的管道与基础为嵌固时,应在穿越的管道上就近设置柔性连接; (4) 当设防烈度为7度且地基土为可液化土地段或设防烈度为8、9度时,管网的阀门井、检查井等附属构筑物不宜采用砖体结构

2.1.7　给水系统防止回流污染措施

1. 给水排水系统按介质种类、介质温度、介质压力等划分为不同的给水排水管道系统,分别输送或收集不同的介质;不同的给水排水管道系统不允许相互连通。

2. 市政给水管道严禁与自备水源地供水管道直接连接。

3. 各压力流给水、排水系统在装置界区内应设置与系统衔接的切断阀,该切断阀由各装置自行设置。压力管道的切断阀,管道直径≤600 mm 时应采用闸阀;管道直径>600 mm 时应采用双向流不锈钢阀座三偏心蝶阀,以保障阀门在双向压力作用下具有良好的密封性。

4. 生活给水管道应符合下列卫生防护要求:

(1) 严禁与非生活给水管道直接连接;

(2) 当生活给水管道穿过地下有污染的地段时,应采取防止生活给水受污染的措施;

(3) 生活给水管道的放水管、水池溢流管应有防止受污染的隔断措施。

5. 生活给水管不得因管道内产生虹吸、背压回流而受污染。

(1) 卫生器具和用水设备、构筑物等生活用水管的出水口应符合下列规定:

① 出水口不得被任何液体或杂质所淹没;

② 出水口高出承接用水容器溢流边缘的最小空气间隙不得小于出水口直径的2.5倍。

(2) 生活水池(水箱)的进水管口的最低点高出溢流边缘的空气间隙应等于进水管管径,但最小不应小于25 mm,最大可不大于150 mm。当进水管从最高水位以上进入水池(水箱),管口为淹没出流时应采取真空破坏器等防止虹吸回流措施。

(3) 从生活水管网向消防、中水、雨水回用等其他用水的贮水池(水箱)补水时,其进水管口最低点高出溢流边缘的空气间隙不应小于150 mm。

(4) 从生活用水管道上直接供下列用水管道时,应在这些用水管道的下列部位设置倒流防止器:

① 从市政生活给水管网直接抽水的水泵的吸水管上；

② 利用城镇给水管网水压且引入管无防止回流设施时,向锅炉、热水机组、水加热器、气压水罐等有压容器或密闭容器注水的进水管上。

(5) 生活水管道接至下列含有对健康有危害物质等有害有毒场所或设备时,应设置倒流防止设施：

① 贮存池(罐)、装置、设备的连接管上；

② 化工液体罐区、化工车间、实验楼等还应在其引入管上设置空气间隙。

(6) 从生活水管直接接至循环冷却水集水池的补水或充水管道出口与溢流水位之间的空气间隙小于出口管径的 2.5 倍时,在其充(补)水管上应设真空破坏器。

(7) 严禁生活水管与大便器(槽)、小便斗(槽)采用非专用冲洗阀直接连接冲洗。

(8) 生活水管应避开毒物污染区,当条件限制不能避开时,应采取防护措施。

(9) 当生活水池内的贮水 48 小时内得不到更新时,应设置水消毒处理装置。

(10) 在非饮用水管道上接出水嘴或取水短管时,应采取防止误饮误用的措施。

2.1.8 消防给水

1. 全厂性同一时间火灾次数

对于占地面积不同的工厂设计全厂性消防设施时,应按表 2-12 确定同一时间的火灾次数。

表 2-12 同一时间的火灾次数

厂区占地面积/hm²	同一时间火灾次数
≤100	1：厂区内消防用水最大处
>100 ≤200	2：一处为厂区生产设施(含罐区)消防用水量最大处；另一处为厂区辅助生产设施的消防用水量最大处
>200	1：宜按面积分区,设置不少于 2 套独立的消防供水系统； 2：每套消防供水系统应根据其保护范围,按规范规定确定消防用水量； 3：分区独立设置的相邻消防供水系统管网之间应设不少于 2 根带切断阀的连通管,并应满足当其中一个分区发生故障时,相邻分区能够提供 100% 消防供水量

液化天然气接收站同一时间内的火灾处数应按一处考虑；接收站陆域部分消防用水量应为同一时间内各功能区发生单次火灾所需最大消防用水量加 60 L/s 的移动消防水量；码头部分的消防用水量应为其火灾所需最大消防用水量加上 60 L/s 的移动消防水量。

2. 消防水源

(1) 全厂性消防水源

可来源于市政给水管网、自备净水厂、天然水体或独立的消防储水池。当直接取用天然水体时,应首先确保枯水期最低水位时消防用水的可靠性。可靠性——消防车吸水的可靠性、寒冷地区冰冻期的吸水可靠性。

(2) 装置区和罐区的消防水源

当装置区(或罐区)消防用水由全厂独立消防管网供给时,其进水管不得少于两条,每条进水管均应满足 100% 的消防用水；当消防用水由全厂工业水管网供给时,亦应不少于两条进水管,当其中一条发生事故时,另一条应能满足 100% 的消防用水和 70% 的生产用水。

（3）消防水池

石化企业应以消防水池（或水罐）作为主要的消防储水设施。

3. 消防用水量

特级石油库的储罐计算总容量大于或等于 2 400 000 m³ 时，其消防用水量应为同时扑救消防设置要求最高的一个原油储罐和扑救消防设置要求最高的一个非原油储罐火灾所需配置泡沫用水量和冷却储罐最大用水量的总和。其他级别石油库储罐区的消防用水量，应为扑救消防设置要求最高的一个储罐火灾配置泡沫用水量和冷却储罐所需最大用水量的总和。

（1）工艺装置的消防用水量

工艺装置的消防用水量应根据规模、火灾危险类别及消防设施的设置情况等综合考虑。在进行详细设计前时，可按表 2-13 选定。

表 2-13　工艺装置的消防用水量表　　　　　　　　　单位：m³

装置类型	中型	大型
石油化工	150～300	300～600
炼油	150～230	230～450
合成氨及氨加工	90～120	120～200

（2）可燃液体罐区的消防用水量

可燃液体罐区的消防用水量为火灾时罐区内最大罐组配置泡沫用水及储罐（含着火罐、邻近罐）的冷却用水量之和。

（3）液化烃罐区的消防用水量

液化烃罐区（含半冷冻式、全冷冻式）消防用水量为最大着火罐及相邻罐的固定式和移动式消防冷却用水量之和。

液化烃的装卸站台应设置消防设施，消防用水量不应小于 60 L/s。

（4）石油储备库的消防用水量，应为下列用水量的总和：

① 扑救一个最大油罐火灾配置泡沫用水量；

② 冷却一个最大着火油罐用水量；

③ 移动消防用水量 120 L/s。

（5）辅助生产设施的消防用水量

① 辅助生产设施的消防用水量可按 50 L/s 计算。

② 石油库单股道铁路罐车装卸设施的消防水量不应小于 30 L/s；双股道铁路罐车装卸设施的消防水量不应小于 60 L/s。汽车罐车装卸设施的消防水量不应小于 30 L/s；当汽车装卸车位不超过 2 个时，消防水量可按 15 L/s 设计。

③ 液化天然气接收站码头逃生通道的水喷雾冷却水系统冷却供水强度不宜小于10.2 L/(min·m²)；码头操作平台前沿的水幕系统供水强度不应小于 2.0 L/(s·m)；

④ 液化天然气接收站辅助生产设施的消防用水量可按 60 L/s 计算。

（6）建筑物的消防用水量

厂房、库房等建筑物室内外的消防用水量可根据其生产类别、高度、体积等多种因素，按照 GB 50016—2014 和 GB 50084—2018 标准规定确定。

4. 火灾扑救延续时间

不同类别系统消防设施的火灾扑救延续时间应符合下列规定：

（1）工艺装置不应小于 3 h；

（2）辅助生产设施不应小于 2 h；

（3）可燃液体储罐及其装卸站台：直径大于 20 m 的固定顶罐和浮盘为易熔材料的内浮顶罐应为 6 h，其余为 4 h，装卸站台为 3 h；

（4）液化烃储罐及其装卸站台，液化烃球罐区供水时间不应小于 8 h，其装卸站台为 3 h；

（5）石油库直径大于 20 m 的地上固定顶储罐、直径大于 20 m 的浮盘和用易熔材料制作的内浮顶储罐不应少于 9 h，其他地上立式储罐不应少于 6 h；

（6）石油库覆土立式油罐不应少于 4 h；

（7）石油库卧式储罐、铁路罐车和汽车罐车装卸设施不应少于 2 h；

（8）液化天然气接收站工艺装置区、槽车装车区的火灾延续供水时间不应小于 3 h，液化天然气储罐区火灾延续供水时间不应小于 6 h，码头火灾延续供水时间不应小于 6 h；

（9）自动喷水灭火系统按 GB 50084 标准执行；

（10）厂前区办公楼、综合楼、生活设施等建筑物按 GB 50974 标准执行。

2.2 给水管道

2.2.1 一般规定

给水排水、消防管道材料按输送方式可分为两类：一类为有压管道；另一类为无压管道，即重力流管道。

1. 设计压力

管道及其组成件设计压力应不低于操作过程中可能出现的，由内压（或外压）与温度一起构成的最苛刻条件下的压力。最苛刻条件是指导致管道及其组成件最大壁厚或最高压力等级的条件。

所有与设备或容器连接的管道，其设计压力应与所连接设备或容器的设计压力一致，并应满足下列要求。

（1）系统设有安全泄压装置时，设计压力应不低于安全泄压装置的定压加静液柱压力和安全阀达到最大排放能力时的排放压差；

（2）系统未设置安全泄压装置时，设计压力应不低于考虑控制阀失灵、泵切断和阀门误操作等因素可能引起的最高压力与静压头之和。

无安全泄压装置的离心泵排出口管道设计压力应取以下两项的较高值。

（1）离心泵的正常吸入压力加 1.2 倍泵的额定排出压力。

（2）离心泵的最大吸入压力加泵的额定排出压力。

真空系统管道设计压力取 0.098 MPa（外压）。

2. 试验压力

当管道设计压力大于或等于 0.1 MPa 时，按压力管道强度和严密性试验。当设计压力小于 0.1 MPa 时，进行无压管道闭水试验。压力管道水压试验压力和充满水后的浸泡时间应符合表 2-14 规定。

表 2-14 水压试验压力和充满水浸泡时间

管材名称	设计压力 p/MPa	试验压力 p_t/MPa	公称直径 /DN	充满水浸泡时间 /h
钢管	任意	$1.5p$，且大于或等于 0.9	任意	—(48)^注
铸铁管	≤0.5	$2p$	任意	24(48)^注
	>0.5	$p+0.5$	任意	
混凝土管	≤0.6	$1.5p$	≤1 000	48
	>0.6	$p+0.3$	>1 000	72
PVC—U 管	任意	$1.0p$，且大于或等于 0.8	任意	—
玻璃钢管、玻璃钢塑料复合管和钢骨架聚乙烯复合管	—	$1.5p$	—	—

注：充满水浸泡时间栏中，括弧内数字仅用于有水泥砂浆内衬的管道。

2.2.2 厂区给水管网

1. 一般规定

（1）根据全厂性或装置管道总体设计规划布置给水排水管道。全厂性给水排水主管带应考虑有 1~2 条发展空位。

（2）给水排水及消防管道不应穿越工厂发展用地，露天堆场，与其无关的单元和建、构筑物，以及塔、炉、容器、泵、油罐基础。

（3）全厂性给水排水及消防管道宜集中布置在道路的一侧，以便于联合开挖。给水排水及消防管道不应沿道路敷设在路面或路肩下，特殊情况时，可在路面或路肩下布置重力流雨水管道、生活污水管道、清净生产废水管道。

（4）布置给水排水及消防管道时，主干管应尽量靠近用水量或排水量较大的设备或装置。生产用水、消防用水管道应布置在靠近道路一侧。为便于水质、水量监测装置或单元的各个排水系统宜分别设置一个排出口。装置、单元管道的给水管进口处和压力排水管出口需加计量设施。

（5）土壤腐蚀性较强、地质条件恶劣、改建工程中原有地下管道较多较复杂时，压力管道可考虑地上敷设。

（6）铁路下不得平行敷设给水排水管道，给水排水及消防管道应避免穿越装卸油栈台和道岔咽喉区。

（7）埋地给水排水及消防管道不应重叠布置。

（8）埋地给水排水及消防管道不宜布置在建、构筑物的基础压力线范围以内，并应考虑管道检修、开挖时对建、构筑物基础的影响。水管道管线带的布置一般按管道的埋设深度从建、构筑物向外由浅至深排列。

（9）当任一管段发生故障需要切断而该管道的其余部分仍需保证供水时，则管道应考虑环状布置。

2. 埋地管道间距

（1）给水排水及消防管道地下平行敷设时，管道间距应根据地质条件、管径、管道标高、管材、管道基础、支墩、管道施工及检修等因素综合考虑确定。管道外壁与平行相邻管道上给水排水井外壁尺寸的净距一般不得小于 0.2 m，且接口不得与井壁相邻。当两平行管道无阀门时，净距室外管道 DN≤200，采用 0.5 m。室外管道 DN≥250，采用 0.6～1.0 m。需设置基础或支墩的管道间距，应根据基础尺寸实际确定。

（2）埋地给水排水及消防管道与排水管道间的最小水平净距按表 2-15 确定。

表 2-15　埋地给水及消防管道与排水管道间的最小水平净距　　　单位：m

类别		排水管道（mm）					
		生产废水管与雨水管			生产与生活污水管		
		<800	800～1 500	>1 500	<300	400～600	>600
给水、循环水、消防管道/mm	<75	0.7	0.8	1.0	0.7	0.8	1.0
	75～150	0.8	1.0	1.2	0.8	1.0	1.2
	200～400	1.0	1.2	1.5	1.0	1.2	1.5
	>400	1.0	1.2	1.5	1.2	1.5	2.0

注：污染雨水、污油、药剂管线按污水考虑。

（3）给水排水及消防管道交叉相碰时，压力流管道让重力流管道，小管径管道让大管径管道；当两重力流管道交叉相碰时，应做交叉井或倒虹吸管以错开两管。

（4）给水排水及消防管道（不含生活给水管道）交叉时的最小垂直净距应不小于 0.1 m。

（5）生活给水管道与污水管道交叉时，生活给水管道应敷设在污水管道的上面，管外壁的净距不得小于 0.4 m，且不允许有接口重叠。生活给水管道采用钢管时，净距可适当缩小。如遇污水管道敷设在生活饮用水管道上面时，生活给水管道应加套管，其长度距交叉点每边不得小于 3 m。

（6）给水排水及消防管道与工艺管架基础外缘相邻，水管道埋深浅于基础时，间距以满足施工及检修即可。当管道与管架基础的杯口部分相碰，而管道标高又不能抬高时，可采取管架基础下降的措施。

（7）埋地给水排水及消防管道与其他管道、电缆交叉时的最小垂直净距按表 2-16 确定。埋地给水排水及消防管道与其他管道、电缆的最小水平净距按表 2-17 确定。

表 2-16　埋地给排水及消防管道与其他管道、电缆交叉时的最小垂直净距　　　单位：m

名称	热力管道	易燃及可燃液体管道	压缩空气管道	电力电缆（电压在 35 kV 以下）		电信电缆	
				电缆管	直埋电缆	电缆管	直埋电缆
压力流管道	0.15	0.15	0.15	0.25	0.5	0.15	0.5
重力流管道	0.15	0.25	0.15	0.25	0.5	0.15	0.5

单位:m

表 2 - 17 埋地给水排水及消防管道与其他管道、电缆的最小水平净距

类别		热力管道	燃气管道/MPa					压缩空气管	乙炔管	氧气管	电力电缆/kV			电缆沟	控制与电信电缆或光缆	
			$p<0.005$	$0.005<p<0.2$	$0.2<p<0.4$	$0.4<p<0.8$	$0.8<p<1.6$				<1	$1\sim10$	<35		直埋	管道
给水、循环水、消防管道/mm	<75	0.8	0.8	0.8	0.8	1.0	1.2	0.8	0.8	0.8	0.6	0.8	1.0	0.8	0.5	0.5
	75~150	1.0	0.8	1.0	1.0	1.2	1.2	1.0	1.0	1.0	0.6	0.8	1.0	1.0	0.5	0.5
	200~400	1.2	0.8	1.0	1.2	1.2	1.5	1.2	1.2	1.2	0.8	1.0	1.0	1.2	1.0	1.0
	>400	1.5	1.0	1.2	1.2	1.5	2.0	1.5	1.5	1.5	0.8	1.0	1.0	1.5	1.2	1.2
排水管道/mm 生产废水与雨水管	<800	1.0	0.8	0.8	0.8	1.0	1.2	0.8	0.8	0.8	0.6	0.8	1.0	1.0	0.8	0.8
	800~1500	1.2	0.8	1.0	1.0	1.2	1.5	1.0	1.0	1.0	0.8	1.0	1.0	1.2	1.0	1.0
	>1500	1.5	1.0	1.2	1.2	1.5	2.0	1.2	1.2	1.2	1.0	1.0	1.0	1.5	1.0	1.0
生产、生活污水管	<300	1.0	0.8	0.8	0.8	1.0	1.2	0.8	0.8	0.8	0.6	0.8	1.0	1.0	0.8	0.8
	400~600	1.2	0.8	1.0	1.0	1.2	1.5	1.0	1.0	1.0	0.8	1.0	1.0	1.2	1.0	1.0
	>600	1.5	1.0	1.2	1.2	1.5	2.0	1.2	1.2	1.2	1.0	1.0	1.0	1.5	1.0	1.0

（8）给水排水及消防管道与铁路平行敷设，其最小水平净距为 1.5 m（铁路为路堤或路堑时，以坡脚或坡顶边起计。当路堤高或路堑深在 1 m 以下时，以路肩起计）。

（9）给水排水及消防管道与排水明沟、管沟交叉时，其最小垂直净距为 0.25 m。

（10）给水排水及消防管道与排水明沟、管沟平行敷设时，管道外壁与沟外壁的最小水平净距为 1 m，且管道应敷设在沟壁的土壤安息角之外。

3.管道埋深

（1）给水排水管道的埋设深度，应根据土壤冰冻深度、外部荷载、管径、管材、管内介质温度及管道交叉等因素确定。

（2）给水管道管顶最小覆土深度不得小于土壤冰冻线以下 0.15 m（其中消防管不得小于土壤冰冻线以下 0.3 m），行车道下的管线覆土深度不宜小于 0.7 m（其中消防管覆土深度不宜小于 0.9 m）。

（3）管道穿越铁路时，管顶与铁路轨底之间的垂直距离，应不小于 1.2 m；管道穿越厂区主要道路、公路时，管顶与路面的垂直距离应不小于 0.7 m；且管道宜采取相应的保护措施。

2.2.3 管径计算

如果管网各管段的流量已知，可按式（2-7）计算管径：

$$d = \sqrt{\frac{4Q}{\pi v}} \qquad (2-7)$$

式中　d——管径，m；

　　　Q——流量，m³/s；

　　　v——流速，m/s。

从式（2-7）可知，管径大小和流量、流速都有关系，如果流量已知，还不能确定管径，必须先定流速。

1.压力流管道的管径选择应结合经济比较确定，一般可按表 2-18 选用。

表 2-18　压力流管道的管径选择

管径 mm	流速 m/s
DN≤80	0.7
DN=100~150	0.7~1.2
DN=200~300	0.8~1.5
DN=350~500	1.2~1.7
DN≥600	1.5~2.0
DN≥1 200	2.0~3.0

注：当事故或消防时，上述流速可加大到 2.5~3.5 m/s。

2.压力流管道装置室外最小设计管径宜采用 DN≥25 mm。全厂性管道管径 DN≥50 mm。

2.2.4 水头损失计算

在给水管网计算中，一般只考虑管线沿程的水头损失。如果有必要时，可将沿程水头损失乘以 1.05~1.10 的系数，以计配件和附件的局部水头损失。

水头损失的计算公式如下：

$$h = \frac{kq^n l}{d^m} = alq^n = sq^n \tag{2-8}$$

$$h = il \tag{2-9}$$

式中 k——系数；

q——管段流量，L/s；

l——管段长度，m；

d——管径，m；

n, m——指数；

s——水管摩阻系数；

i——单位管长的水头损失（水力坡度）。

2.2.5 给水管网水力计算

管网分布在整个给水区域内，根据管道在供水中所起的作用，可分为干管和支管（分配管）。干管管径较大，主要用于输水，支管用于配水到用户，管径较小，两者无明确的管径界限。给水管网计算较复杂，一般通过计算机管网平差计算完成。给水管网水利计算要求如表2-19所示。

表 2-19　给水管网水利计算要求

目的	（1）通过计算求得各管段的管径和水头损失； （2）求出水泵的流量和扬程； （3）确定管网各节点的水压
设计流量	按最高日最高时用水量计算
设计水压	（1）设计水压是指从地面算起的水管中的压力，管网任一点设计水压须保证最小服务水头； （2）最小服务水头一般是，一层建筑为10米，二层12米，二层以上每增加一层增加4米； （3）应满足大多数建筑的供水压力，单独高层建筑物或在高地上的建筑物，可设置局部加压设施，不作为全厂水压控制条件； （4）供水区地形高差较大或建筑物层数相差较多时，设计水压应从整体考虑，必要时可考虑分区、分压供水或在管网中途设增压泵房； （5）消防时管网的服务水头不低于10米
管网核算	（1）最高日最高时的用水量加消防流量，核算发生消防时的水压能否满足10米要求，确定水泵扬程能否满足消防需要； （2）管网最不利管段损坏时，按事故水量核算水压，企业的事故水量按有关工艺要求确定。事故时要求的水压和最高用水时相同

2.3 给水泵房

给水泵房由机泵间、变配电间、值班控制室及辅助房间组成。给水泵房应根据项目规划要求设置值班室、修配间、更衣室等。

2.3.1 一般规定

(1) 石油化工企业给水排水系统机泵宜露天设置；当累计最冷月平均温度低于等于−5℃时，宜采用泵房布置。

(2) 当累计最冷月平均温度低于等于0℃时，露天安装的水泵应设 DN20～25 的暖泵管线。

(3) 泵房宜按远期规模设计，水泵机组可按近期水量设置。

(4) 泵站布置应符合下列规定：

① 满足机电设备布置、安装、运行和检修的要求；

② 满足泵站结构布置的要求；

③ 满足泵站通风、采暖和采光的要求，并符合防洪、防潮、防火、防噪声等技术要求；

④ 满足内外交通运输的要求；

⑤ 建筑物造型应布置合理、适用美观。

(5) 泵的布置和泵房设计应符合 GB 50160《石油化工企业设计防火规范》的有关规定。

(6) 爆炸危险性分级应符合现行的爆炸危险场所电气安全规程的规定。

(7) 按工艺流程顺序可将泵直接布置在水罐、水池的附近。

(8) 单元负责人应负责泵站内的管道、电缆、采暖设备、灯具、平台等的统筹规划、布置，方便实用，整洁美观。

(9) 水池(水罐)的进水控制阀宜采用液位控制的电动阀或浮球阀，管径大于 100 mm 或液位较高不方便检修的进水管不宜采用浮球阀。

2.3.2 常用给水水泵选用

1. 水泵的选用应符合下列规定。

(1) 水泵的型号及工作台数，应根据水量变化情况、水质要求、水压情况、调节池大小、机组的效率和功率因素等条件综合考虑确定。

(2) 水泵宜选用同一型号，水泵台数不宜过多。当水量变化大时，应考虑水泵大小搭配，但型号不宜超过 2 种。

(3) 应选用效率高的泵，水泵经常运行状态应处于高效率段。长周期运行的泵选择时效率优先，间断运行的泵需同时满足水泵的安装和控制的要求。

(4) 水泵的选择应符合节能要求。当供水水量和水压变化较大时，经过经济技术比较，可采用机组调速、更换叶轮或调节叶片角度等措施。

(5) 泡沫液泵应保障至少空转 10 min 而不出现任何问题。

2. 水泵的材质应满足水质对腐蚀的要求。泡沫液泵应采用机械密封，应采用至少为 Cr13

的不锈钢或相应的抗腐蚀材料。

3. 泵房宜设 1~2 台备用泵,消防泵的备用台数应符合相关防火规范和规定的要求。备用水泵型号宜与工作水泵中的大泵一致;消防水泵、稳压泵应分别设置备用泵,备用泵的能力不得小于最大一台泵的能力。

4. 循环水场宜采用高效卧式离心泵、斜流泵。

5. 药剂泵、应选用耐腐蚀泵,小型泵的基础可以联合布置。

2.3.3 水泵机组设计要求

1. 水泵的台数和型号

(1) 取水泵房的工作水泵台数至少为 2 台,尽量采用同一型号,便于维修管理。

(2) 二级泵房的工作水泵台数至少为 2~3 台,应选扬程相近、不同流量大小搭配的水泵,型号尽量一致。

(3) 尽量减少水泵台数,选用效率较高的大泵,须考虑在经常供水流量时,水泵能在高效区工作。

(4) 采用水泵调速时,可选用大机组和台数少的调速水泵。

(5) 应考虑近远期结合,需要时可在远期更换成大泵或增加水泵的台数。

2. 水泵的流量和扬程

(1) 取水泵房按最高日平均时供水量和扬程选泵。

(2) 二级泵按最高日最高时供水量和管网计算得出的总扬程选泵。

(3) 取水泵房在水位变化大时,应选用流量扬程曲线陡的水泵;二级泵房应选用流量扬程曲线平缓的水泵。尽量选用允许吸上真空高度大的水泵,以减少泵房埋深。

2.3.4 泵房布置要求

1. 水泵房的平面形式宜采用"一"字形。

2. 水泵站的布置形式宜采用地上式。值班控制室宜靠机泵间的一端,并设直接观察机泵运行情况的隔音玻璃窗。值班控制室应有直接通向机泵间和室外的门,通向机泵间的门为隔音门。

3. 泵站柱距宜选用 4.0 m,6.0 m;跨度宜选用 4.5 m,6.0 m,7.5 m,9.0 m,10.5 m 和 12 m。单排泵最小跨度应为 4.5 m,双排泵最小跨度为 9 m。

4. 泵房层高(橡底高度)应由进出管道标高、起吊设备所需的高度确定,宜为 4.5~5.0 m。当少数设备要求较高高度时,可集中布置,采用不同的高度。

5. 建筑物的建筑设计应满足项目的要求,并与周围的环境相协调。

2.3.5 水泵机组布置

1. 矩形泵站机组卧式离心泵宜采用以下布置形式

(1) 水泵台数不多的卧式水泵,宜采用单行式布置[图 2-1(a)];

(2) 水泵台数较多的卧式水泵,宜采用双行式布置[图 2-1(b)];

(3) 水泵台数不多的双吸式大泵,宜采用单列式布置[图 2-1(c)]。

2. 水泵机组的布置间距,应遵循下列规定。

(1) 单列布置时,相邻两机组及机组至墙壁间的净距,从泵最突出部位算起,当电机容量

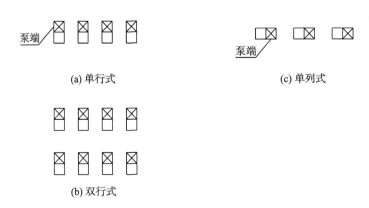

图 2-1 矩形泵房机组布置形式

不大于 5 kW 时,不小于 0.8 m;当电机容量大于 55 kW 时,不小于 1.2 m。如为地下式泵房或活动式取水泵房的机组间净距,可根据情况适当减小;当电动机容量小于 20 kW 时,机组间净距可适当减小。

(2) 应保证泵轴和电动机转子在检修时能拆卸。

(3) 泵房的主要通道宽度不小于 1.5 m。

3. 泵房宜设有集中检修场地,其面积应根据水泵或电动机处形尺寸确定,并在周围留有宽度不小于 1.5 m 的通道。地下式泵房宜利用空间设集中检修场地。装有深井水泵的湿式竖井泵房,还应设堆放泵管的场地。

4. 有桥式吊车设备的泵房内,应有吊运设备的通道。

5. 辅助泵(如排污泵、真空泵)宜布置于泵房内靠墙角边的地方,可一边留出过道。

6. 泵房门的布置应考虑泵等设备的进出、检修和巡检的要求。当泵房长度超过 30 m 时,宜设置 2 个供设备进出的门。若建筑体长度过大,泵房另一侧应考虑人到泵房外面的通行门。

7. 当大小不同的泵成排布置时,宜将泵端基础边线取齐。

8. 将同等介质型号差别不大的泵归类,同类的泵宜集中布置,且泵的入口管道或出口管道中心线宜取齐。

9. 泵双排布置时,两电机端最小距离为 2 000 mm,如图 2-2 所示。

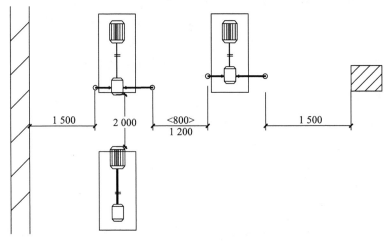

图 2-2 泵间距平面示意图

2.3.6 泵房内管道、配件和阀门布置

1. 泵站进出水管宜直接埋地，蒸汽管道、腐蚀性液体的管道、需要更换的管道宜集中布置在管沟中。

2. 半地下式、地下式泵，水泵进出水管宜地面上敷设或架空敷设，且应有跨过管道走近机组或阀门的便桥或梯子。

3. 管道穿池壁时应设套管。

4. 泵进出口管道布置，应考虑泵维修、检查所需空间。

5. 当泵与水池连接的管道较短，两者基础不同时，连接管道应有一定的柔性。大型水泵进出水管道宜安装半固定式伸缩节。

6. 对输送含固体颗粒的管道，为避免颗粒沉积堵塞管道，泵的分支管可采用大坡度或45°角连接，阀门尽量靠近分支处安装，如图2-3所示。

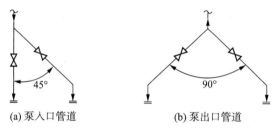

(a) 泵入口管道　　　　　　　(b) 泵出口管道

图 2-3　泵的分支接管

7. 输送高温和易凝介质的泵，进出口管道、阀门应进行保温或伴热。

8. 泵的进出口阀门阀杆不得朝下安装。安装高度宜为1.2~1.4 m，安装高度超过2.2 m时，可设固定平台、活动小平台或采用链条传动等设施。

9. 消防泵站应有不少于两条的出水管与消防水管网连接。当其中一条出现故障关闭时，其余管道仍能通过全部水量。

10. 水泵入口应考虑适当的直线段，并满足制造商的要求，保障水泵的入流状态。

11. 管道安装最小尺寸符合焊接和阀门安装的要求，如图2-4所示。

代码	A	B	C	D	E
数据/mm	1.5DN	50~120	200	0.5DN	1.0DN

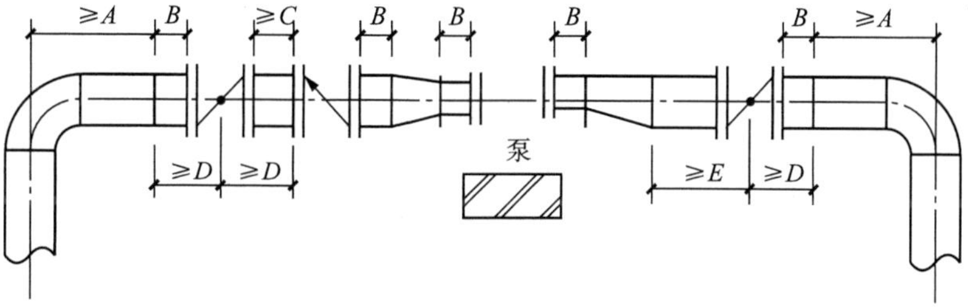

图 2-4　水泵最小安装尺寸

12.柴油机出口应设排烟管,排烟管出口应引出室(棚)外。

13.吸水管

(1) 每台水泵宜设单独的吸水管,消防泵应满足 GB 50160《石油化工企业设计防火规范》的要求。

(2) 引水启动的水泵入口管道可不设切断阀。

(3) 自灌式水泵吸水管上宜采用手动阀门。

(4) 泵入口管的选用和安装应满足下列要求:

① 端部和侧面吸入的水平管道的变径在小于或等于 DN50 时,可选用同心大小头;大于 DN50 时,应选用偏心大小头。当吸入口法兰前弯头向下时,变径管应取"顶平",弯头向上时,变径管应取"底平"。

② 顶部吸入和排出的垂直管道的变径,应根据管间距大小,选用偏心或同心大小头。

(5) 吸水管上的变径管应采用上缘水平的偏心渐缩管。吸水管应有向水泵不断上升的坡度(坡度 $i \leqslant 0.005$)。

(6) 吸水管喇叭口在最低水位以下的深度应经计算确定,不应小于 0.5~1.0 m。

(7) 吸水管喇叭口设置应符合下列要求。

① 吸水管的进口处宜高于井底不小于 $0.8D$(D 为吸水管喇叭口扩大部分的直径),通常 D 为吸水管直径的 1.3~1.5 倍。

② 吸水管喇叭口边缘距井壁不小于 $0.75 \sim 1.5D$;同一吸水池安装几根吸水管时,吸水喇叭口之间的净距不小于 $1.2 \sim 2.0D$。

(8) 吸水管的设计流速宜采用下列数值:

① 管径小于 250 mm 时,为 1.0~1.2 m/s;

② 管径在 250~1 000 mm 时,为 1.2~1.6 m/s;

③ 管径大于 1 000 mm 时,为 1.5~2.0 m/s。

(9) 吸水池内应避免有漩涡。斜流泵等特殊要求的泵的吸水池设计应符合制造商的技术要求。

14.出水管

(1) 水泵出水管上应设阀门;轴流泵出水管上不宜安装阀门,只在出水口处安装防止水倒流的活门。

(2) 大管径的联络管可设置在泵房外。

(3) 水泵出水管在下列情况下应设止回阀:

① 不允许水倒流;

② 水泵为自动操作;

③ 水泵出口表压力等于或超过 0.25 MPa。

(4) 出水管的设计流速宜满足下列要求:

① 管径小于 250 mm 时,为 1.5~2.0 m/s;

② 管径在 250~1 600 mm 时,为 2.0~3.0 m/s。

(5) 泵出口管径宜比泵吸入管小一至二级,并应进行计算。

(6) 容积式泵出口管径应与出口管嘴同径。

(7) 泵出口必需设切断阀时,多用途的泵切断阀宜设置在各分支管上;单用途的泵切断阀应尽量装在靠近泵出口止回阀后设置。

（8）当管径与泵出口管嘴相同或大一级时，切断阀宜和管道同径。

（9）泵的吹扫、排液及放气管道的安装方式应根据输送介质特性及温度来确定。

（10）消防泵安全泄压阀宜采用压力控制的电动阀或压力控制的自动泄压阀。

15. 阀门

（1）阀门可选用明杆楔式单阀板阀门或蝶阀。

（2）自动化操作水泵出水管上的阀门当管径大于 250 mm 且经常启动的阀门，可采用电动阀门。

（3）止回阀宜选用缓闭式止回阀。宜安装在切断阀门的前面（按水流方向）。当管径小于 150 mm 时，可采用旋启式止回阀。

（4）向高地输水的泵房，当水泵设有止回阀或底阀时，应进行停泵水锤压力计算。当计算所得的水锤压力值超过管道试验压力值时，必须采取消除停泵水锤的措施。停泵水锤消除装置应装设在泵房外部的每根出水总管上，且应有库存备用。

（5）水泵缓闭止回阀关闭时间应防止水泵倒转。

（6）阀门的位置应便于操作检修，阀杆不得朝下安装，立管上阀门中心离开地面的高度宜为 1.2 m，当阀门手轮高于地面 1.5 m 时，应设操作平台或可移动的梯子。

（7）相邻管道的阀门在非通道处手轮间距的净空不小于 100 mm，通道处突出部分的净空不小于 600 mm，当采用明杆闸阀时，在阀杆移动方向应有足够空间。

16. 管沟

（1）管沟的宽度宜为：

① 管径为 50～300 mm 时，距沟底为法兰外径加 300 mm；

② 管径为 50～300 mm 时，距沟壁为管道外径加 600 mm；

③ 管径为 50～300 mm 时，距沟壁为法兰外径加 400 mm；

（2）管沟沟盖板为活动盖板；阀门、止回阀处宜设钢盖板，其他可用钢筋混凝土盖板。

（3）管沟中应有坡度不小于 0.005 的坡向集水坑或地漏。

17. 支吊架

（1）靠近泵进出口的管道上应设支、吊架。

（2）管径大于等于 200 mm 的闸阀、止回阀、半固定伸缩节下面应设支墩或支架。

（3）当水泵需要防震时（如安装在办公楼内的水泵等），泵座下宜设防震垫；水泵进出口与管道连接处，当管径大于等于 150 mm 时宜安装可曲挠橡胶接头或在泵进出口阀门处设伸缩节。

（4）吸水管进口宜设置喇叭口，喇叭口底部应设支座。

（5）成排布置的泵，应在进出口管道上方设一承受管道质量的钢梁，不宜将质量支吊在其他管道上。

（6）在泵的进出口管道处宜设可调支架；有振动的管道，应设减振支架，以适当调整管道位置，减少由于安装误差产生的对泵管嘴的附加力。

（7）有垂直热（冷）位移的管道，应选用弹簧支吊架，以减少对泵管嘴的作用力。

（8）为使管道按某一特定方向变位或限制某一方向上的位移，以减少垂直于泵轴线方向作用力，应设导向支架或限位支架。

(9) 阀门重量不得传递至泵体上,架空管道应在靠近泵的管段处设支吊架,沿地面敷设的管道大于或等于 100 mm 的阀门及止回阀下设支墩或支架。

2.3.7 吸水井布置

一般,离心泵可在泵房前设吸水井,每台水泵有单独吸水管从吸水井吸水。水泵台数少时,也可不设吸水井而直接自清水池吸水。

2.3.8 泵房高度

泵房高度满足下列要求。

1. 无吊车起重设备时,室内地面以上有效高度不宜小于 4.5 m。

2. 有吊车起重设备时,其高度通过计算确定,吊起物体底部与所越过的固定物体顶部之间有 0.5 m 以上的净空。

2.3.9 水泵引水设备

1. 循环水泵引水宜采用自灌式。自灌式充水的水泵外壳顶部,应低于吸(集)水池内的水泵启动水位,水泵外壳顶部应设排气管。

2. 水泵引水采用自灌式有困难时,可采用抽真空引水、灌水引水和自吸引水,引水时间应符合不同规范的要求。

3. 抽真空引水应符合下列规定。

(1) 抽真空引水宜采用真空泵引水,当采用真空泵引水不合适且有条件时也可采用水射器引水。

(2) 当采用真空泵引水且启动频繁时,应设置备用引水设备。

4. 灌水引水应符合下列规定。

(1) 当吸水管设有底阀时,可采用压力水管灌水、高位水箱灌水。

(2) 当吸水管不设底阀且管径小于或等于 200 mm 时,宜采用引水罐引水。

5. 自吸引水应符合下列规定。

(1) 连续运行的泵宜采用机械自动引水装置,启动后引水装置应与水泵动力装置有效分离。

(2) 自动控制运行的水泵宜电子自动引水装置,启动后引水装置应与水泵动力装置有效分离。

6. 深井泵、大型轴流泵应设水泵启动前预润滑的引水设备。

2.3.10 泵房起重设备

(1) 起重质量小于 0.5 t 的小型泵站,可设置移动吊架或固定吊钩。

(2) 起重质量在 0.5～2.0 t 的小型泵站,宜设置手动起重设备。

(3) 起重质量 2～5 t 时,宜设置电动起重设备。

(4) 起重质量大于 2 t 以上且起吊高度大、吊运距离长、起吊次数多或水泵双行式排列的泵房,可适当提高起吊的机械化水平。

2.3.11 泵房噪声控制

主泵房电机层值班室允许噪声标准不大于 85 dB,中控室、微机房允许噪声标准不大于 65 dB。

2.3.12 泵房采暖通风、照明、通信及其他要求

由于电动机散热会使泵房温度升高,如电动机温升超过产品额定温度或泵房室内温度超过卫生标准时,泵房内必须采取通风措施,泵房的通风方式主要为自然通风和机械通风。自然通风适用于地面式泵房和埋深不大的半地下室泵房;机械通风适用于埋深较大,电动机功率较大,自然通风难以满足要求的大、中型泵房。

(1)采暖温度要求:给水泵房设置室温不低于 50 C 的防冻采暖系统和空调设施。

(2)通风要求:泵房内一般采用自然通风,操作室可设置空调。

(3)泵房应有足够的自然采光,在操作场所均应设置符合操作要求的照明,泵房内应设置应急照明。

(4)泵房操作室内应设置厂调度电话及行政电话,电话一般设置在操作室内。

(5)泵房内应设洗手龙头及拖布盆,泵房不附设修配间及备件库。

2.3.13 泵房排水

1. 地下式及半地下式泵房的地下部分要求有防水防渗措施。

2. 当泵房采用排水沟排水时,宜沿泵基础的泵端作排水明沟,沟宽 150～250 mm,沟的起点沟深 100 mm,排水沟坡度 $i=0.005～0.01$,沟盖板为铸铁箅子或用钢盖板。

3. 立式泵、轴流泵的机器间应有排水设施。

2.3.14 水泵运行调节

1. 仪表控制

(1)水泵进水和出水管道上方应安装压力表或真空压力表。

(2)可在吸水池、集水池内设遥测液位仪表,最高、最低液位宜有声光报警信号。

(3)水泵应设就地开、停按钮,值班控制室内应设停泵按钮及运行指示信号。

(4)深井泵宜采用遥控运行。

(5)高压电机根据要求,设温度显示仪表时信号应引出。

(6)水泵应根据项目或业主要求确定就地控制还是远程控制。

2. 泵房值班控制室应有电话通信设施。

2.3.15 水锤防止

因开泵、停泵、开关阀门过于快速引起水流状态急剧变化,特别是由于配电系统故障而突然停泵时会引发水锤。严重时,水锤现象会破坏水泵、阀门和管道,或导致水泵反转,管网压力下降,系统不能正常供水。

表 2 - 20　水锤的原因和防止措施

水锤原因	防止措施
开、关阀门过快引起的水锤	(1) 延长开阀和关阀的时间； (2) 离心泵、混流泵在阀门关闭到 15％～30％时停泵,轴流泵出口一般不设阀门
开、停泵引起的水锤	(1) 排除管道内的空气,使管内充满水后再开启水泵； (2) 取消普通止回阀,在≤DN600 的水泵出水管上安装微阻缓闭止回阀,在≥700 的水泵出水管上安装缓闭碟阀； (3) 取消普通止回阀,安装带缓闭止回功能的多功能阀； (4) 紧靠止回阀并在其下游安装水锤消除器

第3章 排水工程

在石油化工企业中,几乎没有一种工艺在生产过程中不用水,水经过生产过程使用后,绝大部分成为废水。石油化工生产过程及人员日常生活中会产生大量污水,如不加以有组织地排放、控制和妥善处理,任意排入水体或土壤,会使地表水、地下水和土壤受到严重污染。石油化工企业中排水工程设计是建立一套合理的排水系统,该排水系统一般由排水管网、泵站和污水处理等组成。其主要内容有:一是收集石油化工企业各区内的雨水和初期雨水;二是收集装置、罐区等排出污水送至适当地点;三是对污水进行妥善处理后排放或利用;同时应考虑消防事故水收集及处置等。排水系统在石油化工企业中起重要作用,从环境保护方面讲,排水系统有保护和改善环境,消除污水危害的作用;从安全方面讲,石油化工企业具有较多的易燃易爆源,其操作环境复杂,装置、罐区等排出的污水往往含有可燃液体或气体,合理设置排水系统对石油化工企业的安全生产起着重要作用。

3.1 污水来源与性质

石油化学工业污水指在石油化学工业生产过程中产生的污水,包括工艺污水、污染雨水、循环冷却水排污水、化学水制水排污水、消防废水等。

工艺污水按污染物浓度可分为高浓度污水和低浓度污水。高浓度污水主要来自装置工艺生产而产生的污水,如:液化气双脱装置含碱污水、MTBE装置污水、酸性水汽提含硫污水、苯乙烯装置污水、苯酚丙酮装置污水、聚苯乙烯装置污水等。低浓度污水主要来自装置工艺的油水分离器排水隔、装置及单元含油容器的冲洗水、机泵填料排水、生产辅助区含油污水、油罐切水及洗罐水、化验室含油污水等。

工艺废水主要来自循环冷却水排污水、化学水制水中和排放水等。

生活污水主要来自厂区厕所、食堂、浴室办公楼生活排水。

初期雨水主要来自生产装置区、罐区、装卸区等的初期(污染)雨水。

消防废水主要来自事故时或事故处理过程中产生的物料泄漏和污水。

排水量指生产设施或企业向环境排放的废水量,包括与生产有直接或间接关系的各种外排废水(如厂区生活污水、循环冷却水排污水、余热锅炉排水、污染雨水等)。水污染物排放控制要求见附录A石油炼制、石油化学工业污染物排放标准。

3.2 系统的划分

3.2.1 一般规定

排水系统按介质种类、介质温度、介质压力等划分为不同的排水管道系统,分别输送或收集不同的介质;不同的排水管道系统不允许相互连通。

3.2.2 排水系统划分

以下为石油化工企业常设的排水系统。根据不同的排水水质和不同的处理要求,可适当增设或合并排水系统。

1. 生活污水系统

来自厕所、食堂、浴室等的生活排水,经化粪池后排入此系统,排往污水处理场;

2. 生产污水系统

来自生产装置区、罐区、装卸区等的污水和冲洗水排入此系统,排往污水处理场;污水水质较为复杂时,可根据水质的不同,设置多个排水系统。

3. 生产废水(清净废水)系统

来自水处理站酸碱废水中和后的排水、循环水场达标排放的污水、贮水罐和水池的溢流及放空水等,排入此系统。锅炉排污水经降温后可回用于循环冷却水系统的补充水。

此系统可根据实际情况与清净雨水系统合并为一个系统。

4. 清净雨水系统

厂前区、装置区、罐区、装卸区等未被污染的雨水排入此系统,排往雨水监控池,经检测未受污染后排出厂外,否则排往污水处理装置。此系统末端应设置切换设施,事故时可将水排入事故池,然后排往污水处理装置。

5. 初期雨水(污染雨水)系统

来自生产装置区、罐区、装卸区等的初期(污染)雨水排入此系统,排往污水处理场。

6. 含油污水系统

主要来自装置的混合冷凝器排水,装置及各单元含油容器的冲洗水,装置及单元内塔区、炉区、泵区、冷换区围堰内的地面冲洗水,机泵填料函排水,油罐切水及洗罐水,化验室含油污水等。排往污水处理场。

含碱污水、含硫污水、废油、有机溶剂不得排入含油污水管道。

7. 含硫污水系统

含硫污水在装置内预处理后,排往污水处理场。

8. 含碱污水系统

含碱污水系统在装置内预处理后,排往污水处理场。

9. 高浓度污水系统

来自炼油装置区常减压装置电脱盐污水、炼油循环水场的排污水;化工装置区的乙烯、聚乙烯装置的化工污水、气电联产含盐污水、部分氧化制氢装置的灰水等,经压力、密闭管道系统送往污水处理场。

10. 事故排水收集系统

事故时或事故处理过程中产生的物料泄漏和污水接入此系统,一般利用雨水管网收集,排至事故收集池。

11. 处理后污水外排系统

经污水处理场处理后,达到排放标准而外排的排水系统。

3.2.3 设计流量

1.工厂生活排水设计排水量应按工厂生活设计用水量的90%～100%确定。

2.各排水系统的设计小时排水量应为连续排水量、同时发生的最大间断排水量与未预见排水量之和。

3.清净废水-雨水合流排水系统的设计流量应为清净废水设计小时平均流量与设计雨水量之和。

4.初期雨水量:一次降雨污染雨水总量宜按污染区面积与其15～30 mm降水深度的乘积计算。污染雨水折算成提升泵连续流量的时间可按8～24 h选取。

事故排水量及事故池容积计算详见3.5.4节事故排水储存。

3.3 排水管道

3.3.1 污水管道系统的设计

1. 污水管道中污水流动的特点

管道中的水流和河流中的水流很相像,依靠水的重力从高处流向低处。河流中挟有泥沙,污水中有各种固体杂质。当河水流动缓慢时,泥沙下沉,形成淤积;河水流动湍急时,河岸冲刷,泥沙散失。污水在沟道中流动缓慢时,亦有淤积现象,当流速增大时,亦有冲刷现象,冲走沉淀物,甚至损坏沟道。

沟道的设计,要求做到污水中的杂质都能依靠重力随水流输送,不在管内沉淀;同时要防止污水流动过急对管壁的冲刷和损坏。

管渠的断面形式需考虑以下几点。

(1)水力要求:要求单位断面输水能力大;

(2)经济性:最小建筑费;

(3)稳定性:在荷重下保持坚固;

(4)养护方便:不易沉淀,便于冲洗疏通。

2. 污水管道的水力计算公式

污水管道水力计算任务需要确定:流量、流速、充满度、管径、坡度、高程。其中,前三项可了解管道的水力情况,建成后的养护要求,后三项是施工建设所需的项目。

流量公式: $$Q = \omega V \tag{3-1}$$

流速公式: $$V = C^{\sqrt{R \cdot I}} \tag{3-2}$$

$$C = \frac{1}{n} R^{1/6} \tag{3-3}$$

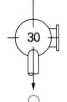

石油化工给水排水工程设计

$$V = \frac{1}{n} R^{2/3} I^{1/2} \qquad\qquad (3-4)$$

$$Q = \frac{1}{n} R^{2/3} I^{1/2} \qquad\qquad (3-5)$$

式中　Q——设计流量,m^3/s;

ω——水流的断面面积,m^2;

V——流速,m/s;

R——水力半径,水流断面面积和湿周的比值;

I——水力坡度(等于管底坡度);

C——谢才系数;

n——管壁粗糙系数,n 一般为 $0.013 \sim 0.014$。

3. 污水管道水力计算的设计规定

为了保证污水管道的正常工作,避免发生淤积、冲刷、溢流等不正常现象,

(1) 设计充满度:最小充满度一般不小于 0.40,否则断面利用率太低。

最大设计充满度见表 3-1。

表 3-1　最大设计充满度

序号	管径(D)或暗渠(H)/mm	最大设计充满度/h/D 或 h/H
1	200～300	0.55
2	350～450	0.65
3	500～900	0.70
4	≥1 000	0.75

(2) 设计流速

排水管渠的最小设计流速,污水管道在设计充满度下为 0.6 m/s,雨水管道和合流管道在满流时为 0.75 m/s,明渠为 0.4 m/s。

最大设计流速:非金属管为 5 m/s,金属管为 10 m/s。明渠最大设计流速见表 3-2。

表 3-2　明渠最大设计流速

序号	明渠类别	最大设计流速/(m/s)
1	粗砂或低塑性粉质黏土	0.8
2	粉质黏土	1.0
3	黏土	1.2
4	草皮护面	1.6
5	干砌块石	2.0
6	浆砌块石或浆砌砖	3.0
7	混凝土	4.0
8	石灰岩和中砂岩	4.0

（3）最小管径、最小坡度见表 3-3。

表 3-3　最小管径、最小坡度

管线类别	最小管径/mm	最小坡度
污水管	300	塑料管 0.002,其他管 0.003
雨水管和合流管	300	塑料管 0.002,其他管 0.003
雨水口连接管	200	0.01
压力输泥管	150	—
重力输泥管	200	0.01

4.污水管道的埋深

管道的埋深对造价影响极大,设计时应尽可能减小埋深,以降低工程造价。但为防止压坏、冻坏和衔接支管;也有其最小埋深的要求。管道的最大埋深受施工的难度与经济上是否合理所控制。

（1）管道最小埋深

首先要防止荷重压坏管道:它与管道强度,荷重大小与传递方式等有关,在车行道下,一般≥0.7 m 覆土埋深。

防止冰冻冻坏:污水管道的管底可设在冰冻线以上 0.15 m。

满足支管衔接:排水区域内控制点位置一般处于最远、最低或特殊要求的地点,有时为免使因控制点不利而影响整个沟道的埋深与造价,可采取人为措施以提高控制点处的沟道高程,如加强沟道强度,减小覆土埋深,将低地填高等。

（2）管道最大埋深

通常在地下水位以下 3 m,在干管下 7~8 m 为最大埋深。

3.3.2　雨水管渠系统设计

1.雨水管道的特点

允许溢流——在经济上,不允许无溢流,且溢流危害性小,故按满流设计。

可调节径流——雨水径流带有洪峰性质,且历时很短,故石油化工可作围堤、防火堤或洼地、池塘、调节池等调蓄洪峰,以降低设计流量,节约投资。

2.雨水管渠系统设计的主要内容

（1）暴雨强度公式的确定;

（2）雨水管道系统的定线,设计流量计算与水力计算;

（3）径流调节计算,确定调节池容积与位置;

（4）雨水泵站的设置位置。

3.雨水管渠系统设计的原则

排水流域的划分:进行雨水管渠系统设计时,首先要明确排水界区。排水界区是根据装置设计规范而定的,然后可以在排水界区内按分水线划分排水流域,在流域内规划出主干管的位置和方向。主干管应当安置在较低的地位。要求流域内的雨水管靠重力流管道排除,尽可能不设置雨水泵站。

尽量利用地形,就近排入水体:雨水管渠系统的设计,应充分利用地形,结合自然水体的分布情况,定线。同时,应充分利用池塘、河流、防洪沟等作为受水体。

结合装置、罐区的竖向布置:避免坡度过大、减少土方量、防止水流速度过大冲刷土壤等。

明沟与暗管的选择:化工企业场地的排水方式,应根据工厂性质、工程管线、运输线路和建筑密度、地形和工程地质条件、道路形式及环境卫生要求等因素,并结合厂区所在地的排雨水方式,合理地选择暗管、明沟或自然排渗等方式。一般情况下,石油化工厂区雨水排放宜采用暗管,石油化工罐区雨水排放采用明沟。

4. 雨水口布置

应使雨水不应漫过路口,雨水口的位置决定于道路剖面和纵断面的设计及边沟坡度,一般在下列情况设雨水口:道路交叉处,道路坡度改变而形成低谷点处,在边沟一定长度处(25~50 m)。

5. 水力计算中的几个规定

设计充满度——按满流设计。

设计流速——$v_{min} \geqslant 0.75$ m/s,$v_{max} \leqslant 5 \sim 10$ m/s(暗管)。

最小管径为300 mm,最小坡度为0.003。雨水口连接管最小管径为200 mm,最小坡度为0.01。

最小埋深与最大埋深——具体规定同污水管道。

6. 雨水管渠的水力计算的方法

雨水管道、明沟的设计流量,应按式(3-6)计算:

$$Q = q\psi F \qquad (3-6)$$

式中 Q——雨水设计流量,L/s;

q——设计暴雨强度,L/(s·hm²);

ψ——径流系数,可按表3-4及表3-5采用;

F——汇水面积 hm²。

7. 径流系数

径流系数,可按表3-4的规定取值。

表3-4 工艺装置、罐区的径流系数 ψ

序号	类别	ψ
1	工艺装置区	0.55~0.66
2	固定顶及内浮顶储罐组区	0.30~0.40
3	外浮顶储罐组区	0.20~0.30
4	由全厂性仓库、汽车库及类似设施组成的区	0.55~0.65
5	由三修、污水处理场(水池加盖)及类似设施组成的区	0.35~0.45
6	由铁路装卸站场、循环水场、污水处理场(水池不加盖)及类似设施组成的区	0.25~0.35

注1:非单一类别区的值可按表3-4的数值加权平均计算;

注2:序号2、3、5、6空地无植被而用其他材料铺砌,其 ψ 值可按表的数值加权平均计算;

注3:生产管理区可参照序号4选用。

表 3-5　各类设施及通道的径流系数 ψ

序号	类　别	ψ
1	工艺装置	0.70~0.85
2	固定顶及内浮项储罐组	0.35~0.45
3	外浮顶储罐组	0.25
4	全厂性仓库、汽车库及类似设施	0.65~0.80
5	三修、污水处理场（水池加盖）及类似设施	0.40~0.55
6	铁路装卸站场、循环水场、污水处理场（水池不加盖）及类似设施	0.25~0 35
7	通道及设施空地	0.22~0.42

注 1：序号 2、3、5、6、7 空地无植被而用其他材料铺砌，其 ψ 值可按表的数值加权平均计算；
注 2：生产管理设施可参照序号 4 选用。

表 3-6　地面的径流系数 ψ

序号	地面种类	ψ
1	混凝土和沥青路面	0.9
2	大块石铺砌路面和沥青表面处理的碎石路面	0.6
3	级配碎石路面	0.45
4	干砌砖石和碎石路面	0.40
5	非铺砌土地面	0.10~0.30
6	绿地	0.15

8. 设计暴雨强度，应按式（3-7）计算

$$q = \frac{167A_1(1+C\log P)}{(t+b)^n} \qquad (3-7)$$

式中　　g——设计暴雨强度，$L \cdot s^{-1} \cdot ha^{-1}$；

　　　　t——降雨历时，mim；

　　　　P——设计重现期，a；

A_1、C、n、b——地方常数。

9. 雨水管道设计重现期，应按表 3-7 选用。

表 3-7　设计重现期

序号	类别	重现期
1	装置	1.0~2.0
2	罐区	2.0
3	辅助区	1.0~2.0

雨水明沟的设计重现期，应按表 3-8 选用。

表 3-8　设计重现期

序号	明沟类别	重现期
1	支　沟	0.33～0.5
2	干　沟	0.5～1.0
3	主　沟	1.0～2.0

注:位于地形对排水不利且暴雨比较集中的地区的大型石油化工厂取大值。

3.3.3　厂内雨水明沟设置

1.一般规定

雨水明沟的设置,应与厂区总平面布置和竖向布置相协调。雨水明沟应减少与铁路、道路和地下主管线带交叉,当交叉时宜正交。雨水明沟宜采用矩形或梯形断面。厂容和卫生条件要求较高和人员活动频繁地段的明沟应加盖板。

雨水明沟与电缆沟交叉处,应采取防止沟内雨水进入电缆沟的措施。

地下管线不宜从雨水明沟内穿过;如必须穿过时,管底宜保持在设计水面以上。

雨水明沟的最大深度,支沟不宜大于 0.7 m,干沟不宜大于 1.0 m,主沟不宜大于 1.5 m。矩形主沟、干沟的宽深比宜为 1∶1～2∶1。

矩形雨水明沟宽度不宜小于 0.3 m,梯形沟沟底宽度不宜小于 0.4 m。

明沟的最小设计流速,不应小于 0.4 m/s,最小纵坡不宜小于 2‰。

雨水明沟水流速度超过允许流速时,应在该坡段设置跌水或急流槽等设施。

雨水明沟转弯处中心半径不宜小于沟的设计水面宽度的 2.5 倍。

雨水明沟边缘距建筑物、构筑物基础外缘不宜小于 3 m,距围墙中心线不宜小于 1.5 m。

2.雨水明沟水力计算

雨水明沟的流量,应按下列公式计算:

$$Q = \omega V \tag{3-8}$$

$$V = \frac{1}{n} R^{2/3} I^{1/2} \tag{3-9}$$

式中　Q——雨水设计流量,m³/s;

　　　ω——过水断面面积,m²;

　　　V——流速,m/s;

　　　R——水力半径,m;

　　　I——水力坡降;

　　　n——粗糙系数,可按表 3-9 采用。

表 3-9　明沟粗糙系数

序号	明沟铺砌类别	n
1	水泥混凝土和水泥砂浆抹面	0.013～0.014
2	浆砌机砖	0.015
3	浆砌块石	0.017
4	干砌块石	0.02～0.025

3. 最大设计流速

最大设计流速应符合下列规定:水流深度为 0.4～1.0 m 时,宜按表 3－10 采用。

表 3－10　明沟最大设计流速

序号	明沟类别	最大设计流速/(m/s)
1	干砌块石	2.0
2	浆砌块石或浆砌机砖	3.0
3	混凝土	4.0
4	石灰岩或中砂岩	4.0

水流深度在 0.4～1.0 m 范围以外时,表 3－10 所列最大设计流速应根据水流深度分别乘以下列系数。

表 3－11　最大设计流速系数表

序号	水流深度	系数
1	$h < 0.4$	0.85
2	$1.0 < h < 2.0$	1.25
3	$h \geq 2.0$	1.40

注:h 为水流深度,m。

4. 雨水明沟超高值宜按表 3－12 采用。

表 3－12　明沟超高值

序号	明沟、类别		超高
1	支沟		5 cm
2	干沟		10 cm
3	主沟	梯形	20 cm
		矩形	设计水深的 1/6～1/5

5. 明沟计算步骤

(1) 根据排雨水规划图确定要计算的沟段;

(2) 确定该沟段的长度、沟宽、纵坡和粗糙系数;

(3) 统计汇入该沟段的汇水面积;

(4) 确实汇入该沟段地面类型并相对应的径流系数;

(5) 确实该沟段的设计重现期;

(6) 确定地面集流时间;

(7) 假定该水沟的流速;

(8) 根据当地暴雨公式,计算暴雨强度;

（9）计算出水沟设计流量；

（10）利用假定流速计算明沟过水断面的面积；

（11）计算该明沟的有效水深；

（12）计算水力半径；

（13）根据水力半径、沟底纵坡和粗糙系数计算明沟实际流速；

（14）比较计算出的实际流速和假定流速，如果两者误差在 5% 以内即可认为假定流速合适，如果误差较大则重新假定一个流速，直到计算流速和假定流速合适；

（15）如合适的计算流速不符合有关规范要求，可重新调整沟宽、沟底纵坡重新计算。

6.下列情况的雨水，不得排入雨水明沟。

生产装置单元围堰内的雨水；油品装卸车处、化学药剂设施等单独采取防污染措施区内可能被污染的场地雨水；油罐清罐时，罐组内地面被污染的场地雨水；全厂性工艺管线低点放空排出的液体；各种工业废水。储罐防火堤的排雨水口应设置隔断设施，以防止事故溢流出的物料和被污染的雨水排入厂区雨水明沟。

3.3.4 雨水监控

1.场地应清污分流，并有完整、有效的雨水排水系统。场地雨水不得任意排泄至厂外。

2.雨水明沟排出厂区出口应与设置的水质监控或处理设施连接，未设置水质监控或处理设施的在排出围墙之前必须设置水封装置。水封装置与围墙之间的排水通道必须采用暗渠或暗管。

3.生产管理区以及三修、全厂性仓库等处未污染的雨水明沟系统可单独引出厂外。

3.3.5 雨水、污水管道设计

1.一般规定

（1）管道系统布置要符合地形趋势，一般宜顺坡排水，取短捷路线。

（2）尽量避免或减少管道穿越不容易通过的地带和构筑物。当必须穿越时，需采取必要的处理或交叉措施，以保证顺利通过。

（3）安排好控制点的高程，可分别采取如下措施：局部管道覆土较浅时，采取加固措施、防冻措施；在局部地区，雨水道可采用地面式暗沟，以避免下游过深。

（4）管道在坡度骤然变陡处，可由大管径变为小管径。

（5）同直径及不同直径管道在检查井中连接，一般采用管顶平接，不同直径管道也可采用设计水面平接，但在任何情况下进水管底不得低于出水管底。

（6）流量很小而地形又较平坦的上游支管，一般可采用非计算管，即采用最小管径，按最小坡度控制。

（7）明渠接入暗管的连接：一般有跌差，其护砌做法以及端墙、格栅等均按进水口处理，并在断面上设渐变。

（8）暗管接入明渠的连接：应考虑淤积，要有适当跌差，其端墙及护砌做法按出水口处理。

2.设计步骤

雨水管线：布置管渠系统，划分汇水面积；定线；定控制高程；选定设计数据；进行水力计算，确定管渠断面、纵坡及高程；布置雨水口；进水构筑物的选用和设计，一般应优先采用标准图。

污水管线:根据总图管线综合及排水点布置管线;确定起点、出口和中间各控制点的高程;进行水力计算确定管道断面、纵坡及高程。

3.3.6 雨水、污水管道检查井的设置

1. 在重力流管道上应设检查井,检查井一般设置在管道的交接处、转弯处、管径或坡度变换处、跌水处及直线管段每隔一定的距离处。

2. 直线管段两检查井的最大间距一般按表3-13采用。

表3-13 检查井最大间距

管径或暗渠净高 /mm	最大间距/m	
	污水管道	雨水(合流)管道
200~400	30	40
500~700	50	60
800~1 000	70	80
1 100~1 500	90	100
1 600~2 000	100	120

3. 在排水管道每隔适当距离的检查井内和泵站前一检查井内,应设置沉泥槽,深度宜为0.3~0.5 m。

3.3.7 出水口

(1)排水管(渠)出水口位置和形式应根据排放水质、流量、受纳水体的功能、水位、当地的地质及气候等条件确定。

(2)排水管(渠)出水口应有防冲刷、消能、加固等措施,出水口管道伸入水体处应设置标志。

(3)有冻胀影响地区的出水口。应采取防冻胀措施。出水口基础应设在冰冻线以下。

(4)重力流排水管道出水口受水体洪水或潮位顶托时,应设置防倒灌设施。

3.4 排水泵站

3.4.1 主要设计参数

雨水泵站的设计流量,应采用泵站总管设计流量的120%,污水泵站的设计流量,应按泵站进水总管的最大时设计流量确定。

雨水泵站集水池的设计最高水位,应采用与进水管管顶相平。设计平均水位应采用进水管管径的一半。设计最低水位应采用一台水泵流量相应的进水管水位。污水泵站集水池的设计最高水位,应采用与进水管管顶相平。设计平均水位应采用设计平均流量时的进水管渠水位。设计最低水位应采用与泵房进水管渠底相平。当设计进水管渠为压力管时,集水池的设

计最高水位可高于进水管管顶,但不得使管道上游地面冒水。

雨水泵站内水泵的设计扬程,应由集水池水位与排出水体水位之水位差和水泵管路系统的水头损失组成。其设计最高、平均和最低扬程应符合表 3-14 的规定。

表 3-14　雨水泵的设计扬程

①集水池水位/m	②排出水体水位/m	③水头损失/m	设计扬程/m
设计最高水位	水体低水位或平均低潮位	管路系统	②－①＋③＝最低扬程
设计平均水位	水体常水位或平均潮位	管路系统	②－①＋③＝平均扬程
设计最低水位	水体高水位或防汛潮位	管路系统	②－①＋③＝最高扬程

污水泵站内水泵的设计扬程,应由集水池水位与出水管渠水位之水位差和水泵管路系统的水头损失加安全水头 0.3 m 组成。

表 3-15　污水泵的设计扬程

①集水池水位/m	②出水管渠水位*/m	③水头损失/m	设计扬程/m
设计最高水位	设计最小流量时出水管渠水位	管路系统	②－①＋③＋0.3＝最低扬程
设计平均水位	设计平均流量时出水管渠水位	管路系统	②－①＋③＋0.3＝平均扬程
设计最低水位	设计最大流量时出水管渠水位	管路系统	②－①＋③＋0.3＝最高扬程

* 出水直接排放水体时,则参照表 3-15 的排出水体水位采用。

3.4.2　进水设施

1. 进水管渠

泵房应采用正向进水,其水流应避免涡流,保持流速均匀、水流顺畅。当无条件正向进水时,中小型泵站应采取措施,改善进水水流条件。

泵站前宜设置事故排出口和检修闸门。

在雨水进水管沉砂量较多地区宜在雨水泵站集水池前设置沉砂设施和清砂设备。

2. 格栅

泵房的进水侧应设置机械除污设备。格栅井的设置,应根据泵房规模、水力要求、地形特点、施工条件等情况决定单独设置或附设在泵房内。

格栅的总宽度不宜小于进水管渠宽度的 2 倍,或格栅空隙有效总面积大于进水管渠有效断面的 1.2 倍。通过栅条间隙的流速宜为 0.6～1.0 m/s。

格栅井的宽度应比置于井内部分的设备宽度大 80～100 mm。格栅除污机平台的荷载:固定式应按设备总重量计,移动式应按移动部分的总重量加配套设备作用在平台上的平均布荷载计。

格栅除污机的形式应根据泵站用途、规模、栅渣量、栅渣性质及泵站布置等因素按下列规定综合考虑。

(1)雨水泵站宜采用钢丝绳牵引格栅除污机。格栅在 3 组或以上的,宜采用移动式钢丝绳牵引格栅除污机或移动悬吊葫芦抓斗式格栅除污机,对于栅渣较多的或格栅在 6 组以上的移动式格栅除污机,移动清污部分可设置 2 套。

(2)污水泵站宜采用回转式固液分离机、链传动多刮板格栅除污机、背耙式格栅除污机或转鼓式格栅除污机。

(3)格栅除污机接触污水的部分应采用不锈钢或耐腐蚀材料,使用碳钢的部分必须采取有效防腐措施。当采用回转式固液分离机时,齿耙材料宜采用高强度耐腐蚀材料。

格栅除污机栅条有效间隙应根据水泵进口口径、固体通过能力和栅渣截取量决定,按表 3-16 选用。对于阶梯式格栅除污机、回转式固液分离机和转鼓式格栅除污机的栅条间隙或栅孔可按需要确定。

表 3-16 栅条间隙

水泵口径/mm	<200	250~450	500~900	1 000~3 500
栅条间隙/mm	15~20	30~40	40~80	80~100

电气控制箱与控制原则应符合下列规定:

(1)电气控制箱应采用防腐蚀材料制造,防护等级:户外应采用 IP65,户内不应低于 IP44;

(2)电气控制箱的控制原则:格栅除污机的电气控制应具备手动、自动功能。自动可采用自动定时控制或液位差控制或双重控制的方式。格栅除污机宜与配套的栅渣输送、压榨设备进行联动,设备联动控制元件应设置在就地控制箱内,其信号应与控制室连接。在有自动化监控系统的泵站,控制箱内应设置相应的信号接口。

格栅除污机、输送和压榨脱水设备的配套电动驱动装置的防护等级不应低于下列规定:户外 IP55,户内 IP44。格栅除污机、输送机和压榨机应根据不同材料分别进行防腐蚀处理。

3. 闸门

排水泵站内应根据需要设置相应的闸门。闸门应配置启闭装置,对于压力闸门井,启闭装置应设置水封座。

1)闸门应符合下列规定。

(1)闸门应采用明杆升降型,安装形式宜采用附壁式或嵌入式,对于与管道同处一个隔墙的闸门,不宜采用嵌入式。

(2)闸门宜采用不锈钢、铸铁(含球墨铸铁)或碳钢制造,螺杆、连接杆、连接套筒和紧固件等应采用高强度耐腐蚀的不锈钢材料。

(3)闸门应按正向水压安装,岔道闸门应考虑双向受压,双向受压闸门应设置反向密封止水装置。

(4)采用弹性密封的闸门宜考虑增设平水位旁通设施。

(5)口径 D 不大于 3 000 mm 的闸门可采用单吊点启闭方式,D 大于 3 000 mm 或宽度大于 2 000 mm,且宽长比大于 1.2 的闸门可采用双吊点启闭方式。

2)闸门布置应遵守下列规定。

(1)闸门井宽尺寸 B 不应小于 $D+800$ mm,闸门孔底至井底净距不宜小于 400 mm,并列布置的两闸门孔口边缘间隔距离 L 不宜小于 600 mm。

(2)启闭机中心距平台栏杆处的净宽度不应小于 800 mm。

（3）闸槽式土建预留凹槽应各侧大于门槽外形尺寸 100 mm，相邻凹槽距离不应小于 400 mm。

（4）置于室内的闸门，闸门上方应设置起吊设备，起重量按闸门最大起吊单体重量计算，起吊高度应满足闸门最大高度尺寸要求。

3）启闭装置应遵守下列规定。

（1）闸门口径不大于 600 mm 可采用手盘式启闭机或手电两用启闭机。

（2）闸门口径大于 600 mm 必须采用手电两用启闭装置，电动驱动装置应有现场手动操作和控制室遥控操作，防护等级应采用 IP66～68。

4）闸门电气控制箱与控制原则应符合下列规定。

（1）电气控制箱的控制原则：闸门的电气控制应具备手动、电动功能。手动为就地按钮操作闸门的启闭，电动应有接点控制或 4～20 mA 信号输出，并与控制室连接。在有自动化监控系统的泵站，控制箱应设置相应的信号接口。

（2）电气控制箱应采用防腐蚀材料制造，防护等级户外应采用 IP65，户内不应低于 IP44。闸门与启闭机应根据不同材料分别进行防腐蚀处理。

4. 集水池

（1）集水池的有效容积：雨水泵站不应小于最大一台水泵 30s 出水量；污水泵站不应小于最大一台水泵 300s 出水量。

（2）集水池内应无涡流滞流，保持水流顺畅。进入集水池的管道宜采用渐扩管，其扩展角不应大于 25°，流速为 0.3～0.8 m/s。

（3）集水池内水泵吸水管应按中轴线对称布置，各水泵吸水不干扰。大型泵站应设置导流墙，其位置宜通过水力试验确定。

（4）水泵吸水管喇叭口设置位置应满足水泵运行的技术要求。安装尺寸应按水泵样本规定设计。

（5）集水池设计最低水位，应满足所选用水泵吸水头的要求。自灌式泵房尚应满足水泵叶轮浸没深度的要求。

（6）污水泵站集水池池底应设集水坑，坑深宜为 500～700 mm，倾向坑的坡度不应小于 10%。

（7）集水池内应设水位仪，信号应传输至控制室。仪表的位置应满足安装需要和维修方便。

（8）集水池应设冲洗装置。

3.4.3 泵房设计

1. 水泵配置

有多种泵型供选择时，应对水力性能、构件材料、配套电器、泵房土建安装、工护投资和运行检修等进行综合分析，择优确定。雨水泵站可选用立式轴流泵、立式混流泵和潜水的轴流泵、混流泵等。污水泵站和合流污水泵站可选用卧式或立式的离心泵、混流泵和各类潜水泵等。

选用的水泵应满足平均扬程是在高效区运行；在最高扬程与最低扬程的整个工作范围内应能安全稳定运行。两台以上水泵并联运行于一根出水压力管时，应根据水泵特性曲线和管路工作特性曲线验算单台水泵工况,使之符合设计要求。

雨水泵站内的水泵型号规格宜相同,台数不应少于 2 台,不宜大于 8 台,大型以上泵站内的水泵宜成偶数配置。

污水泵站内的水泵型号规格宜相同,工作泵台数不应少于 2 台,不宜大于 8 台。当水量变化很大时,可配置不同规格的水泵,但不宜超过两种,或采用变频调速装置,或采用叶片可调式水泵。

雨水泵站可不设置备用泵。

污水泵站应设置备用泵,当工作泵台数不大于 4 台时,备用泵宜为 1 台;工作泵台数不小于 5 台时,备用泵宜为 2 台。

采用电动机变速或叶片可调式水泵来调节水泵流量时应经过技术经济论证确定。

多级串联的污水泵站内的水泵,应考虑级间调整的影响。

水泵吸水管设计流速宜取 1.0~1.5 m/s,出水管流速宜取 1.5~2.5 m/s。

非自灌式水泵应设引水设备,小型水泵可设底阀或真空引水设备,中型以上水泵宜采用真空泵,真空泵应设 2 台,其中一台备用。水泵充水时间应为 3~5 min。真空泵和气水分离器应防腐。

2.泵房、水泵间

泵房布置应根据泵站总体布置、周围环境、地质资料、机电设备、进出水管道、土建施工、设备安装、运行管理和检修养护等条件,经技术经济比较确定。

水泵布置宜采用单列排列。其间距应满足水泵特性、机电设备安装、运行操作维护检修和内部通道等要求。

泵房各层层高,应根据水泵机组、电气设备、起吊装置、安装、运行和检修等因素确定。采用潜水泵时可不设上部建筑。

水泵机组基础间的净距不宜小于 1 000 mm。机组外缘与墙壁的净距不宜小于 1 200 mm。

水泵机组的基座,应按水泵要求配置,并应高出地坪 100 mm 以上。

水泵间与电动机间的层高差超过水泵技术性能中规定的轴长时,应设中间轴承和轴承支架,水泵油箱和填料函处应设操作平台等设施。操作平台工作宽度不应小于 600 mm,并应设置栏杆。平台的设置应满足管理人员通行和不妨碍水泵装拆。

相邻两台泵的中间轴承支架横梁,应分别设置。当轴承支架间的距离大于 4 000 mm 时,应设辅助支撑。

泵房应有 2 个出入口,其中一个应能满足最大部件进出。

泵房内的主要扶梯,宜用钢筋砼结构,宽度不应小于 1 100 mm,倾角宜为 40°,每个梯段的踏步不应超过 18 级。中小型泵站主要扶梯可采用钢结构,宽度不应小于 800 mm,倾角宜为 45°。

当泵房为多层时,楼板应设吊物孔,其位置应在起吊设备的工作范围之内。吊物孔尺寸应按需起吊最大部件外形尺寸各边加 200 mm。

潜水泵上方盖板的吊装孔应设密封措施。

立式泵的水泵间或卧式泵的泵房,其室内地坪应设集水沟排除地面积水。其地坪宜有 1‰倾向集水沟的坡度,并在集水坑内设抽吸积水的水泵。

水泵因冷却、润滑和密封等需要的冷却用水一般接自泵站供水系统,其水量、水压、管路等按设备要求设置。当冷却用水量大时,应考虑循环利用。

水泵间应设给水龙头、洗涤盆、照明设备和低压安全电源。

3. 电动机间

立式泵的电动机间或卧式泵的泵房,其主通道宽度不宜小于 1 500 mm。

电动机间的大门宽度应大于室内最大部件 500 mm,大门外应设雨棚,在合适位置可设人行小门。

电动机间楼板必须考虑水泵运行和机组检修时的荷载。

立式泵电动机间的基座孔,必须按水泵尺寸确定。在该泵出水管上方的楼板必须设置安装孔,其位置及尺寸应方便出水管配件的拆装。非检修时,该孔应用盖板铺平。

电动机间起重设备应根据需吊运的最重部件确定。起重质量不大于 3 t,宜选用手动或电动葫芦;起重质量大于 3 t,宜选用电动单梁或双梁起重机。

电动机间高度应根据设备高度和起重设备起吊条件决定。起吊高度应满足机组安装、检修要求和吊运部件与所跨越的固定设备不碰撞的要求。

电动机间的窗面积不宜小于室内面积的 20%,行车梁以上墙面不宜设窗。

电动机间地坪应铺装不起尘材料,内墙面应刷涂料。

电动机间的噪声不得大于 85 dB。

3.4.4 出水设施

出水管及压力井:水泵出水管应接入压力井或敞开式出水井。

出水管转弯角宜大于 135°,转弯半径宜大于 2 倍管径。当泵房出水管较长时,在管道凸高处或一定长度处宜设排气阀或透气井,其数量和直径应经计算确定。

在管道最低处宜设排空阀。污水泵出水管与压力井相连时,出水管上必须安装止回阀和闸阀等防倒流装置。雨水泵的出水管末端应设防倒流装置。其上方应考虑起吊条件。

水泵进出水管宜安装伸缩节。

出水压力井的盖板必须密封,所受压力由计算确定。水泵出水的第一座压力井必须设透气筒,筒高和断面根据计算确定,但筒高不得低于泵房屋顶。

敞开式出水井的井口高度,应满足水体最高水位时开泵形成的高水位,或水泵骤停时水位上升的高度。井顶应铺设栅条。

泵站岔道应有防止出口水流倒灌的措施。

雨水泵站应设置试车水回流管,出水井通向河道一侧应安装出水闸门。

雨水泵站出水口的水流不得冲刷河道和影响航行安全,出水口流速应小于 0.5 m/s,并应取得航道、水利等部门同意。

泵站出水口应设在桥梁的下游段,出水口和护坡结构不得伸入航道内。

泵站出水口处应考虑消能装置,并设警示牌、警灯和警铃。

3.5 水体污染防控措施

3.5.1 一般规定

石化企业必须具备水体污染防控紧急措施,事故时能够进行物料转移以避免事故扩大。

事故识别应从水体环境危害物质的生产、储存、运输等各环节、全过程进行分析和评价。事故排水收集系统应结合全厂总平面布局、事故泄漏的特性、场地竖向、道路及排雨水系统现状,以自流排放为原则合理划分。

当雨水必须进入事故排水收集系统时,应采取措施减少进入该系统的雨水汇水面积。

3.5.2 消防事故水收集、处置

事故排水是指在物料泄漏、火灾、爆炸等事故过程中产生的污水:包括泄漏物料、事故消防水、污染雨水、事故现场冲洗水以及混入的其他生产废水等。

储存事故排水的构筑物或其他设施,包括围堰内和防火堤内区域、排水管渠、事故池、事故罐以及事故时可临时用于储存事故排水的其他设施(如油品储罐)。

1. 装置区

应根据装置污染区范围设置高度不低于 150 mm 的小围堰或装置区设置大围堰(或收集明沟),围堰区内初期雨水收集后通过初期雨水管道收集到初期雨水储存池或切换到生产污水收集系统。装置排水系统宜至少划分且不限于生产污水、初期雨水和清净雨水三个排水系统,通过雨水出装置区时设置切换阀,将初期雨水切换到生产污水系统收集;对于装置改造受到条件限制时,生产污水和初期雨水可合并设置,在围堰处设置切断阀,打开切断阀将初期雨水排入生产污水系统,关闭切断阀清净雨水排入清净雨水系统。装置区或多个装置区域宜设置初期雨水储存池和生产污水储存池,提升后去污水处理场;当装置生产污水产生量少且没有连续流时,装置区生产污水、初期雨水可通过生产污水管道系统收集输送到污水处理场。装置区未设置初期雨水收集池时,清净雨水出装置区时应设置切换装置,可将围堰外污染雨水或事故排水切换到初期雨水系统收集或生产污水系统收集。

正常生产过程中,切换到清净雨水系统的切换阀处于常闭状态,切换到初期雨水系统或生产污水系统的切换阀处于常开状态。发生降雨过程时,围堰外初期雨水如被污染,将初期雨水收集到初期雨水系统或生产污水系统;初期雨水收集后,切换到清净雨水系统的切换阀处于打开状态,切换到初期雨水系统或生产污水系统的切换阀处于关闭状态,将清净雨水切换到清净雨水系统。发生降雨过程时,围堰外雨水如未被污染,切换到清净雨水系统的切换阀处于打开状态,切换到初期雨水系统或生产污水系统的切换阀处于关闭状态,清净雨水收集到清净雨水系统。当装置区发生小型事故时,泄漏的物料和消防废水通过围堰收集到初期雨水储存池,或通过装置区清净雨水系统切换阀切换到初期雨水储存池或生产污水储存池,通过提升泵提升到污水处理场。当事故排水量超过初期雨水系统和生产污水系统储存、转运能力时,事故排水进入全厂事故排水收集系统收集,进入全厂事故排水储存设施。切换装置宜在地面上操作。围堰内应设置混凝土地坪,并按照相关规范或项目要求采取防渗措施,围堰检修专用通道应加漫坡处理。

2. 罐区

罐区排水宜至少划分生产污水和清净雨水两个排水系统,原油等需要收集浮盘污染雨水的罐区还应设置污染雨水系统。

外浮顶储罐的顶部作为受污染区域,顶部的雨水通过中央排水管引出。重力流至防火堤外,经阀门井及水封井切断后分两路,一路排至库区雨水系统,一路排至库区含油污水系统。

罐区各单元围堤内雨水经围堤内明沟→自动排雨水封器→围堤外阀门井→库区内道路雨

水明沟。

罐区或多个罐区区域应设置污染雨水储存池和生产污水储存池。当生产污水产生量少没有连续流时,罐区生产污水、污染雨水可切换到生产污水系统收集到污水处理场。酸性水、碱渣、甲基二乙醇胺、酸碱、液氨、苯等高水体环境风险物质储罐及生产污水储罐应设置围堰或事故储液池,不应进入全厂事故排水系统,围堰或事故存液池的有效容积不宜小于罐组内1个最大储罐的容积,并设置提升设施和固定管道,将泄漏的物料转运到相邻的同类物料储罐。收集转运腐蚀性事故排水的管道、检查井内壁应考虑防腐和防渗措施。切换装置宜在地面操作。

3. 工艺管廊

应根据区域环境特点、物料性质对工艺管廊采取相应的水体环境风险防控措施。厂外管廊在水环境敏感程度较高及以上区域的阀门、法兰、阀组等部位周边,应有针对性地采取截污、储存、导流或转输措施。

3.5.3 事故排水系统收集

事故排水系统宜与雨水系统合建。有条件或项目环境影响评价报告要求时,可设置独立的事故排水系统。事故排水系统与雨水系统合建时,事故排水系统设置宜根据地形、厂区平面布置、道路、雨水系统等因素综合考虑,以自流排放为原则,合理划分多个独立的、可切换的事故排水汇水区。事故排水区域收集系统应设置切换装置或区域事故排水储存提升设施,将事故区域的事故排水全部切换、收集到全厂事故池或通过提升泵转运到全厂事故排水储存设施,尽量减少事故区域的汇水面积。

事故排水系统的切换与控制应遵循以下原则。

1. 对于独立设置的事故排水系统,正常状态时,装置区、罐区切换到清净雨水系统的切换阀处于常闭状态,切换到事故排水系统的切换阀处于常闭状态。发生降雨且未发生事故时,装置区、罐区的清净雨水切换阀打开,清净雨水通过全厂清净雨水系统排放;发生较大事故时,装置区、罐区切换到事故排水系统的切换阀打开,事故排水通过事故排水系统收集到全厂事故排水储存设施。

2. 对于与清净雨水系统合建的事故排水系统,正常状态时,装置区、罐区切换到清净雨水系统的切换阀处于常闭状态,切换到生产污水或初期雨水系统的切换阀处于常闭状态。当发生降雨且未发生事故时,装置区或罐区的清净雨水切换阀打开,将清净雨水排放;当发生较大事故时,事故区域清净雨水系统切换阀打开,事故排水通过清净雨水系统收集到全厂事故排水储存池。

事故排水系统管道应采用防止闪燃引起变形的材料,不宜采用非金属管线;宜采用密闭形式收集输送,并做好水封,难以采用密闭形式时应采取安全防范措施,防止因气体扩散产生火灾爆炸事故和人身伤害事故发生。

清净雨水同时作为事故排水收集系统时,其排水能力应按事故排水量进行校核。通过装置区生产污水系统、初期雨水系统的转运量可以扣除。

事故排水收集系统的自流管道设计可按满流管道设计。

3.5.4 事故排水储存

应设置能够储存事故排水的储存设施。储存设施包括事故池、事故罐及防火堤内区域等。

事故排水储存设施总有效容积应根据发生事故的设备泄漏量、事故时消防用水量及可能进入事故排水的降雨量等因素确定,并将厂区排放口周边与外界隔开的池塘、污染物外泄产生的影响程度等纳入综合考虑因素,综合确定。

事故排水储存设施的总有效容积按式(3-10)确定:

$$V_{总} = (V_1 + V2 - V_3) + V_4 + V_5 \quad\quad (3-10)$$

V_1——收集系统范围内假定发生事故的储罐或装置的物料量,m^3;

V_2——发生事故的储罐或装置的消防水量,m^3。

$$V_2 = \sum Q_{消} t_{消} \quad\quad (3-11)$$

$Q_{消}$——发生事故的储罐或装置的同时使用的消防设施给水流量,m^3/h;

$t_{消}$——消防设施对应的设计消防历时,h;

V_3——发生事故时可以转输到其他设施的物料量,m^3;

V_4——发生事故时仍必须进入该收集系统的生产废水量,m^3;

V_5——发生事故时可能进入该收集系统的降雨量,m^3。

$$V_5 = 10qF \quad\quad (3-13)$$

q——降雨强度(按平均日降雨量),mm。

$$q = qa/n \quad\quad (3-14)$$

q_a——年平均降雨量,mm;

n——年平均降雨日数;

F——必须进入事故废水收集系统的雨水汇水面积,ha。

全厂性同一时间火灾次数、火灾延续时间按 GB 50160 执行,自动喷水灭火系统按 GB 50084 执行,水环境敏感程度(分类见附录 B)较高及以上,设计消防历时按 8~12 小时计算,企业根据自身情况考虑极端天气取值不受此标准限制,可适当放大。

在现有储存设施不能满足事故排水储存容量要求时,应设置事故池(或事故罐)。

事故池宜单独设置,非事故状态下需占用时,占用容积不得超过 1/3,且具备在事故发生时 30 分钟内紧急排空的设施。事故池宜采取地下式,事故排水依靠重力流排入,事故池应根据项目情况,采取防渗、防腐、抗浮、抗震等措施。当不具备条件时可采用事故罐,事故排水向事故罐转入能力应不小于事故排水量。事故池应设置转运设施,将事故排水转运到污水处理场或其他储存、处置设施,一级供电负荷。事故排水转运到污水处理场的量应不影响污水处理系统的稳定运行,其余的事故排水宜转运到原油罐、全厂污油罐或其他不影响生产运行的储罐储存。事故排水转运管道宜为固定管道。转运管道与污水处理场储罐的连接应采用固定连接,与原油罐或其他生产用储罐的连接宜为临时连接,事故时采用快速接头迅速连接,或为固定连接中间加盲板。事故池宜设置物料收集设施、标尺液位计和物料转运提升泵。事故池收集挥发性有害物质时,其用电设备、消防设施、平面布置应采取安全措施,火灾危险类别按甲类。事故池可不加盖。事故池周围应设置消火栓,用于水消防或泡沫消防。消火栓距离事故池宜不小于 15 米。事故池收集挥发性有害物质时,周边 15 米范围为防爆区,所有用电设备应防爆。

事故池兼作雨水监控时,进水管道、出水管道上应设置切断阀,出水管道正常情况下阀门应处于关闭状态,监测合格后打开出水阀门。自流进水事故池的设计液位应低于该收集系统范围内的最低地面标高,池顶高于所在地面不应小于 200 mm,保护高度不应小于 500 mm。

同时,独立设置的事故池不得设有通往外部的管道或出口。

3.5.5　事故排水处置

根据事故时产生不同的环境危害物质,制定合理的后处理措施。

3.5.6　水体环境风险防控监测监控设施

企业宜在雨水总排出口、油品码头等可能发生溢油风险的区域设置溢油实时监测报警设施。报警设施应具备现场和远程报警的功能,也可考虑与紧急切断阀、排水闸门等设施进行联动。

3.6　防渗设计

3.6.1　设计原则

地下水污染防治措施坚持"源头控制、末端防治、污染监控。应急响应相结合"的原则,即采取主动控制和被动控制相结合的措施。

1.主动控制,即从源头控制措施,主要包括在工艺、管道、设备、污水储存及处理构筑物采取相应措施,防止和降低污染物跑、冒、滴、漏,将污染物泄漏的环境风险事故降到最低程度。

2.被动控制,即末端控制措施,主要包括厂内污染区地面的防渗措施和泄漏、渗漏污染物收集措施,即在污染区地面进行防渗处理,防止洒落地面的污染物渗入地下,并把滞留在地面的污染物收集起来,集中送至综合污水处理场处理。

3.实施覆盖生产区的地下水污染监控系统,包括建立完善的检测制度、配备先进的检测仪器和设备、科学、合理设置地下污染监控井,及时发现污染、及时控制。

4.应急响应措施,包括一旦发现地下水污染事故,立即启动应急预案、采取应急措施控制地下水污染,并使污染得到治理。

5.各污染区防渗设计采取地上污染地上防治,地下污染地下防治的设计原则。

6.坚持最大化的"可视化"原则,输送含有污染物的管道尽可能地上敷设,减少由于埋地管道泄漏而造成的地下水污染。

3.6.2　防渗的设计标准一般规定

1.地下排水管道防渗的设计使用年限不应低于其主体的设计使用年限。

2.一般污染防治区防渗层的防渗性能不应低于 1.5 m 厚渗透系数为 1.0×10^{-7}(cm/s)的黏土层的防渗性能,重点污染防治区防渗层的防渗性能不应低于 6.0 m 厚渗透系数为 1.0×10^{-7}(cm/s)的黏土层的防渗性能。

3.防渗层可由单一或多种防渗材料组成。

4.污染防治区地面应坡向排水口或排水沟。

5.当污染物有腐蚀性时,防渗材料应具有耐腐蚀性能或采取防腐蚀措施。

3.6.3　污染防治区划分

厂区地面防渗采取分区防护。污染防治分区划分的基本原则是物料或污染物泄漏后是否能及时被发现和处理及污染物的停留时间长短。

1. 重点污染防治区

容易渗漏的区域、设备和设施发生物料和污染物泄漏很难发现和处理的区域作为重点污染防治区,包括装置围堰内地面、所有油品和化学品罐区储罐罐底、污染雨水池、事故水池、污水处理场、装置内的地下及半地下污油罐池体,装置区含油污水沟和泵前沟等。

2. 一般污染防治区

发生泄漏容易发现和处理,且处理时间较短的地面工程区域作为一般污染防治区。如液态化学品装置区和罐区防火堤内等。

一般污染防治区为除重点污染防治区及非污染区域以外的区域:包括管廊区阀门集中布置区、汽车装卸站栈台地面和维护中心检修作业地面等。

3. 非污染区

基本没有污染因素的公用设施区作为非污染区。非污染区域包括绿地、办公室、变配电所、场区道路、预留区、中控室、循环水厂等不涉及液态化工物料的区域。

石油化工装置区给水排水典型污染区防治分区见表 3 - 17。

表 3 - 17　石油化工装置区给水排水典型污染区防治分区

装置、单元名称	污染防治区域及部位	污染防治区类别
地下管道	生产污水(初期雨水)、污油、各种废溶剂等地下管道	重点
生产污水井及各种污水池	生产污水的检查井、水封井、渗漏液检查井、污水池和初期雨水提升池底板及壁板	重点
生产污水预处理	生产污水预处理池的底板及壁板	重点
生产污水沟	机泵边沟、油站、除盐水站边沟和生产污水明沟的底板及壁板	一般

石油化工公用工程区给水排水典型污染区防治分区见表 3 - 18。

表 3 - 18　石油化工公用工程区给水排水典型污染区防治分区

装置、单元名称		污染防治区域及部位	污染防治区类别
循环水场	排污水池	排污水池的底板及壁板	重点
	冷却塔底水池及吸水池	塔底水池及吸水池的底板及壁板	一般
	加药间	房间内的地面	一般
雨水监控池		雨水监控池的底板及壁板	一般
事故水池		事故水池的底板及壁板	一般

3.6.4　源头控制措施

1. 工艺设计要求

取消调节阀前的排水沟,改设漏斗,防止雨水、大块污物进入含油污水系统。当调节阀组放净有毒、易燃、易爆、易挥发的物料时,均应密闭排放,不应设置漏斗。重油装置,如常压蒸馏装置、催化裂化装置、延迟焦化装置、重油加氢装置等,若无法取消,沟边应适当抬高,防止地面冲洗水进入。重油部分的低点排空阀与地面要留有一定的高度,以备放油时用桶接油。

装置内泵区泵前沟的沟边应适当抬高,防止地面冲洗水进入。

2. 工艺排放要求

(1) 为了减少对环境的污染,废物料的排放均应密闭排放。

(2) 自采样、溢流、事故及管道低点排出的物料(如油品、溶剂、化学药剂等),应进入密闭的收集系统或其他收集设施。不得就地排放和排入排水系统。

(3) 装置含硫污水应尽量减少排放量,其排放阀应加丝堵,不能排入地漏。污水汽提装置应设置地下废水收集罐,所有排放阀都要配备盲板,需排放时密闭排放到地下废水收集罐。

(4) 塔、容器和换热器(管程和壳程)底的排放按两个系统设计,其中一个为含油污水排放口,另一个则分轻、重污油密闭排放设计,重油的排放必要时要考虑防凝措施,增加临时吹扫接头。

(5) 工艺专业应尽量减少排水点,配管专业应尽量在地面上合并排水点,在地面上铺设含油污水收集管,然后接入地漏或漏斗,以减少埋地管线量。

3. 工艺管道防渗设计

(1) 工艺装置内的埋地工艺管道采用主动防渗设计,管材等级相应提高。

(2) 埋地工艺管道腐蚀余量不得低于 3.0 mm,具体腐蚀余量的数值及焊接接头焊后应力消除(焊后热处理)的要求,应根据工艺介质特性确定。

(3) 埋地工艺管道所有焊缝应 100% 射线探伤,焊接接头质量不低于 Ⅱ 级。

(4) 埋地工艺管道外防腐设计要求如下。

内层:选用环氧酚醛树脂涂料防腐,表面用非常彻底的喷射或抛射除锈(Sa2.5)等级除锈,最终干膜厚度大于 200 μm。

中间:用微孔硅酸钙管壳进行隔热(或硬质、憎水、耐温的同类材料),厚度为 50 mm。

外层:采用特加强级聚乙烯胶黏带防腐结构。

(5) 对于需要伴热的地下管道,应采用管沟敷设,管道保温结构增加防潮措施。

3.6.5 排水系统防渗设计

1. 污水收集与运输方案设计

(1) 装置或单元内排放的含油(生产)、含盐污水经重力流污水管道汇集后排入装置或区域内的含油(生产)、含盐污水储存池,再经含油(生产)、含盐污水提升泵提升后送往污水处理场;

(2) 装置或单元需根据工艺环保要求设置污染区、非污染区,污染区用围堰进行封闭,污染区内的初期雨水经重力流(污染)雨水管道汇集后排入装置或区域内的污染雨水储存池,雨停后经污染雨水提升泵提升后与含油(生产)污水一并送往污水处理场;后期雨水经溢流切换排入各区清洁雨水系统;

(3) 装置或单元界区内、压力流外排的含油(生产)、含盐及(污染)雨水等污水管道均架空管廊敷设。

2. 污水管道及接口连接形式设计

（1）管材选用及标准：埋地重力流含油（生产）、含盐污水管道、（污染）雨水管道等污水管道均选用钢管。

（2）DN>500，采用直缝埋弧焊焊接钢管，标准SY/T5037，焊缝应进行100%射线探伤，材质为Q235B；DN≤500选用无缝钢管，管材标准GB/T 8163，材质为20#。

（3）管道均选用对焊连接，同一焊工焊接的同一管线编号的焊接接头无损探伤检测比例不得低于10%，且不少于一个接头。

（4）管道直径应大于等于100 mm，并尽量减少90°弯头。

（5）重力流含油（生产）污水、重力流（污染）雨水管道均放置在180°带型混凝土基础上。

3. 埋地污水管道防腐设计

（1）管道防腐前应进行除锈，管壁除锈等级按Sa2.5处理。

（2）埋地含油（生产）污水、含盐污水、含碱污水、（污染）雨水及外排污水管道外防腐均采用特加强级。详细方法见附录C。

（3）检查井（水封井）之间的埋地污水管道、埋地敷设的事故转输水管道、外排污水管道采用增加腐蚀余量的方法取代内防腐。

3.6.6　防渗构造设计

1. 当埋地污水管道采用非钢制金属管道时，宜采用高密度聚乙烯（HDPE）膜防渗层，也可采用抗渗钢筋混凝土管沟或管套（图3－1）。

地下管道的高密度聚乙烯（HDPE）膜防渗层应符合以下规定：高密度聚乙烯（HDPE）膜厚度不宜小于1.50 mm；膜两侧应设置保护层，保护层宜采用长丝无纺土工布。

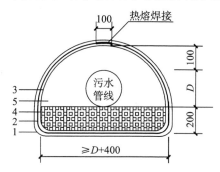

图3－1　地下管道高密度聚乙烯（HDPE）膜防渗示意图

1—膜下保护层；2—高密度聚乙烯（HDPE）膜；3—膜上保护层；4—砂石层；5—中粗砂

当地下管道防渗采用高密度聚乙烯（HDPE）膜和抗渗钢筋混凝土管沟时，宜设置渗漏液检查井，渗漏液检查井间隔不宜大于100 m。渗漏液检查井宜位于污水检查井、水封井的上游，并宜与污水检查井、水封井靠近布置。渗漏液检查井的平面尺寸宜为1 000 mm×1 000 mm，顶面高出地面不应小于100 mm，井底应低于渗漏液收集管300 mm。

渗漏液检查井的做法应符合下列规定：结构厚度不应小于200 mm；混凝土的抗渗等级不应低于P8，且污水井的内表面应涂刷水泥基渗透结晶型防水涂料，或在混凝土内掺加水泥基渗透结晶型防水剂。水泥基渗透结晶型防水涂料厚度不应小于1.0 mm。当混凝土内掺加水泥基渗透结晶防水剂时，掺量宜为胶凝材料总量的1%～2%。

2. 抗渗钢筋混凝土管沟防渗层应符合下列规定(图3-2):

(1) 沟底、沟壁和顶板的混凝土强度等级不宜低于C30,抗渗等级不应低于P8,混凝土垫层的强度等级不宜低于C15。沟底和沟壁的厚度不宜小于200 mm。沟底、沟壁的内表面和顶板顶面应抹聚合物水泥防水砂浆,厚度不应小于10 mm。

(2) 抗渗钢筋混凝土管沟应设变形缝,变形缝间距不宜大于30 m。变形缝应设止水带,缝内应设置填缝板和嵌缝密封料。

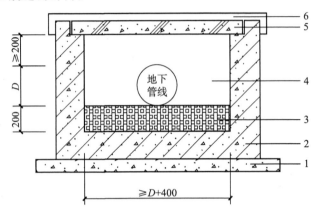

图3-2　抗渗钢筋混凝土管沟防渗层示意图

1—混凝土垫层;2—管沟;3—砂石垫层;4—中粗砂;5—管沟顶板;6—防水砂浆

3.6.7　地下水防渗监控体系

实施覆盖装置、罐区的地下水污染监控系统,包括建立完善的监测制度、配制先进的检测仪器和设备,科学、合理设置地下水污染监测井和抽水井,及时发现污染控制。

1. 污染控制监测井的布设

污染源的分布和污染物在地下水中扩散形式是设置污染控制监测井的首要考虑因素。可根据当地地下水流向、污染源分布状况和污染物在地下水中扩散形式,采取点面结合的方法布设污染控制监测井,监测重点是供水水源地保护区。渗坑、渗井和固体废物堆放区的污染物在含水层渗透性较大的地区以条带状污染扩散,监测井应沿地下水流向布设,以平行及垂直的监测线进行控制。渗坑、渗井和固体废物堆放区的污染物在含水层渗透性小的地区以点状污染扩散,可在污染源附近按十字形布设监测线进行控制。

当工业废水、生活污水等污染物沿河渠排放或渗漏以带状污染扩散时,应根据河渠的状态、地下水流向和所处的地质条件,采用网格布点法设垂直于河渠的监测线。污染区和缺乏卫生设施的居民区生活污水易对周围环境造成大面积垂直的块状污染,应以平行和垂直于地下水流向的方式布设监测点。地下水位下降的漏斗区,主要形成开采漏斗附近的侧向污染扩散,应在漏斗中心布设监控测点,必要时可穿过漏斗中心按十字形或放射状向外围布设监测线。

透水性好的强扩散区或年限已久的老污染源,污染范围可能较大,监测线可适当延长,反之,可只在污染源附近布点。

2. 监测采样方式、频次

依据不同的水文地质条件和地下水监测井使用功能,结合当地污染源、污染物排放实际情况,力求以最低的采样频次,取得最有时间代表性的样品,达到全面反映区域地下水质状况、污染原因和规律的目的。为反映地表水与地下水的水力联系,地下水采样频次与时间尽可能与地表水相一致。污染控制监测井逢单月采样一次,全年六次。作为生活饮用水集中供水的地下水监测井,每月采样一次。

污染控制监测井的某一监测项目如果连续 2 年均低于控制标准值的五分之一,且在监测井附近确实无新增污染源,而现有污染源排污量未增的情况下,该项目可每年在枯水期采样一次进行监测。一旦监测结果大于控制标准值的五分之一,或在监测井附近有新的污染源或现有污染源新增排污量时,即恢复正常采样频次。

同一水文地质单元的监测井采样时间尽量相对集中,日期跨度不宜过大。遇到特殊的情况或发生污染事故,可能影响地下水水质时,应随时增加采样频次。

3. 监测项目

常规监测项目见下表 3-19。

表 3-19　地下水常规监测项目表

必测项目	选测项目
pH 值、总硬度、溶解性总固体、氨氮、硝酸盐氮、亚硝酸盐氮、挥发性酚、总氰化物、高锰酸盐指数、氟化物、砷、汞、镉、六价铬、铁、锰、大肠菌群	色、嗅和味、浑浊度、氯化物、硫酸盐、碳酸氢盐、石油类、细菌总数、硒、铍、钡、镍、六六六、滴滴涕、总 α 放射性、总 β 放射性、铅、铜、锌、阴离子表面活性剂

3.7　排水管道安全措施

3.7.1　一般规定

1. 石油化工污水管道能引起爆炸或火灾的气体,其管道系统中应设置水封井。

2. 管道穿越防火堤或隔堤处,应当用非燃烧材料封闭。

3. 甲、乙类工艺装置、罐区内含可燃液体的生产污水支管、干管的最高处检查井宜设排气管。

4. 含有可燃液体的生产污水管道,应尽量避免布置在电气设备附近,不应纵向敷设于车行道下和工艺管廊下。

5. 排水管道不应与输送易燃、可燃中有害的液体或气体的管道同沟敷设。

输送易沉积介质、有毒害介质以及腐蚀性介质的排水管道不宜埋地敷设。

6. 水封井的水封高度不应小于 0.25 m,水封井应设沉泥段,沉泥段自最低的管底算起,其深度不应小于 0.25 m。同时,水封井不宜设在车行道上,尽量避开行人道上的设置,并远离可能产生明火的场地。

7. 在甲、乙类工艺装置、罐区内生产污水管道、散发有毒、有害气体可引起火灾、爆炸、中毒事故的管道,其管道检查井的井盖与井座接缝处应密封,井盖不得有孔洞。

8. 含挥发性有毒、有害、可燃气体的污水管道系统不应设跌水井。

9. 生产装置、罐区等污染区域的事故消防排水管可与生产污水管、雨水管(渠)结合设置或独立设置,但不应穿过防爆区;当不能避开时应采取防护措施。

10. 含可燃液体的污水管道不应沿道路设在路面或路肩上下。

11. 永久性的地上、地下管线不得穿越或跨越与其无关的工艺装置、系统单元或储罐组。

3.7.2 安全措施

石化装置排水安全措施:甲、乙类液体泵房的地面不宜设地坑或地沟排水,泵房内应有防止可燃气体积聚的措施;比空气重的可燃气体压缩机厂房的地面不宜设地坑或地沟;厂房内应有防止可燃气体积聚的措施。生产污水管道的下列部位应设水封:工艺装置内的塔、加热炉、泵、冷换设备等区围堰的排水出口;工艺装置、罐组或其他设施及建筑物、构筑物、管沟等的排水出口;全厂性的支线管与主干管交汇处的支线管上;全厂性支线管、主干管的管段长度超过300 m时,应用水封井隔开。重力流循环回水管道在工艺装置总出口处应设水封。当建筑物用防火墙分隔成多个防火分区时,每个防火分区的生产污水管道应有独立的排出口并设水封。甲、乙类工艺装置内生产污水管道的支干管、干管的最高处检查井宜设排气管。排气管的设置应符合下列规定:管径不宜小于100 mm;排气管的出口应高出地面2.5 m以上,并应高出距排气管3 m范围内的操作平台、空气冷却器2.5 m以上;距明火、散发火花地点半径15 m范围内不应设排气管。

接纳消防废水的排水系统应按最大消防水量校核排水系统能力,并应设有防止受污染的消防水排出厂外的措施。工艺装置发生事故时,可能接纳强腐蚀介质的排水管道应采用塑料管,若温度较高时采用复合管。

库区排水安全措施有以下方面。库区的含油与不含油污水,应采用分流制排放。含油污水应采用管道排放。未被易燃和可燃液体污染的地面雨水和生产废水可采用明渠排放,并宜在库区围墙处集中设置排放口。排放口在库区围墙里侧应设置水封装置和截断装置。水封装置与围墙之间的排水通道应采用暗渠或暗管。覆土储罐罐室应设排水管,并应在罐室外设置阀门等封闭装置。储罐区防火堤内的污水管道引出防火堤时,应在堤外采取防止液体流出罐区的切断措施。污水管道应在下列各处设置水封井:储罐组防火堤或建筑物、构筑物的排水管出口处;支管与干管连接处;干管每隔300 m处。同时,库区的总污水管道在通过库区围墙处应设置水封井。

在库区内应设置漏油及事故污水收集设施。漏油及事故污水收集设施应由罐组防火堤、罐组周围路堤式消防道路与防火堤之间的低洼地带、雨水收集系统、漏油及事故污水收集池组成。其中 一、二、三、四级石油库的漏油及事故污水收集池容量,分别不应小于1 000 m³、750 m³、500 m³、300 m³;五级石油库可不设漏油及事故污水收集池。漏油及事故污水收集池宜布置在库区地势较低处,并应保证漏油及事故污水能自流进入池内。同时,在防火堤外有输油管道的地方,地面应就近坡向雨水收集系统。当雨水收集系统干道采用暗管时,干道宜采用金属暗管。且雨水暗管或雨水沟支线进入雨水主管或主沟处,应设水封隔断设施。

事故排水采用暗管系统时应采用密封井盖及井座;采用雨水明沟时,宜考虑防止挥发性气体和火灾蔓延。收集转运腐蚀性事故排水的管道、检查井内壁应考虑防腐蚀和防渗措施。

事故排水采用暗管系统时应采用密封井盖及井座,并应比铺砌路面平齐比绿化地面高出50 mm;采用雨水明沟时,在水封设施半径15 m范围内应设置密封盖板。

事故排水切换装置应简单快捷,密闭防爆,宜采用电动、气动方式驱动,并可手动操作。重要的阀门和距离远不便操作的阀门宜采用远程控制、手动控制双用阀,并应保证在事故状态下可操作。

　　清净雨水管渠在出厂区前应设置切断阀门或闸门。

第4章 建筑给水排水工程

4.1 建筑给水

建筑给水系统是指将建筑外给水管网或自备水源给水管网的水引入室内,经配水管送至生活、生产和消防用水设备,并满足用水点对水量、水压和水质要求的冷水供水系统。

4.1.1 给水系统划分

包括系统分类及水质要求、用水定额和水压、设计流量、给水方式及适用条件。

1. 系统分类及水质要求

根据用途的不同,建筑给水可分为以下三类系统。

(1) 生活给水系统

主要提供建筑内日常生活用水。根据室内供水用途的不同可以继续细分为以下三种系统。

① 生活饮用水系统:供烹饪、饮用、盥洗、淋浴等,水质要求应满足《生活饮用水卫生标准》GB 5749 的要求。

② 管道直饮水系统:供直接从管道饮用和烹饪用水,水质应符合《饮用净水水质标准》CJ94—2005 的要求。

③ 生活杂用水系统:供建筑内冲厕所、绿化、冲洗地面等用水,水质需符合《城市污水再利用——城市杂用水水质》GB/T 18920 的要求。

(2) 生产给水系统

生产给水系统主要供建筑内生产过程中工艺用水、冷却用水、清洗用水和稀释、除尘等用水。由于不同工艺过程和生产设备均不相同,所以生产给水的用水水质要求差异比较大,有的低于生活饮用水标准,有的远远高于生活饮用水标准,因此生产给水的水质由生产工艺来决定水质要求。

(3) 消防给水系统

主要供建筑内消防灭火设施用水,包括消火栓、消防软管卷盘、自动喷水灭火系统等设施用水。消防水用于灭火和控火。其水质需满足《城市污水再生利用城市杂用水水质标准》GB/T 18919—2002 中消防用水的要求,并应按照《消防给水及消火栓系统技术规范》GB 50974—2014 的要求保证供给足够的水量和水压。

不同于民用建筑,由于石油化工企业一般独自建有消防泵房和水池,因此在石油化工项目中,消防给水系统不会与生活给水系统及生产给水系统合并。

2.建筑给水系统的用水量及用水定额

由于生产用水量因为不同的工艺流程所以也有所不同,消防用水量详见4.4节建筑消防给水排水。本章节涉及的用水量主要为公共建筑生活用水量,工业企业建筑生活用水量。

(1)最高日生活用水量

最高日生活用水量可根据各类建筑最高日生活用水定额(表4-1),可按式(4-1)计算。

$$Q_d = mq_d \qquad\qquad (4-1)$$

式中 Q_d——最高日用水量,L/d;

M——用水单位数(人或床位数等),工业企业建筑为每班人数;

Q_d——最高日生活用水定额,升/(人·天)、升/(床·天)或升/(人·班)。

表4-1 工业企业建筑生活、淋浴用水定额

用途	用水定额/[升/(人·班)]	小时变化系数/K_h	备注
管理人员、车间工人生活用水	30~50	2.5~1.5	每班工作时间以8h计
淋浴用水	40~60		延续供水时间1h计

(2)最大小时用水量

最大小时用水量是指最高日最大用水时段内的小时用水量,可按式(4-2)计算。

$$Q_h = K_h \cdot Q_p = K_h \cdot Q_d/T \qquad\qquad (4-2)$$

式中 Q_h——最大小时用水量,L/h;

Q_p——平均小时用水量,L/h;

T——建筑物的用水时间,工业企业建筑为每班用水时间,h;

K_h——小时变化系数(表4-2)。

表4-2 宿舍和公共建筑生活用水定额及小时变化系数

序号	建筑物名称	单位	最高日生活用水定额/L	使用时数/h	小时变化系数/K_h
1	宿舍 Ⅰ类、Ⅱ类 Ⅲ类、Ⅳ类	每人每日 每人每日	150~200 100~150	24 24	3.0~2.5 3.5~3.0
2	培训中心 设公用盥洗室 设公用盥洗室、淋浴室 设公用盥洗室、淋浴室、洗衣室 设单独卫生间、公用洗衣室	每人每日 每人每日 每人每日 每人每日	50~100 80~130 100~150 120~200	24	3.0~2.5
3	公共浴室 淋浴 浴盆、淋浴	每顾客每次 每顾客每次	100 120~150	12 12	2.0~1.5
4	办公楼	每人每班	30~50	8~10	1.5~1.2

序号	建筑物名称	单位	最高日生活用水定额/L	使用时数/h	小时变化系数/K_h
5	会议厅	每座位每次	6~8	4	1.5~1.2
6	停车库地面冲洗水	每平方米每日	2~3	6~8	1.0

注1:用水定额中不含食堂用水。

注2:除注明外,均不含员工生活用水,员工用水定额为每人每班40~60 L。

注3:空调用水应另计。

卫生器具的给水额定流量、当量、连接管公称管径和最低工作压力见表4-3。

表4-3 卫生器具的给水额定流量、当量、连接管公称管径和最低工作压力

序号	给水配件名称	额定流量/L/s	当量	连接管公称管径/mm	最低工作压力/MPa
1	洗涤盆、拖布盆、盥洗槽 单阀水嘴 单阀水嘴 混合水嘴	0.15~0.20 0.30~0.40 0.15~0.20(0.14)	0.75~1.00 1.50~2.00 0.75~1.00(0.70)	15 20 15	0.050
2	洗脸盆 单阀水嘴 混合水嘴	0.15 0.15(0.10)	0.75 0.75(0.50)	15 15	0.050
3	洗手盆 感应水嘴 混合水嘴	0.10 0.15(0.10)	0.50 0.75(0.50)	15 15	0.050
4	浴盆 单阀水嘴 混合水嘴(含带淋浴转换器)	0.20 0.24(0.20)	1.00 1.20(1.00)	15 15	0.050 0.050~0.070
5	淋浴器 混合阀	0.15(0.10)	0.75(0.50)	15	0.050~0.100
6	大便器 冲洗水箱浮球阀 延时自闭式冲洗阀	0.10 1.20	0.50 6.00	15 25	0.020 0.100~0.150
7	小便器 手动或自动自闭式冲洗阀 自动冲洗水箱进水阀	0.10 0.10	0.50 0.50	15 15	0.050 0.020
8	小便槽穿孔冲洗管(每米长)	0.05	0.25	15~20	0.015
9	净身盆冲洗水嘴	0.10(0.07)	0.50(0.35)	15	0.050
10	实验室化验水嘴(鹅颈) 单联 双联 三联	0.07 0.15 0.20	0.35 0.75 1.00	15 15 15	0.020 0.020 0.020

序号	给水配件名称	额定流量/L/s	当量	连接管公称管径/mm	最低工作压力/MPa
11	饮水器喷嘴	0.05	0.25	15	0.050
12	洒水栓	0.40 0.70	2.00 3.50	20 25	0.050~0.100 0.050~0.100
13	室内地面冲洗水嘴	0.20	1.00	15	0.050
14	家用洗衣机水嘴	0.20	1.00	15	0.050

注:括号内数值是在有热水供应时,单独计算冷水或热水时使用。

3. 建筑内给水系统所需水压

由于石油化工项目内建筑高度一般不会超过 24 m,所以本章主要介绍单层和多层建筑物的给水系统(表 4-4),不涉及高层建筑生活给水系统。

(1)经验法

在初步确定生活给水系统时,对层高不超过 3.5 m 的建筑,室内给水系统所需压力,可用经验法估算(自室外地面算起):1 层为 100 kPa;2 层为 120 kPa;3 层及以上每增加 1 层,增加 40 kPa。

(2)计算法

$$H = H_1 + H_2 + H_3 + H_4 \tag{4-3}$$

式中　H——给水系统所需水压,kPa;

H_1——室内管网中最不利配水点与引入管之间的静压差,kPa;

H_2——计算管路的沿程和局部水头损失之和,kPa;

H_3——计算管路中水表的水头损失,kPa;

H_4——最不利配水点所需最低工作压力,kPa。

表 4-4 给水图式

名称	图示	供水方式说明	优缺点	适用范围	备注
直接供水方式	接市政管阀来水	与外部给水管网直连,利用外网水压供水	(1)供水比较可靠,系统简单,投资省,安装、维护简单,可充分利用外网水压,节约能源; (2)水压变化较大; (3)内部无贮备水量,外网停水时内部立刻断水	下列情况下的单层和多层建筑:外网水压、水量能经常满足用水要求,室内给水无特殊要求	在外网压力超过允许值时,应设减压装置

续表

名称	图示	供水方式说明	优缺点	适用范围	备注
直接供水方式（一二层用市政，三层以上采用厂区加压用水）	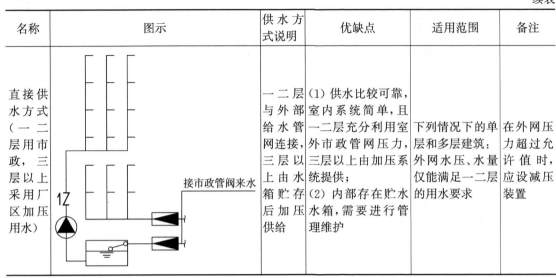	一二层与外部给水管网连接，三层以上由水箱贮存后加压供给	（1）供水比较可靠，室内系统简单，且一二层充分利用室外市政管网压力，三层以上由加压系统提供；（2）内部存在贮水水箱，需要进行管理维护	下列情况下的单层和多层建筑：外网水压、水量仅能满足一二层的用水要求	在外网压力超过允许值时，应设减压装置

4.1.2　给水系统组成及设备设置

包括系统组成、水表等计量设备、水泵、增压设备、水箱、贮水设备、循环冷却水及冷却塔。

1.系统组成

建筑内的生活给水系统，通常由引入管、计量仪表、给水管道、给水附件、给水设备、配水设施等组成。

（1）引入管

引入管是指从室外给水管网上接入至建筑物内的管道。引入管段上一般设有水表、阀门等附件。当引入管直接从市政给水管网接入建筑物时，引入管上应设置止回阀，若装有倒流防止器则无需装止回阀。

（2）水表、计量仪表

水表安装在引入管上，并在前后设置阀门和泄水装置。水表前后的阀门用于水表的检修时关闭管路，泄水装置主要用于系统检修时放空管道的水，同时也可以用来检测水表精度和测定管道水压值。除了采用水表来计量外，根据实际要求还可采用精度更高并具备信息远传功能的流量计来计量。

（3）给水管道

给水管道包括给水干管、立管、支管和分支管。

（4）配水设施

配水设施就是系统终端的用水设施。通常生活给水系统配水设施指卫生器具的给水配件或配水龙头。

（5）增压和贮水设备

增压和贮水设备包括升压设备和贮水设备。例如水泵、气压罐、水箱、贮水池等。

2.水表等计量设备

（1）水表等计量设备的选型

一般情况下，公称直径小于或等于 50 mm 时，应采用旋翼式水表；接管公称直径超过

50 mm 时,应采用螺翼式水表。干式和湿式水表中优先选用干式水表。根据实际要求也可以选用精度更高并具备信息远传功能的流量计来计量,如转子流量计、电磁流量计等。

（2）安装要求

① 水表及计量设备应安装在便于检修、读数,且不受曝晒、冻结、污染和机械损伤的地方。

② 水表及计量设备不应受到由管子及管件引起的过度应力,在无法抵消应力的情况下,水表及计量设备应安装在底座或者托架上,并在水表及计量设备前加装柔性接头。

③ 水表及计量设备应防止由水和周围空气的极限温度引起损坏的危险。

④ 为确保水表等计量设备的准确,一般螺翼式水表的前端应有 8～10 倍水表直径的直管段;其他类型水表前后宜保留不小于 300 mm 的直管段。

⑤ 旋翼式水表和垂直螺翼式水表均应水平安装。

3. 增压和贮水设备

增压设备主要有水泵、管网叠压供水设备,以及具有增压和贮水作用的有气压给水设备。

贮水设备主要有水池（箱）和高位水箱。

（1）水泵

水泵是给水系统中主要的增压设备,在建筑给水系统中,通常采用离心泵,具有结构简单、体积小、效率高且流量和扬程在一定范围内可以调节等多个优点。水泵的形式有卧式泵、立式泵、潜水泵等。并在选择时选低噪声、节能型水泵。

应根据管网水力计算进行选泵,且水泵应在其高效区内运行;水泵的 $Q\sim H$ 特性曲线,应是随流量的增大,扬程逐渐下降的曲线,对 $Q\sim H$ 特性曲线存在有上升段的水泵,应分析在运行工况中不会出现不稳定工作时方可采用。

生活加压给水系统的水泵机组应设置备用泵,备用泵的供水能力不应小于最大一台运行水泵的供水能力。水泵宜自动切换交替运行。

水泵宜自灌吸水,卧式离心泵的泵顶放气孔、立式多级离心泵吸水端第一级泵体可置于最低设计水位标高以下,每台水泵宜设置单独从水池吸水的吸水管。吸水管口应设置喇叭口。喇叭口宜向下,低于水池最低水位不宜小于 0.3 m,当达不到此要求时,应采取防止空气被吸入的措施。吸水管的流速宜采用 1.0～1.2 m/s,吸水管喇叭口到池底的净距,不应小于 0.8 倍吸水管管径,且不应小于 0.1 m;吸水管喇叭口边缘与池壁的净距不宜小于 1.5 倍吸水管管径;吸水管与吸水管之间的净距,不宜小于 3.5 倍吸水管管径（管径以相邻两者的平均值计）。

当水池水位不能满足水泵自灌启动水位时,应有防止水泵空载启动的保护措施。

（2）气压给水设备

气压给水设备是给水系统中一种利用密闭贮罐内空气的可压缩性贮存、调节和压送水量的装置,其作用相当于高位水箱和水塔。其工作原理的理论依据是利用气体的可压缩性和波意耳—马略特定律,即一定质量气体的体积与压力成反比。气压给水设备主要由水泵机组、气压水罐、管路系统、气体调节控制系统、自动控制系统等组成,具有升压、调节、贮水、供水、蓄能和控制水泵启停的功能。适用于有升压要求,但又不适宜设置水塔或高位水箱的小区或建筑给水系统;小型、简易或临时性给水系统和消防给水系统等。

按气压给水设备输水压力稳定性,可分为变压式和定压式两类。

① 变压式气压给水设备:在用户对水压没有特殊要求时,通常采用变压式给水设备,罐内空气压力随给水工况变化,给水系统处于变压状态工作。气压罐中的水被压缩空气压送至给

水管网,随着罐内水量减少,空气体积膨胀,压力减小。当压力降至最小工作压力时,压力继电器动作,使水泵启动。水泵出水除供用户外,多余部分进入气压罐,空气又被压缩,压力上升。当压力升至最大工作压力时,压力继电器动作,使水泵关闭。

② 定压式气压给水设备:在用户要求水压稳定时,可在变压式给水设备的给水管上安装调压阀,调压阀后水压在要求范围内,使管网处于恒压下工作。

(3) 生活用水贮水设备

根据设置位置,生活用水贮水设备可分为低位贮水池(箱)和高位水箱,其设置要求如下。

① 贮水池(箱)的有效容积应按进水量与用水量变化曲线经计算确定;当资料不足时,宜按建筑物最高日用水量的20%～25%确定。

② 由市镇给水管网夜间直接供水的高位水箱的生活用水调节容积,宜按用水人数和最高日用水定额确定;由水泵联动提升进水的水箱的生活用水调节容积,不宜小于最大用水时水量的50%。

③ 生活饮用水贮水设备应符合防止水质污染的设计要求(见4.1.4节)。

④ 贮水池(箱)的池(箱)外壁与建筑本体结构墙面或其他池壁之间的净距,以及高位水箱箱壁与水箱间墙壁及箱顶与水箱间顶面的净距,均应满足施工或装配要求,无管道的侧面,净距不宜小于0.7 m;安装有管道的侧面,净距不宜小于1.0 m,且管道外壁与建筑本体墙面之间的通道宽度不宜小于0.6 m;设有人孔的池顶,顶板面与上面建筑本体板底的净空不应小于0.8 m。

⑤ 高位水箱的设置高度应经计算确定,设置高度应满足最高层用户的用水水压要求,当达不到要求时,宜采取管道增压措施。且箱底与水箱间地面板的净距,当有管道敷设时不宜小于0.8 m。

⑥ 建筑物内贮水池(箱)宜设置在通风良好、不结冻的房间内。贮水池(箱)不宜毗邻电气用房和居住用房或在其下方。

⑦ 贮水池、水箱等构筑物应设进水管、出水管、溢流管、泄水管和信号装置,并应满足下列要求:

(a) 水池(箱)设置以及管道布置应符合防止水质污染的设计要求(见4.1.4节)。

(b) 进、出水管宜分侧设置,并应采取防止短路的措施。

(c) 当利用市政给水管网压力直接进水时,应设置自动水位控制阀,控制阀直接应与进水管管径相同,当采用直接作用式浮球阀时不宜少于2个,且进水管标高应一致。

(d) 当水箱采用水泵加压进水时,应设置水箱水位自动控制水泵开、停的装置。当一组水泵供给多个水箱进水时,在进水管上宜装设电讯号控制阀,由水位监控设备实现自动控制。

(e) 溢流管宜采用水平喇叭口集水;喇叭口下的垂直管段不宜小于4倍溢流管管径。溢流管的管径,应按能排泄水池的最大入流量确定,并宜比进水管管径大一级。

(f) 泄水管的管径,应按水池(箱)泄空时间和泄水受体泄水能力确定。当水池(箱)中的水不能以重力自流泄空时,应设置移动或固定的提升装置。

(g) 水池应设水位监视和溢流报警装置,水箱宜设置水位监视和溢流报警装置。信息传至监控中心。

4. 循环冷却水及冷却塔

(1) 设计循环冷却水系统时应符合下列要求。

① 循环冷却水系统宜采用敞开式,当需采用间接换热时,可采用密闭式;

② 对于水温、水质、运行等要求差别较大的设备,循环冷却水系统宜分开设置;

③ 敞开式循环冷却水系统的水质应满足被冷却设备的水质要求;

④ 设备、管道设计时应能使循环系统的余压充分利用;

⑤ 冷却水的热量宜回收利用;

⑥ 当建筑物内有需要全年供冷的区域,在冬季气候条件适宜时宜利用冷却塔作为冷源提供空调用冷水。

(2) 冷却塔设计计算所选用的空气干球温度和湿球温度,应与所服务的空调等系统的设计空气干球温度和湿球温度相吻合,应保证每年平均低于 50 h 的超标干球温度和湿球温度。

(3) 冷却塔位置的选择应根据下列因素综合确定。

① 气流应通畅,湿热空气回流影响小,且应布置在建筑物的最小频率风向的上风侧;

② 冷却塔不应布置在热源、废气和烟气排放口附近,不宜布置在高大建筑物的中间的狭长地带上;

③ 冷却塔与相邻建筑物之间的距离,除满足塔的通风要求外,还应考虑噪声、飘水等对建筑物的影响。

(4) 选用成品冷却塔时,应符合下列要求。

① 按生产厂家提供的热力特性曲线选定,设计循环水量不宜超过冷却塔的额定水量;当循环水量达不到额定水量的 80% 时,应对冷却塔的配水系统进行校核;

② 冷却塔应冷效高、能源省、噪声低、重量轻、体积小、寿命长、安装维护简单、飘水少;

③ 材料应为阻燃型,并应符合防火要求;

④ 数量宜与冷却水用水设备的数量、控制运行相匹配;

⑤ 塔的形状应按建筑要求,占地面积及设置地点确定;

⑥ 当冷却塔的布置不能满足 4.1.2 节中的要求时,需要采取相应的技术措施,并对塔的热力性能进行校核;

⑦ 当可能有冻结危险时,冬季运行的冷却塔应采取防冻措施。

(5) 冷却塔的布置,应符合下列要求。

① 冷却塔宜单排布置;当需多排布置时,塔排之间的距离应保证塔排同时工作时的进风量;

② 单侧进风塔的进风面宜面向夏季主导风向;双侧进风塔的进风面宜平行夏季主导风向;

③ 冷却塔进风侧离建筑物的距离,宜大于塔进风口高度的 2 倍;冷却塔的四周除满足通风要求和管道安装位置外,还应留有检修通道;通道净距不宜小于 1.0 m。

(6) 冷却塔应设置在专用的基础上,不得直接设置在楼板或屋面上。

(7) 环境对噪声要求较高时,冷却塔可采取下列措施。

① 冷却塔的位置宜远离对噪声敏感的区域;

② 应采用低噪声型或超低噪声型冷却塔;

③ 进水管、出水管、补充水管上应设置隔振防噪装置;

④ 冷却塔基础应设置隔振装置;

⑤ 建筑上应采取隔声吸音屏障。

石油化工给水排水工程设计

（8）循环水泵的台数宜与冷水机组相匹配。循环水泵的出水量应按冷却水循环水量确定，扬程应按设备和管网循环水压要求确定，并应复核水泵泵壳承压能力。

（9）冷却塔循环管道的流速，宜采用下列数值。

① 循环干管管径小于等于 250 mm 时，应为 1.5～2.0 m/s；管径大于 250 mm、小于 500 mm 时，应为 2.0～2.5 m/s；管径大于等于 500 mm 时，应为 2.5～3.0 m/s；

② 当循环水泵从冷却塔集水池中吸水时，吸水管的流速宜采用 1.0～1.2 m/s；当循环水泵直接从循环管道吸水，且吸水管直径小于等于 250 mm 时，流速宜为 1.0～1.5 m/s，当吸水管直径大于 250 mm 时，流速宜为 1.5～2.0 m/s。水泵出水管的流速可采用循环干管下限流速。

（10）冷却塔补充水量可按式（4-4）计算。

$$Q_{bc} = q_z \cdot N_n/(N_n - 1) \qquad (4-4)$$

式中　Q_{bc}——补充水水量，m^3/h；

　　　q_z——蒸发损失水量，m^3/h；

　　　N_n——浓缩倍数，设计浓缩倍数不宜小于 3.0。

注：对于建筑物空调、冷冻设备的补充水量，应按冷却水循环水量的 1%～2% 确定。冷却塔补充水总管上应设置水表等计量装置。

（11）建筑空调系统的循环冷却水系统应有过滤、缓蚀、阻垢、杀菌、灭藻等水处理措施。

（12）旁流处理水量可根据去除悬浮物或溶解固体分别计算。当采用过滤处理去除悬浮物时，过滤水量宜为冷却水循环水量的 1%～5%。

4.1.3　给水管道布置

包括管道材料、布置敷设与保护、给水控制配件、配水设施、管网水力计算。

1. 管道材料、布置敷设与保护

（1）管材及选用

① 给水管道的管材应根据管内水质、水温、压力及敷设场所的条件及敷设方式等因素综合考虑确定。管道的配件应采用与管材相应的材料，其工作压力与管道相匹配。给水系统采用的管材和管件，应符合国家现行有关产品标准的要求。管材和管件的工作压力不得大于产品标准公称压力或标称的允许工作压力。

② 室内的给水管道，应选用耐腐蚀和安装连接方便可靠的管材，可采用塑料给水管、塑料和金属复合管、铜管、不锈钢管及经可靠防腐处理的钢管。高层建筑给水立管不宜采用塑料管。

（2）管道布置与敷设

管道布置与敷设应确保供水安全和良好的水力条件，并且经济合理，布置管道时周围需要留有一定的空间以便于安装维修。

① 给水管道与其他管道和建筑结构的最小净距要求

给水管道与其他管道和建筑结构的最小净距见表 4-5。建筑物内埋地敷设的生活给水管与排水管之间的最小净距，平行埋设时不宜小于 0.5 m；交叉埋设时不应小于 0.15 m，且给水管道应在排水管的上面。需人进入检修的管道井，其工作通道净宽度不宜小于 0.6 m。管井应每层设外开检修门。

表 4-5　给水管道与其他管道和建筑结构的最小净距

给水管道名称		室内墙面 /mm	地沟壁和 其他管道/mm	梁、柱、设备 /mm	排水管		备注
					水平净距 /mm	垂直净距 /mm	
引入管		—	—	—	≥1 000	≥150	在排水管上方
横干管		≥100	≥100	≥50 且此处无接头	≥500	≥150	在排水管上方
立管	管径/mm						
	<32	≥25	—	—	—	—	
	32~50	≥35					
	75~100	≥50					
	125~150	≥60					

② 室内生活水管道

(a) 管道宜布置成枝状管网,单向供水。埋地敷设的给水管应避免布置在可能受重物压坏处。管道不得穿越生产设备基础,在特殊情况下必须穿越时,应采取有效的保护措施。

(b) 室内给水管道不应穿越变配电房、电梯机房、通信机房、大中型计算机房、计算机网络中心、音像库房等遇水会损坏设备和引发事故的房间,并应避免在生产设备、配电柜上方通过。同时给水管道的布置,不得妨碍生产操作、交通运输和建筑物的使用。

(c) 室内给水管道不得布置在遇水会引起燃烧、爆炸的原料、产品和设备的上面。

(d) 室内冷、热水管上、下平行敷设时,冷水管应在热水管下方。卫生器具的冷水连接管,应在热水连接管的右侧。

(e) 给水管道不宜穿越伸缩缝、沉降缝、变形缝。如必须穿越时,应设置补偿管道伸缩和剪切变形的装置。

(f) 给水管道不得敷设在烟道、风道、电梯井内、排水沟内。给水管道不宜穿越橱窗、壁柜,给水管道不得穿过大便槽和小便槽,且立管离开大、小便槽端部不得小于 0.5 m。

(g) 给水管道应避免穿越人防地下室,必须穿越时应按现行国家标准《人民防空地下室设计规范》GB 50038 的要求,采取设置防护阀门等措施。

(h) 需要泄空的给水管道,其横管宜设有 0.002~0.005 的坡度坡向泄水装置。

③ 给水管道暗装敷设时的要求

(a) 不得直接敷设在建筑物结构层内。

(b) 干管和立管应敷设在吊顶、管井、管窿内,支管宜敷设在楼(地)面的垫层内或沿墙敷设在管槽内。

(c) 敷设在垫层或墙体管槽内的给水支管受垫层厚度和受槽深度的限制,外径不宜大于 25 mm。

(d) 敷设在垫层或墙体管槽内的给水管管材宜采用塑料、金属与塑料复合管材或耐腐蚀的金属管材。

(e) 敷设在垫层或墙体管槽内的管材,不得有卡套式或卡环式接口,柔性管材宜采用分水器向各卫生器具配水,中途不得有连接配件,两端接口应明设。

④ 管道保护

给水管道应考虑有防腐、防冻、防结露、防漏、防振和防热胀冷缩等技术措施。

(a) 明装和暗装的金属管道都要采取防腐措施,以此延长管道的使用寿命。

明装铜管应刷防护漆;明装的热镀锌钢管应刷2道银粉(卫生间)或2道调和漆;球墨铸铁管外壁采用喷涂沥青和喷锌防腐,内壁衬水泥砂浆防腐。

(b) 给水管道的伸缩补偿装置、应按直线长度、管材的线胀系数、环境温度和管内水温的变化、管道节点的允许位移量等因素经计算确定。应尽量利用管道自身的折角补偿温度变形。

(c) 当给水管道结露会影响环境,引起装饰、物品等受损害时,给水管道应做防结露保冷层,防结露保冷层的计算和构造,可按现行国家标准《设备及管道保冷技术通则》执行。

(d) 明设的给水立管穿越楼板时,应采取防水措施。

(e) 敷设在有可能冻结的房间、地下室及管井、管沟等场所的给水管道应有防冻措施。

(f) 给水管道穿越下列部位或接管时,应设置防水套管:

Ⅰ. 穿越地下室或地下构筑物的外墙处;

Ⅱ. 穿越钢筋混凝土水池(箱)的壁板或底板连接管道时。穿越屋面处,如有可靠的防水措施时可不设套管。

(g) 在室外明设的给水管道,应避免阳光直接照射,若使用塑料给水管道,还应有有效保护措施。

(h) 在结冻地区管道应制作保温层,保温层的外壳应密封防渗。

(i) 隔音防噪要求严格的场所,给水管道的支架应采用隔振支架;配水管道起始端宜设置水锤吸纳装置;配水支管与卫生器具配水件的连接宜采用软管连接,在设计给水系统时应控制管内的水流速度;尽量减少使用电磁阀或速闭型水栓;住宅建筑进户管的阀门后宜装设家用可曲绕橡胶接头进行隔振;可在管道支架、吊架内衬垫减振材料,以减小噪声的传播。

2.给水控制附件

为了检修、更换设备及配水设施,调节水量、水压、控制水流方向、液位等在给水管道上应设置相应的阀门和附件。

(1) 常用阀门

给水管道上使用的各类阀门的材质,应耐腐蚀和耐压。根据管径大小和所承受压力的等级及使用温度,可采用全铜、全不锈钢、铁壳铜芯和全塑阀门等。

选用阀门原则如下。

① 有调节流量、水压时,宜使用调节阀、截止阀。水流需双向流动的管段上,不得使用截止阀。

② 要求水流阻力小的部位,宜使用闸板阀、球阀、半球阀。

③ 安装空间小的场所,宜使用蝶阀、球阀。

(2) 其他阀门及附件

① 多功能阀,宜用在口径较大的水泵出水管上。

② 止回阀,可阻止管道中水流的反向流动。阀前水压小的部分,宜选用旋启式球式和棱式止回阀。关闭后密闭性有要求时宜选用有关闭弹簧的止回阀。要求削弱关闭水锤的部位,

宜选用速闭消声止回阀或有阻尼装置的缓闭止回阀,在管网最小压力或水箱最低水位时也应能自动开启止回阀。

③ 倒流防止器,由止回部件组成的可防止给水管道中水倒流的装置,排水口不得直接接至排水管,应采用间接排水,不应安装在有腐蚀性和污染的环境中。

④ 安全阀,是为避免管网、密闭水箱(罐)等超压破坏的保安器材。有弹簧式、杠杆式、重锤式和脉冲式等形式。

⑤ 液位控制阀,用于控制贮水设备的水位,有浮球阀、液压水位控制阀等。

⑥ 减压阀,用于给水管网的压力高于配水点允许最高使用压力的减压。阀后压力允许波动时宜用比例式减压阀;阀后压力要求稳定时宜采用可调式减压阀。减压阀前应设阀门和过滤器。比例式减压阀宜垂直安装,可调式减压阀宜水平安装。

⑦ 过滤器,用于保护仪表和设备过滤水中一定直径的杂质。在减压阀、自动水位控制阀、总水表、温度调节阀等阀件前应设过滤器;水泵吸水管上、换热装置的循环冷却水进水管上、水加热器进水管上、分户水表前宜设过滤器。

⑧ 真空破坏器,可导入大气消除给水管道中因虹吸使水流倒流的装置。有压力型和大气型两种形式。其设置位置应满足以下条件。

(a) 直接安装于配水支管的最高点,其位置高出最高用水点或最高溢流水位的垂直高度,压力型不得小于 300 mm;大气型不得小于 150 mm;

(b) 真空破坏器的进气口应向下;

(c) 不应装在有腐蚀性和污染的环境中。

3.管网水力计算

给水管道水力计算的目的是通过计算管段设计流量合理的确定管径、确定系统所需水压和水量,方便选择设备和设施。

4.1.4 防止水质污染

包括水质污染的原因、水质污染的防护措施。

1.水质污染的原因

(1) 水在贮水池(箱)中停留时间过长,贮水池(箱)制作材料或防腐涂料选择不当,贮水池(箱)维护管理不到位。

(2) 生活饮用水因管道内产生虹吸、背压回流而受污染,即非饮用水或其他液体流入生活给水系统。

(3) 给水系统管道材质选择不妥当。

2.水质污染的防护措施

(1) 生活饮用水贮水池(箱)的设计要求

① 埋地式生活饮用水贮水池周围 10 m 以内,不得有化粪池、污水处理构筑物、渗水井、垃圾堆放点等污染源;周围 2 m 以内不得有污水管和污染物。当达不到此要求时,应采取防污染的措施。

② 建筑物内的生活饮用水水池(箱)体,应采用独立结构形式,不得利用建筑物的本体结构作为水池(箱)的壁板、底板、顶盖。供单体建筑的生活饮用水池(箱)应与其他用水的水池(箱)分开设置。生活饮用水池(箱)与其他用水水池(箱)并列设置时,应有各自独立的分隔墙。

③ 建筑物内生活饮用水贮水池(箱)宜设在专用房间内,其上方的房间不应有厕所、浴室、盥洗室、厨房、污水处理间等;当生活饮用水水池(箱)内的贮水 48 h 内不能得到更新时,应设置水消毒处理装置。

④ 生活饮用水贮水池(箱)的材质、衬砌材料和内壁涂料,不得影响水质。

⑤ 生活饮用水贮水池(箱)的构造和配管,应符合下列规定。

(a) 人孔、通气管、溢流管应有防止生物进入水池(箱)的措施。

(b) 进水管宜在水池(箱)的溢流水位以上接入,以防进水器出现压力倒流或虹吸倒流现象。当进水管口为淹没出流时,管顶应钻孔,孔径不宜小于管径的 1/5,孔上宜装设同径的吸气阀或其他能破坏管内产生真空的装置。

(c) 进、出水管布置不得产生水流短路,必要时应设导流罩。

(d) 不得接纳消防管道试压水、泄压水等回流水或溢流水。

(e) 泄空管和溢流管的出口,不得直接与排水构筑物或排水管道相连接,应采取间接排水的方法。

(2) 防回流污染

① 各给水系统(生活水、生产水系统等)应自成系统,不得串接,城镇给水管道严禁与自备水源地供水管道直接连接。

② 卫生器具和用水设备、构筑物等的生活饮用水管配水件出水口应符合下列规定。

(a) 出水口不得被任何液体或杂质所淹没;

(b) 出水口高出承接用水容器溢流边缘的最小空气间隙,不得小于出水口直接的 2.5 倍。

③ 生活饮用水水池(箱)的进水管口的最低点高出溢流边缘的空气间隙应等于进水管管径,但最小不应小于 25mm,最大可大于 150 mm。当进水管从最高水位以上进入水池(箱),管口为淹没出流时,应采取真空破坏器等防虹吸回流措施。不存在虹吸回流的低位生活饮用水贮水池,其进水管不受本条限制,但进水管仍宜从最高水面以上进入水池。

④ 从生活饮用水管网向消防、中水和雨水回用水等其他用水的贮水池(箱)补水时,其进水管口最低点高出溢流边缘的空气间隙不应小于 150 mm。

⑤ 从生活饮用水管道与下列管道直接连接供水时,应在这些用水管道的下列部位设置倒流防止器:

(a) 从市政给水管网的不同管段接出两路及两路以上的引入管,且与市政给水管形成环状管网的小区或建筑物,在其引入管上;

(b) 从市政生活给水管网直接抽水的水泵吸水管上;

(c) 利用市政给水管网水压且小区引入管无妨回流设施时,向商用的锅炉、热水机组、水加热器、气压水罐等有压容器或密闭容器注水的进水管上。

⑥ 建筑物内生活饮用水管道系统上接至下列用水管道或设备时,应设置倒流防止器:

(a) 单独接出消防用水管道时,在消防用水管道的起端;

(b) 从生活饮用水贮水池抽水的消防水泵出水管上。

⑦ 生活饮用水管道系统上接至下列含有对健康有危害物质等有害有毒场所或设备时,应设置倒流防止设施:

(a) 贮存池(罐)、装置、设备的连接管上;

(b) 化工液体罐区、化工车间、实验楼(医药、病理、生化)等除按本条(a)设置外,还应在其引入管上设置空气间隙。

⑧ 从建筑物内生活饮用水管道上直接接出下列用水管道时,应在这些用水管道上设置真空破坏器:

(a) 当游泳池、水上游乐池、按摩池、水景池、循环冷却水集水池等的充水或补水管道出口与溢流水位之间的空气间隙小于出口管径 2.5 倍时,在其充(补)水管上;

(b) 不含有化学药剂的绿地喷灌系统,当喷头为地下式或自动升降式时,在其管道起端;

(c) 消防卷盘起端;

(d) 出口接软管的冲洗水嘴与给水管道连接处。

⑨ 严禁生活饮用水管道与大便器(槽)、小便斗(槽)采用非专用冲洗阀直接连接冲洗,饮用水管道不应布置在易受污染处。

⑩ 生活饮用水管道应避开毒物污染区,当条件限制不能避开时,应采取防护措施。

⑪ 在非饮用水管道上接出水嘴或取水短管时,应采取防止误饮误用的措施。

(3) 设备、管材

采用的管材、配件、设备、接口材料等不应对水质有所污染,选择原则是安全、可靠和卫生,同时兼顾经济性,卫生性能应满足国家有关部门的规定。

4.2 建筑排水

4.2.1 排水系统划分

根据用途的不同,建筑排水可分为以下 5 类系统。

(1) 生活污水系统。卫生间等处排出的粪便污水。

(2) 生活废水系统。卫生间等处排出的洗涤水。

(3) 生活排水系统。卫生间等处排出的生活污水和生活废水的总称。

(4) 生产污水系统。生产污水主要来自建筑内的设备排水。

(5) 雨水系统。本系统负责收集道建筑物的雨水以重力流形式分散、就近排入全厂雨水排水系统。

4.2.2 排水系统组成

建筑内的生活排水系统,通常由卫生器具、存水弯、排水管道、排水管件等组成。

4.2.3 排水管道布置

1. 建筑物内排水管道布置应符合下列要求。

(1) 自卫生器具至排出管的距离应最短,管道转弯应最少;

(2) 排水立管宜靠近排水量最大的排水点;

(3) 排水管道不得敷设在对生产工艺或卫生有特殊要求的生产厂房内,以及贵重商品仓库、通风小室、电气机房和电梯机房内;

2. 排水管道不得穿过沉降缝、伸缩缝、变形缝、烟道和风道;当排水管道必须穿过沉降缝、伸缩缝和变形缝时,应采取相应技术措施(已有相应的技术措施)。

3. 排水埋地管道,不得布置在可能受重物压坏处或穿越生产设备基础。

4. 塑料排水立管应避免布置在易受机械撞击处;当不能避免时,应采取保护措施。

5. 塑料排水管应避免布置在热源附近;当不能避免,并导致管道表面受热温度大于 60℃时,应采取隔热措施。塑料排水立管与家用灶具边净距不得小于 0.4 m。

6. 当排水管道外表面可能结露时,应根据建筑物性质和使用要求,采取防结露措施。

7. 排水管道不得穿越生活饮用水池部位的上方。

8. 室内排水管道不得布置在遇水会引起燃烧、爆炸的原料、产品和设备的上面。

9. 排水横管不得布置在食堂厨房的主副食操作、烹调和备餐的上方。当受条件限制不能避免时,应采取防护措施。

10. 厨房间和卫生间的排水立管应分别设置。

11. 排水管道宜在地下或楼板填层中埋设或在地面上、楼板下明设。当建筑有要求时,可在管槽、管道井、管龛、管沟或吊顶、架空层内暗设,但应便于安装和检修。在气温较高、全年不结冻的地区,可沿建筑物外墙敷设。

12. 室内管道的连接应符合下列规定。

(1) 卫生器具排水管与排水横支管垂直连接,宜采用 90°斜三通;

(2) 排水管道的横管与立管连接,宜采用 45°斜三通或 45°斜四通和顺水三通或顺水四通;

(3) 排水立管与排出管端部的连接,宜采用两个 45°弯头、弯曲半径不小于 4 倍管径的 90°弯头或 90°变径弯头;

(4) 排水立管应避免在轴线偏置;当受条件限制时,宜用乙字管或两个 45°弯头连接;

(5) 当排水支管、排水立管接入横干管时,应在横干管管顶或其两侧 45°范围内采用 45°斜三通接入。

13. 塑料排水管道应根据其管道的伸缩量设置伸缩节,伸缩节宜设置在汇合配件处。排水横管应设置专用伸缩节。

14. 当建筑塑料排水管穿越楼层、防火墙、管道井井壁时,应根据建筑物性质、管径和设置条件,以及穿越部位防火等级等要求设置阻火装置。

15. 靠近排水立管底部的排水支管连接,应符合下列要求:

(1) 排水立管最低排水横支管与立管连接处距排水立管管底垂直距离不得小于表 4-6 的规定;

表 4-6　最低横支管与立管连接处至立管管底的最小垂直距离

立管连接卫生器具的层数	垂直距离/m	
	仅设伸顶通气	设通气立管
≤4	0.45	按配件最小安装尺寸确定
5～6	0.75	
7～12	1.20	
13～19	3.00	0.75
≥20	3.00	1.20

(2) 排水支管连接在排出管或排水横干管上时,连接点距立管底部下游水平距离不得小

于 1.5 m；

（3）横支管接入横干管竖直转向管段时，连接点应距转向处以下不得小于 0.6 m；

16.设备间接排水宜排入邻近的洗涤盆、地漏。无法满足时，可设置排水明沟、排水漏斗或容器。间接排水的漏斗或容器不得产生溅水、溢流，并应布置在容易检查、清洁的位置。

17.间接排水口最小空气间隙，宜按表 4-7 确定。

表 4-7　间接排水口最小空气间隙

间接排水管管径/mm	排水口最小空气间隙/mm
≤25	50
32～50	100
>50	150

18.生活废水在下列情况下，可采用有盖的排水沟排除。

（1）废水中含有大量悬浮物或沉淀物需经常冲洗；

（2）设备排水支管很多，用管道连接有困难；

（3）设备排水点的位置不固定；

（4）地面需要经常冲洗。

19.当废水中可能夹带纤维或有大块物体时，应在排水管道连接处设置格栅或带网筐地漏。

20.室内排水沟与室外排水管道连接处，应设水封装置。

21.排水管穿过地下室外墙或地下构筑物的墙壁处，应采取防水措施。

22.室内生活污水必须经局部处理（化粪池）后才能排入室外合流制排水管道，应尽量将生活废水与生活污水分流排出。公共食堂的污水除油前应与生活污水分流排出。

23.建筑排水塑料管排水横支管的标准坡度应为 0.026，排水横干管的坡度按表 4-8 确定。

表 4-8　排水横干管的坡度

外径/mm	最小坡度
110	0.004
125	0.003 5
160	0.003
200	0.003

24.塑料排水管道立管宜每六层设置一个检查口，但在建筑物最低层和设有卫生器具的二层以上建筑物的最高层，应设检查口。当立管水平拐弯或有乙字管时，在该层立管拐弯处和乙字管的上部应设检查口。

25.在连接 4 个及 4 个以上大便器的塑料排水横管上应设置清扫口。硬聚氯乙烯管道的清扫口应与管道同质。

26.带水封的地漏水封深度不得小于 50 mm；地漏应优先采用直通型地漏，食堂、厨房和公共浴室等排水应设置网框式地漏。

27.通气管高出屋面不得小于 0.3 m，且应大于最大积雪厚度，通气管顶端应装风帽或网罩；伸顶通气管管径宜与排水立管管径相同。但在寒冷地区（最冷月平均气温低于−10℃的地区），应在室内平顶或吊顶以下 0.3 m 处将管径放大一级。

4.2.4 排水管道水力计算

1. 卫生器具排水的流量、当量和排水管的管径应按表 4-9 确定。

表 4-9 卫生器具排水流量、当量和排水管的管径

序号	卫生器具名称	排水流量/(L/s)	当量	排水管管径/mm
1	洗涤盆、污水盆(池)	0.33	1.00	50
2	厨房洗菜盆(池) 单格洗涤盆(池) 双格洗涤盆(池)	0.67 1.00	2.00 3.00	50 50
3	盥洗槽(每个龙头)	0.33	1.00	50～75
4	洗手盆	0.10	0.30	32～50
5	洗脸盆	0.25	0.75	32～50
6	淋浴器	0.15	0.45	50
7	大便器 高水箱 低水箱 冲落式 虹吸式、喷射虹吸式 自闭式冲洗阀	1.50 1.50 2.00 1.50	4.50 4.50 6.00 4.50	100 100 100 100
8	小便器 自闭式冲洗阀 感应式冲洗阀	0.10 0.10	0.30 0.30	40～50 40～50
9	大便槽 ≤4 个蹲位 >4 个蹲位	2.50 3.00	7.50 9.00	100 150
10	小便槽(每米长) 自动冲洗水箱	0.17	0.50	—
11	化验盆(无塞)	0.20	0.60	40～50
12	饮水器	0.05	0.15	25～50

2. 工业企业生活间的生活排水设计秒流量应按下式计算。

$$q_p = \sum q_0 n_0 \qquad (4-5)$$

式中　q_p——计算管段排水设计秒流量，L/s；

　　　　q_0——蒸发损失水量，m^3/h；

　　　　n_0——浓缩倍数，设计浓缩倍数不宜小于 3.0。

4.2.5 屋面雨水排放

1. 屋面雨水排水系统应迅速、及时地将屋面雨水排至室外雨水管渠或地面。

2. 设计暴雨强度应按当地或相邻地区暴雨强度公式计算确定。

3. 建筑屋面雨水排水管道设计降雨历时应按 5 min 计算。

4. 建筑屋面雨水排水管道的排水设计重现期可采用 2~5 年。

5. 建筑屋面的雨水径流系数可采用 0.90~1.00。

6. 建筑雨水汇水面积应按屋面水平投影面积计算。高出屋面的毗邻侧墙,应附加其最大受雨面正投影的一半作为有效汇水面积计算。窗井、贴近高层建筑外墙的地下汽车库出入口坡道应附加其高出部分侧墙面积的二分之一。

7. 建筑屋面雨水排水工程应设置溢流口、溢流堰、溢流管系等溢流设施。溢流排水不得危害建筑设施和行人安全。

8. 一般建筑的重力流屋面雨水排水工程与溢流设施的总排水能力不应小于 10 年重现期的雨水量。重要公共建筑、高层建筑的屋面雨水排水工程与溢流设施的总排水能力不应小于其 50 年重现期的雨水量。

9. 建筑屋面雨水管道设计流态宜符合下列状态:

(1) 檐沟外排水宜按重力流设计;

(2) 长天沟外排水宜按满管压力流设计;

(3) 高层建筑屋面雨水排水宜按重力流设计;

(4) 工业厂房、库房、公共建筑的大型屋面雨水排水宜按满管压力流设计。

10. 重力流屋面雨水排水管系的悬吊管应按非满流设计,其充满度不宜大于 0.8,管内流速不宜小于 0.75 m/s。

11. 重力流屋面雨水排水管系的埋地管可按满流排水设计,管内流速不宜小于 0.75 m/s。

12. 建筑屋面各汇水范围内,雨水排水立管不宜少于 2 根。

13. 屋面雨水排水管的转向处宜作顺水连接。

14. 重力流雨水排水系统中长度大于 15 m 的雨水悬吊管,应设检查口,其间距不宜大于 20 m,且应布置在便于维修操作处。

15. 有埋地排出管的屋面雨水排出管系,立管底部宜设检查口。

16. 寒冷地区雨水立管宜布置在室内。

17. 雨水管应牢固地固定在建筑物的承重结构上。

4.2.6 建筑消防排水

1. 下列建筑物和场所应采取消防排水措施:

(1) 消防水泵房;

(2) 设有消防给水系统的地下室;

(3) 消防电梯的井底;

(4) 仓库。

2. 室内消防排水应符合下列规定:

(1) 室内消防排水宜排入室外雨水管道;

第 4 章 建筑给水排水工程

（2）当存有少量可燃液体时，排水管道应设置水封，并宜间接排入室外污水管道；

（3）地下室的消防排水设施宜与地下室其他地面废水排水设施共用。

3.消防电梯的井底排水设施应符合下列规定：

（1）排水泵集水井的有效容量不应小于 2.00 m³；

（2）排水泵的排水量不应小于 10 L/s。

4.室内消防排水设施应采取防止倒灌的技术措施。

4.3 建筑热水

4.3.1 建筑热水供应系统

热水供应系统应根据使用要求、耗热量及用水点分布情况，结合热源条件，经技术经济比选后选择合适的热水供应系统。热水供应系统从供水方式上区分为集中热水供应系统及局部热水供应系统。

1.集中热水供应系统

集中热水供应系统是指在锅炉房等加热设备间内将冷水集中加热后，通过热水管网输送到用水点的热水系统。此类系统的优点是加热设备集中化布置，便于管理；热效率较高，热水成本低；使用较为方便舒适。缺点是设备系统较复杂，建筑及设备投资较大，管网热损失较大。

集中热水供应系统适用于热水用水量较大，用水点集中的场所，如公共浴室等。

2.局部热水供应系统

局部热水供应系统是指采用各类小型加热器在用水场所就地加热，供局部范围内少数用水点使用的热水系统，如小型燃气热水器、电热水器等。此类系统的优点是热水输送管道短，热损失小；设备及系统较简单，造价低，维护方便。缺点是热效率较低，使用成本较高。

局部热水系统适用于设计小时耗热量较低的场所，设计小时耗热量不超过 293 100 kJ/h（约为 4 个淋浴器的耗热量）的场所宜采用局部热水供应系统；该系统也适用于热水用水点分散且耗热量小的建筑内。

3.热源

（1）集中热水供应系统的热源宜首先考虑利用工业余热、废热、地热及太阳能作为热源；当没有以上自然热源时，或当区域性锅炉房或附近的锅炉房能充分供给蒸汽或高温水时，宜采用此热源。若无以上热源，亦可选择燃油燃气热水机组或电蓄热设备作为集中热水供应系统的热源。局部热水供应系统的热源宜采用太阳能及电能、燃气、蒸汽等热源。

如利用废热（废气、烟气、高温无毒废液等）作为热媒介时，需满足以下要求：

① 加热设备应防腐，其构造应便于清理水垢和杂物；

② 应采取措施防止热媒介管道渗漏而污染水质；

③ 应采取措施消除废气的压力波动和废气排放除油。

（2）采用蒸汽直接通入水中或采取汽水混合设备的加热方式时，宜用于开式热水供应系统，并应符合以下要求：

① 蒸汽中不得含油及有害物质；

② 加热时应采用消声混合器，所产生的噪声应符合现行国家标准《城市区域环境噪声标

准》GB 3096 的要求;

③ 当不回收凝结水的技术经济比较合理时;

④ 应采取防止热水倒流至蒸汽管道的措施。

4.循环方式

集中热水供应系统须考虑热水循环系统,并符合以下要求:

(1) 应保证干管及立管中的热水循环;

(2) 要求随时取得不低于规定温度热水的建筑物,应保证支管中的热水循环;当支管循环无法实现时也可采用电伴热等措施保持支管热水水温;

(3) 热水循环应采用机械循环,即利用水泵使热水在管网中循环,以补偿管网热损失,维持水温。

4.3.2 热水用水定额、水温及水质

1.用水定额

热水定额根据卫生器具完善程度和地区条件等,按表 4-10 选取。

表 4-10 热水用水定额

序号	建筑物名称	单位	最高日用水定额/L	使用时间/h
1	宿舍 Ⅰ类、Ⅱ类 Ⅲ类、Ⅳ类	每人每日 每人每日	70~100 40~80	24 或 定时供应
2	培训中心 设公共盥洗室 设公共盥洗室、淋浴室 设公共盥洗室、淋浴室、洗衣室 设单独卫生间、公共洗衣室	每人每日 每人每日 每人每日 每人每日	25~40 40~60 50~80 60~100	24 或 定时供应
3	公共浴室 淋浴 淋浴、浴盆 桑拿浴(淋浴、按摩池)	每顾客每次 每顾客每次 每顾客每次	40~60 60~80 70~100	12
4	洗衣房	每公斤干衣	15~30	8
5	办公楼	每人每班	5~10	8
6	会议厅	每座位每次	2~3	4

注1:热水温度按 60℃计;

注2:表内所列用水定额均已包括在用水定额中;

注3:本表以 60℃热水水温为计算温度,卫生器具的使用水温见表 4-11。

卫生器具的一次和小时热水用水定额应按表 4-11 选取确定。

表4-11　卫生器具的一次和小时热水用水定额

序号	建筑物名称	一次用水量/L	小时用水量/L	水温/℃
1	宿舍、培训中心 淋浴器:有淋浴小间 　　　　无淋浴小间 盥洗槽水嘴	70～100 — 3～5	210～300 450 50～80	37～40 37～40 30
2	公共浴室 浴盆 淋浴器:有淋浴小间 　　　　无淋浴小间 洗脸盆	125 100～150 — 5	250 200～300 450～540 50～80	40 37～40 37～40 35
3	办公楼　洗手盆	—	50～100	35
4	实验室 洗脸盆 洗手盆	— —	60 15～25	50 30
5	工业企业生活间 淋浴器:一般车间 　　　　脏车间 洗脸盆或盥洗槽水嘴:一般车间 　　　　　　　　　　脏车间	40 60 3 5	360～540 180～480 90～120 100～150	37～40 40 30 35
6	净身器	10～15	120～180	30

注:一般车间指现行国家标准《工业企业设计卫生标准》GBZ1中规定的3、4级卫生特征的车间,脏车间指该标准中规定的1、2级卫生特征的车间。

2.热水使用水温

各类卫生器具的使用水温按表4-11确定,同时应根据气候条件、使用对象的使用习惯确定。生产用热水的水温应根据工艺要求、实际使用需求或生产实践数据确定。

3.热水供水水温

热水供水水温是指加热设备出口的热水温度。该温度应确保热水用水点高于卫生器具的设计热水温度。但过高的热水温度容易使管道结垢,以及人员烫伤。综上,应当综合考虑,选择最合理的供水水温。

通常,热水供水水温可按表4-12选取。

表4-12　最高水温及配水点的最低水温

水质处理情况	热水锅炉、热水机组或水加热器出口的最高水温/℃	配水点的最低水温/℃
原水水质无需软化处理,原水水质需水质处理且有水质处理	75	50
原水水质需水质处理但未进行处理	60	50

4. 冷热水混合比例计算

在用水点使用水温已知的情况下,可通过冷水及热水的温度求得热水与冷水的混合比例。热水量占混合水的百分比可按式(4-6)计算:

$$K_{热} = \frac{t_h - t_1}{t_r - t_1} \qquad (4-6)$$

式中　$K_{热}$——热水混合比例(℃);

　　　t_h——使用水温(℃);

　　　t_1——冷水水温(℃);

　　　t_r——热水水温(℃)。

5. 热水水质

热水水质应符合现行版《生活饮用水卫生标准》GB 5749 的要求。

集中热水供应系统的原水处理,应根据水质、水量、水温、水加热设备的构造、使用要求等技术及经济比选,并按下列规定确定:

(1) 当洗衣房日用热水量(按60℃计)大于或等于 10 m³ 并且原水总硬度(以碳酸钙计)大于 300 mg/L 时,应进行水质软化处理;原水总硬度(以碳酸钙计)为 150~300 mg/L 时,宜进行水质软化处理;

(2) 其他生活日用水量(按60℃计)大于或等于 10 m³ 并且原水总硬度(以碳酸钙计)大于 300 mg/L 时,宜进行水质软化或阻垢缓蚀处理;

(3) 经软化处理后,水质总硬度宜为:

① 洗衣房用水:50~100 mg/L;

② 其他用水:75~150 mg/L。

(4) 水质阻垢缓蚀处理应根据水的硬度、适用流速、温度、作用时间或有效长度及工作电压等选择合适的物理处理或化学稳定剂处理方法;

(5) 当系统对溶解氧控制要求较高时,宜采取除氧措施。

4.3.3　耗热量与热水量的计算

1. 耗热量计算

(1) 全日供应热水的宿舍(Ⅰ、Ⅱ类)、住宅、别墅、酒店式公寓、招待所、培训中心、旅馆、宾馆的客房(不含员工)、医院住院部、养老院、幼儿园、托儿所(有宿舍)、办公楼等建筑的集中热水供应系统的设计小时耗热量应按式(4-7)计算:

$$Q_h = K_h \frac{m q_r C(t_r - t_1)\rho_r}{T} \qquad (4-7)$$

式中　Q_h——设计小时耗热量,kJ/h;

　　　m——用水计算单位数(人数或床位数);

　　　q_r——热水用水定额,[L/(人·d)或 L/(床·d)],按表 4-13 选用;

　　　C——水的比热容,$C = 4.187$ kJ/(kg·℃);

　　　t_r——热水温度,$t_r = 60$℃;

　　　t_1——冷水温度;

　　　ρ_r——热水密度,kg/L;

K_h——小时变化系数,按表 4-13 选用。

表 4-13 热水小时变化系数 K_h 值

类别	Ⅰ、Ⅱ类宿舍	培训中心
热水用水定额 /升/[人(床)·天]	70～100	25～50 40～60 50～80 60～100
使用人(床)数	≤150～≥1 200	≤150～≥1 200
K_h	4.80～3.20	3.84～3.00

(2) 定时供应热水的工业企业生活间、公共浴室、宿舍(Ⅲ、Ⅳ类)等建筑的集中热水供应系统的设计小时耗热量应按下式计算:

$$Q_h = \sum q_h(t_r - t_1)\rho_r n_0 bC \tag{4-8}$$

式中 Q_h——设计小时耗热量,(kJ/h);

q_h——卫生器具热水的小时用水定额,(L/h);

C——水的比热容,$C=4.187$ kJ/(kg·℃);

t_r——热水温度,(℃);

t_1——冷水温度,(℃);

ρ_r——热水密度,(kg/L);

n_0——同类卫生器具数量;

b——卫生器具同时使用百分数。

工业企业生活间、公共浴室等的浴室内的淋浴器和洗脸盆均按 100% 计。

(3) 具有多个不同使用热水部门的单一建筑或具有多种使用功能的综合性建筑,当其热水由同一热水供应系统供应时,设计小时耗热量可按同一时间内出现用水高峰的主要用水部门的设计小时耗热量加其他用水部门的平均小时耗热量计算。

2. 热水量计算

设计小时热水量可按式(4-9)计算

$$q_{rh} = \frac{Q_h}{(t_r - t_1)C\rho_r} \tag{4-9}$$

式中 q_{rh}——设计小时热水量,L/h;

Q_h——设计小时耗热量,kJ/h;

t_r——设计热水温度,℃;

t_1——设计冷水温度,℃。

4.3.4 加热设备的选用

石油化工企业中,以蒸汽或高温水为热媒介的间接水加热器、电加热设备及太阳能热水器等经常用于工业企业生活间、职工宿舍等场所的热水制备。当装置区有充足蒸汽或高温水的情况下,可优先考虑利用蒸汽或高温水为热媒介,通过水加热器间接加热热水。当装置区所处地区有充足太阳能时,应优先考虑利用太阳能制备热水。

由于安全、气源等因素,在石油化工企业中一般不使用燃气热水器及燃气锅炉。

1. 以蒸汽或高温水为热媒介的间接水加热器

(1) 容积式水加热器、导流型容积式水加热器

热源供应不能满足设计小时耗热量要求时,应考虑使用容积式水加热器或导流型容积式水加热器。该设备贮备一定调节容量的热水,可满足用水量变化大的工况,且供水可靠性高,供水水温、水压平稳。但其占地面积较大,需要配备较大的设备用房。

在选用该设备时,应注意以下几点:

① 选用换热效率高的设备;

② 容器内冷水区容积应<15%;

③ 构造简单、方便清垢维修;

④ 应配置工作可靠的温度自动控制装置。

(2) 半容积式水加热器

热源供应能满足设计小时耗热量要求时可考虑选用半容积式水加热器。该设备占地面积较小,且供水水温、水压较平稳。半容积式水加热器适用于设有机械循环的热水系统。

在选用该设备时,应注意以下几点。

① 选用换热效率高的设备;

② 有不少于 15 min 设计小时耗热量的贮热容积,能满足设计秒流量的供水要求;

③ 当采用带内循环泵的半容积式水加热器时,内循环泵的流量应等于设备的设计小时供水量,扬程宜等于或稍大于加热部分被加热水的阻力,且应有保证该泵长期运行不致损坏的措施;

④ 应配置灵敏度较高,工作可靠的温度自动控制装置。

(3) 半即热式水加热器

热源供应能满足设计秒流量所需耗热量要求时,可考虑选用半即热式水加热器。该设备占地面积小,适用于用水较均匀的系统。

在选用该设备时,应注意以下几点:

① 浮动盘管组可独立更换;

② 带有出水温度不大于设定温度 3℃的预测管、积分预测器、热媒介流量调节;

③ 带有超温、超压的安全控制装置;

④ 传热效果好,快速加热被加热水,满足设计秒流量的供水要求;

⑤ 浮动盘能依靠温度变化引起的自身胀缩除垢;

⑥ 热媒介为蒸汽时,其最低工作压力不小于 0.15 MPa,且供汽压力稳定。

2. 电热水器

电热水器的选用须满足以下要求:

(1) 为避免耗电功率过大,宜选用贮热水式电热水器;

(2) 电热水器宜尽量靠用水器具安装;

(3) 供电电源插座宜设独立回路,应采用防溅水型、带开关的接地插座,电气线路应符合安全和防火的要求,在浴室安装电热水器时,插座应与淋浴喷头分设在电热水器的两侧;

(4) 电热水器应有必要的信号装置,如电源开关指示灯、水温指示器等;

(5) 电热水器给水管道上应装止回阀,当给水压力超过热水器铭牌上规定的最大压力值

时,应在止回阀前设减压阀;

（6）敞开式电热水器的出水管上不得装阀门;

（7）封闭式电热水器必须设安全阀,其排水管通大气,所在地面应便于排水,且要做防水处理,并设地漏。

3. 太阳能热水器

充分利用太阳能可节约能源、保护环境。故太阳能资源充足的地区,应积极推广太阳能热水器的使用。太阳能热水器系统可分为非循环系统、自然循环系统与强制循环系统。集热器面积＜30 m² 的供热水系统采用自然循环系统,集热器面积≥30 m² 的供热水系统采用强制循环式系统或非循环系统(直流定温放水)。

强制循环系统的循环水泵;流量 $Q=1\sim2\cdot A_j$(L/min)。式中,A_j 为集热器总面积。扬程应足以克服管道的摩擦阻力,一般取 $H=2\sim5$ m。

4.3.5 管网计算

1. 供水管网计算

（1）建筑物的热水引入管应按该建筑物相应热水供水系统总干管的设计秒流量确定。

（2）建筑物内供水管网的设计秒流量可按《建筑给排水设计规范》GB 50015 计算。卫生器具热水给水额定流量、当量、支管管径和最低工作压力应符合《建筑给排水设计规范》GB 50015 相关规定。

（3）热水管道的流速宜按表 4-14 选用

表 4-14 热水管道的流速选用表

公称直径/mm	15～20	25～40	≥50
流速/(m/s)	≤0.8	≤1.0	≤1.2

（4）热水管网的水头损失同给水管道,但计算内径 d_j 应考虑结垢、腐蚀引起的过水断面缩小因素。

2. 循环量计算

全日制热水供应系统的热水循环量按式(4-10)计算:

$$q_x=\frac{Q_s}{C\rho_r\Delta t} \tag{4-10}$$

式中　q_x——全日供应热水的循环流量,L/h;

Q_s——配水管道的热损失,kJ/h,经计算确定,可按单体建筑:(3%～5%)Q_h;小区:(4%～6%)Q_h;

Δt——配水管道的热水温度差,℃,按系统大小确定。可按单体建筑 5～10℃,小区6～12℃。

定时供应热水的系统,应按管网中热水容量每小时循环 2～4 次计算循环流量。

3. 循环水泵

（1）循环水泵的流量按热水循环量确定。

（2）水泵的扬程计算(式 4-11)。

$$H_b=H_p+H_x \tag{4-11}$$

式中 H_b——循环水泵的扬程,m;

　　　H_p——循环水量通过配水管网的水头损失,m;

　　　H_x——循环水量通过回水管网的水头损失,m。

4.3.6 管材、附件、阀门及管道敷设

1. 管材

热水系统采用的管材和管件,应符合现行有关产品的国家标准和行业标准的要求。管道的工作压力和工作温度不得大于产品标准标定的允许工作压力和工作温度。

热水管道应选用耐腐蚀和安装连接方便可靠的管材,可采用薄壁铜管、薄壁不锈钢管、塑料热水管、塑料和金属复合热水管等。

当采用塑料热水管或塑料和金属复合热水管材时应符合下列要求:

(1) 管道的工作压力应按相应温度下的许用工作压力选择;

(2) 设备机房内的管道不应采用塑料热水管。

2. 附件

上行下给式系统配水干管最高点应设排气装置,下行上给式配水系统,可利用最高配水点放气,系统最低点应设泄水装置。

当下行上给式系统设有循环管道时,其回水立管可在最高配水点以下(约 0.5 m)与配水立管连接。上行下给式系统可将循环管道与各立管连接。

水加热设备的出水温度应根据其有无贮热调节容积分别采用不同温级精度要求的自动温度控制装置。

热水管道系统,应有补偿管道热胀冷缩的措施。

水加热设备的上部、热媒介进出口管上、贮热水罐和冷热水混合器上应装温度计、压力表;热水循环的进水管上应装温度计及控制循环泵开停的温度传感器;热水箱应装温度计、水位计;压力容器设备应装安全阀,安全阀的接管直径应经计算确定,并应符合锅炉及压力容器的有关规定,安全阀的泄水管应引至安全处且在泄水管上不得装设阀门。

当需计量热水总用水量时,可在水加热设备的冷水供水管上装冷水表,对成组和个别用水点可在专供支管上装设热水水表。有集中供应热水的住宅应装设分户热水水表。

用蒸汽作热媒介间接加热的水加热器、开水器的凝结水回水管上应每台设备设疏水器,当水加热器的换热能确保凝结水回水温度小于等于 80℃时,可不装疏水器。蒸汽立管最低处、蒸汽管下凹处的下部宜设疏水器。

疏水器口径应经计算确定,其前部应装过滤器,其周围不宜附设旁通阀。

3. 阀门

(1) 热水管网应在下列管段上装设切断阀门:

① 与配水、回水干管连接的分干管;

② 配水立管和回水立管;

③ 从立管接出的支管;

④ 室内热水管道向住户、公用卫生间等接出的配水管的起端;

⑤ 与水加热设备、水处理设备及温度、压力等控制阀件连接处的管段上按其安装要求配置阀门。

（2）热水管网上在下列管段上，应装止回阀：

① 水加热器或贮水罐的冷水供水管；

注：当水加热器或贮水罐的冷水供水管上安装倒流防止器时，应采取保证系统冷热水供水压力平衡的措施；

② 机械循环的第二循环系统回水管；

③ 冷热水混水器的冷、热水供水管。

4.管道敷设

热水管道的敷设应符合建筑给水管道布置敷设的相关内容，此外，还应注意以下内容。

（1）热水横管的敷设坡度不宜小于 0.003。

（2）塑料热水管宜暗设，明设时立管宜布置在不受撞击处，当不能避免时，应在管外加保护措施。

（3）热水锅炉、燃油（气）热水机组、水加热设备、贮水器、分（集）水器、热水输（配）水、循环回水干（立）管应做保温，保温层的厚度应经计算确定。

（4）热水管穿越建筑物墙壁、楼板和基础处应加套管，穿越屋面及地下室外墙时应加防水套管。

4.4 建筑消防给水排水

4.4.1 消防给水

1.建筑消防给水的一般原则

消防给水的设计应根据建筑用途及其重要性、火灾特性、火灾危险性和环境条件等综合因素确定。

石油化工工厂和装置的建筑设计时，必须同时设计消防给水系统。消防水可由城市给水管网、天然水源或消防水池（罐）供给。

2.室外消防用水量

石油化工建筑物室外消防用水量应符合相关国家标准规范的要求，目前主要遵循现行的 GB 50974《消防给水及消火栓系统技术规范》。

（1）工厂、仓库和民用建筑的室外消防用水量，应按同一时间内的火灾次数和一起火灾灭火所需室外消防用水量确定。工厂、仓库和民用建筑在同一时间内火灾系数应符合表 4-15 相关内容。

表 4-15 同一时间内火灾次数

名称	占地面积/公顷	附有居住区人数/万人	同一时间火灾次数	备注
工厂	≤100	≤1.5	1	按需水量最大的一座建筑物计算
		>1.5	2	工厂、居住区各一次
	>100	不限	2	按需水量最大的两座建筑物计算
仓库、民用建筑	不限	不限	1	按需水量最大的一座建筑物计算

（2）建筑物室外消火栓设计流量，应根据建筑物的用途功能、体积、耐火等级、火灾危险性等因素综合分析确定。建筑物室外消火栓设计流量不应小于表 4-16 规定。

表 4-16　建筑物室外消火栓设计流量

耐火等级	建筑物名称及类别			建筑体积，V/m^3					
				$V \leqslant 1\,500$	$1\,500 < V \leqslant 3\,000$	$3\,000 < V \leqslant 5\,000$	$5\,000 < V \leqslant 20\,000$	$20\,000 < V \leqslant 50\,000$	$V > 50\,000$
一、二级	工业建筑	厂房	甲、乙	15	20	25	30	35	
			丙	15	20	25	30	40	
			丁、戊	15					20
		仓库	甲、乙	15	25	—	—		
			丙	15	25	35	45		
			丁、戊	15					20
	民用建筑	公共建筑	单层及多层	15			25	30	40
			高层	—			25	30	40
	地下建筑			15			20	25	30
三级	工业建筑		乙、丙	15	20	30	40	45	—
			丁、戊	15			20	25	35
	单层及多层民用建筑			15		20	25	30	
四级	丁、戊类工业建筑			15		20	25	—	
	单层及多层民用建筑			15		20	25	—	

注 1：成组布置的建筑物应消火栓设计流量较大的相邻两座建筑物的体积之和确定；

注 2：当单座建筑的总建筑面积大于 500 000 m² 时，建筑物室外消火栓设计流量应按本表规定的最大值增加一倍。

3. 室内消防用水量

建筑物室内消防用水量应根据设置灭火系统的种类（如消火栓给水系统、自动喷水灭火系统、水喷雾灭火系统、泡沫灭火系统、固定消防炮灭火系统、水幕系统等）需要同时开启的灭火设备用水量叠加计算。

（1）建筑物室内消火栓设计流量，应根据建筑物的用途功能、体积、高度、耐火等级、火灾危险性等因素综合确定。石油化工建筑物室外消防用水量应符合相关国家标准规范的要求，目前主要遵循现行的《消防给水及消火栓系统技术规范》GB 50974。建筑物室内消火栓设计流量不应小于表 4-17 规定。

表 4-17　建筑物室内消火栓设计流量

建筑物名称			高度 h/m、层数、体积 V/m³、火灾危险性		消火栓设计流量/(L/s)	同时使用消防水枪数/支	每根竖管最小流量/(L/s)
工业建筑	厂房		h≤24	甲、乙、丁、戊	10	2	10
				丙　V≤5 000	10	2	10
				丙　V>5 000	20	4	15
			24<h≤50	乙、丁、戊	25	5	15
				丙	30	6	15
			h>50	乙、丁、戊	30	6	15
				丙	40	8	15
	仓库		h≤24	甲、乙、丁、戊	10	2	10
				丙　V≤5 000	15	3	15
				丙　V>5 000	25	5	15
			h>24	丁、戊	30	6	15
				丙	40	8	15
民用建筑	单层及多层	科研楼、实验楼	V≤10 000		10	2	10
			V>10 000		15	3	10
		办公楼、宿舍等其他建筑	高度超过15 m或V>10 000		15	3	10
	高层	二类公共建筑	h≤50		20	4	10
		一类公共建筑	h≤50		30	6	15
			h>50		40	8	15
地下建筑			V≤5 000		10	2	10
			5 000<V≤10 000		20	4	15
			10 000<V≤25 000		30	6	15
			V>25 000		40	8	20

注1:丁、戊类高层厂房(仓库)室内消火栓的设计流量可按本表减少 10 L/s,同时使用消防水枪数量可按本表减少3支;

注2:当一座多层建筑有多种使用功能时,室内消火栓设计流量应分别按本表中不同功能计算,且应取最大值。

注3:当建筑物室内设有自动喷水灭火系统、水喷雾灭火系统、泡沫灭火系统、固定消防炮灭火系统等一种或两种以上自动水灭火系统全保护时,高层建筑当高度不超过 50 m 且室内消或栓设计流量超过 20 L/s 时,其室内消火栓设计流量可按表 4-17 减少 5 L/s;多层建筑室内消火栓设计流量可减少 50%,但不应小于 10 L/s。

（2）自动喷水灭火系统、泡沫灭火系统、水喷雾灭火系统、固定消防炮灭火系统等水灭火系统的消防用水量分别按现行国家标准 GB 50084《自动喷水灭火系统设计规范》、GB 50151《泡沫灭火系统设计规范》、GB 50219《水喷雾灭火系统技术规范》和 GB 50338《固定消防炮灭火系统设计规范》的有关规定执行。

4.火灾延续时间

火灾延续时间应根据不同水灭火系统和使用的不同场所分别确定。

（1）建筑物不同场所消火栓系统火灾延续时间不应小于表 4-18 规定。

表 4-18　不同场所的火灾延续时间

建筑		场所和火灾危险性	火灾延续时间/h
工业建筑	仓库	甲、乙、丙类	3.0
		丁、戊类	2.0
	厂房	甲、乙、丙类	3.0
		丁、戊类	2.0
民用建筑	公共建筑	高层建筑中的综合楼,建筑高度大于 50 m 的重要的档案楼、科研楼等	3.0
		其他公共建筑	2.0
地下建筑			2.0

（2）自动喷水灭火系统、泡沫灭火系统、水喷雾灭火系统、固定消防炮灭火系统等水灭火系统的火灾延续时间应分别按现行国家标准 GB 50084《自动喷水灭火系统设计规范》、GB 50151《泡沫灭火系统设计规范》、GB 50219《水喷雾灭火系统设计规范》和 GB 50338《固定消防炮灭火系统设计规范》的有关规定执行。

（3）建筑物内用于防火分隔的防火分隔水幕和防护冷却水幕的火灾延续时间,不应小于防火分隔水幕或防护冷却水幕设置部位的墙体的耐限。

5.建筑物消防用水量

建筑物消防用水量是消防给水一起火灾灭火用水量应按需要同时作用的室内外消防给水用水量之和计算,两座及以上建筑合用时,应取最大者。

6.室外消防给水管道系统

建筑物室外消防给水系统可用低压、高压、临时高压消防给水系统。

（1）低压给水系统,系指管网内平时水压(一般为 0.1～0.3 MPa,最不利处压力不小于 0.1 MPa)较低,灭火时水枪需要的压力,由消防车或移动式消防泵加压后供给。低压给水系统应尽量和生产、生活给水系统合并。

（2）高压给水系统,系指管道内应保持足够的压力和水量,灭火时不需要使用加压设施,直接由消火栓接出水枪进行灭火。高压水系统要求:当生产、生活、消防用水量达到最大流量时,在保护范围内任何建筑物最高处的水枪或管道系统内最不利点的消火栓的压力,仍能保证水枪的充实水柱长度不得小于 10 m。

（3）临时高压给水系统,系指管网内平时水压不高,在水泵房内设有高压消防水泵,当发生火灾时,高压消防水泵立即启动,使管网内的压力达到高压给水系统的压力要求。

7. 室内消防给水系统

室内消防给水系统通常采用高压或临时高压消防给水系统,且不应与生产生活给水系统合用;

8. 室内外消防给水系统设置原则与形式

消防给水系统应根据建筑的用途功能、体积、高度、耐火等级、火灾危险性、重要性、次生灾害、水源条件等因素综合确定其可靠性和供水方式,并应满足水灭火系统所需的流量和压力的要求。

(1) 石油化工的建筑物的室外消防给水系统设置应结合工艺装置、储罐区、堆场等构筑物综合考虑,宜合为一个系统。

① 工艺装置区、储罐区等场所室外消防给水系统应采用高压或临时高压消防给水系统。

② 工艺装置区、储罐区等场所,当室外无泡沫灭火系统、固定冷却水系统和消防炮,其场所的室外消防给水设计流量不大于 30 L/s,且在消防站保护范围内时,可采用低压消防给水系统。

③ 堆场等场所宜采用低压消防给水系统,但当可燃物堆场规模大、堆垛高、宜起火、扑救难度大,应采用高压或临时高压消防给水系统。

(2) 建筑物室内消防给水系统应结合室外给水系统一并考虑。

① 当室外采用高压或临时高压消防给水系统时,宜与室内消防给水系统合用;

② 当室外采用低压消防给水系统,当压力无法满足建筑室内消防们用水点压力要求时,室内消防给水系统应采用高压或临时高压消防给水系统。

(3) 当室外采用低压给水系统时,消防给水系统应尽量和生产、生活给水系统合并。

(4) 室外临时高压消防给水系统应独立,通常采用稳压设备维持系统的充水和压力,消防泵应能依靠管网压力信号自动启动。

9. 管网布置要求

(1) 室外消防管网

① 消防管道的直径应根据消防流量、管道流速和压力要求经计算确定,但不应小于 DN100。

② 石油化工建筑物室外消防给水管道通常应环状布置,管网的进水管应不少于 2 条,且当其中 1 条发生故障时,其余的干管应能通过全部消防用水量;管网应采用阀门分成若干独立管段,每段消火栓的数量不宜超过 5 个。

③ 室外地下充水消防给水管道应埋设在冰冻线以下,管顶距冰冻线不应小于 150 mm。冬季结冰地区,地上充水消防给水管道应采取防冻措施。

④ 管道布置和设计的其他要求应符合现行的国家标准 GB 50013《室外给水设计规范》的有关规定。

(2) 室内消防管网

① 室内消火栓系统管网应布置成环状,当室外消火栓设计流量不大于 20 L/s,且室内消火栓不超过 10 个时,可布置成枝状,但在下述情况下应采用环状给水管网:向两种及以上水灭火系统供水时,采用设有高位消防水箱的临时高压消防给水系统时。

② 室内自动水灭火系统管网,向两个及以上报警阀控制的自动水灭火系统供水时,应采用环状给水管网。

③ 环状管网的进水管不应少于 2 条,且当其中一条发生故障时,其余的干管应能通过全部消防用水量;管网应采用阀门分成若干独立管段,每段消火栓的数量不宜超过 5 个。

④ 室内消火栓环状管网竖管应保证检修管段时关闭停用的竖管不超过 1 根,当竖管超过 4 根时,可关闭不相邻的 2 根。每根竖管与供水横干管相接处应设置阀门。

⑤ 室内消火栓给水管网宜与自动喷水等其他水灭火系统的管网分开设置;当合用消防泵时,供水管路沿水流方向应在报警阀前分开设置。

10. 消防水源及消防水池(罐)

(1) 当消防用水由工厂水源直接供给时,工厂给水管网的进水管不应少于 2 条。当其中 1 条发生事故时,另 1 条应能满足 100% 的消防用水和 70% 的生产、生活用水总量的要求。

(2) 当工厂水源直接供给不能满足消防用水、水压和火灾延续时间内消防用水总量要求时,应建消防水池(罐),并符合以下规定:水池(罐)的容量,应满足火灾延续时间内消防用水总量的要求。当发生火灾能保证向水池(罐)连续补水时,其容量可减去火灾延续时间内的补充水量;消防水池的总容积大于 500 m³ 时,宜设两格能独立使用的消防水池(罐);当大于 1 000 m³ 时应设置独立使用的两座消防水池(罐),并设带切断阀的连通管;水池(罐)的补水时间不宜超过 48 h,但当消防水池(罐)有效总容积大于 2 000 m³ 时,不应大于 96 h;当消防水池(罐)与其他用水水池(罐)合建时,应有消防用水不作他用的技术措施;寒冷地区应设防冻措施;消防水池(罐)应设置就地水位显示装置,并应在消防控制中心或值班室等地点设置显示消防水池水位的装置,同时应有最高和最低报警水位;消防水池(罐)应设自动补水设施。消防水池(罐)应设置溢流水管和排水设施,并应采用间接排水。

11. 消防泵房

消防水泵应采用自灌式引水系统,尽量采用地上式水池和水罐,当消防水池处于低液位不能保证消防水泵再次自灌启动时,应设辅助引水系统;每台消防水泵宜有独立的吸水管;一组消防水泵,吸水管不应少于两条,当其中一条损坏或检修时,其余吸水管应仍能通过全部消防给水设计流量。成组布置的水泵,至少有两条出水管与环状消防水管道连接,两连接点间应设阀门,当 1 条出水管检修时,其余出水管应能输送全部消防用水量;泵的出水管道应设防止超压的安全措施;直径大于 300 mm 的出水管道上阀门不应选用手动阀门,阀门的启闭应有明显标志;消防水泵、稳压泵应分别设置备用泵;备用泵的能力不得小于最大一台泵的能力;消防水泵应在接到报警后 2 min 以内投入运行。稳高压消防给水系统的消防水泵应能依靠管网压降信号自动启动。消防水泵应设双动力源;当采用柴油机作为动力源时,柴油机消防水泵的供油箱应根据火灾延续时间确定,且油箱最小有效容积应按 1.5 L/kW 配置,柴油机消防水泵油箱内储存的燃料不应小于 50% 的储量。

12. 消防水箱

(1) 高位水箱布置应满足水量和水压要求

消防水箱的作用在于满足扑救初期火灾的用水量和水压的要求。因此,不能经常保持设计消防水量和水压要求的建筑物,应设有消防水箱。

设置临时高压给水系统的建筑物,应设消防水箱或气压水罐、水塔,并应符合下列要求:为保证水箱在任何情况下能供水,在建筑物的顶部(最高部位),设置重力自流水箱;临时高压消防给水系统的高位消防水箱的有效容积应满足初期火灾消防用水量的要求,工业建筑室内消防给水设计流量当小于或等于 25 L/s 时,不应小于 12 m³,大于 25 L/s 时,不应小于 12 m³;

高位消防水箱的设置位置应高于其所服务的水灭火设施,且最低有效水位应满足水灭火设施最不利点处的静水压力,工业建筑不应低于0.10 MPa,当建筑体积小于20 000 m³时,不宜低于0.07 MPa;自动喷水灭火系统等自动水灭火系统应根据喷头灭火需求压力确定,但最小不应小于0.10MPa;当高位水箱不能满足水压要求时,应设稳压泵。

(2)高位消防水箱的设置要求

当高位消防水箱在屋顶露天设置时,水箱的人孔以及进出水管的阀门等应采取锁具或阀门箱等保护措施;严寒、寒冷等冬季冰冻地区的消防水箱应设置在消防水箱间内,其他地区宜设置在室内,当必须在屋顶露天设置时,应采取防冻隔热等安全措施;高位消防水箱与基础应牢固连接。

(3)高位消防水箱的容积和配管要求

高位消防水箱的有效容积、出水、排水和水位等应符合以下要求:消防用水与其他用水共用的水箱,应采取确保消防用水量不作他用的技术措施;消防水箱的出水管应保证消防水箱的有效容积能被全部利用。消防水箱应设置就地水位显示装置,并应在消防控制中心或值班室等地点设置显示消防水箱水位的装置,同时应有最高和最低报警水位;消防水箱应设置溢流水管和排水设施,并应采用间接排水。

4.4.2　消防排水

1.一般规定

石油化工工厂和装置设有消防给水系统的建筑物宜采取消防排水措施;排水措施应满足财产和消防设施安全,以及系统调试和日常维护管理等安全和功能要求。

2.消防排水

(1)下列建筑物和场所应采取消防排水措施:消防水泵房,设有消防给水系统的地下室,消防电梯的井底,仓库,雨淋阀门室。

(2)室内消防排水应符合下列规定:室内消防排水宜排入室外雨水管道;当存在少量可燃液体时,排水管道应设置水封,并宜间接接入室外污水管道;地下室的消防排水设施宜与地下室其他地面废水排水设施共用。

(3)室内消防排水设施应采取防止倒灌的技术措施。

(4)接纳消防废水的排水系统应按最大消防水量校核系统能力,并应设有防止受污染的消防水排出厂外的措施。按中国石化建标[2006]43号《水体污染防控紧急措施设计导则》,为防止污染事故,在新建厂区设有不合格雨水及紧急事故池。发生事故时,泄漏的物料、消防废水及污染雨水等,通过雨污水系统收集到不合格雨水及紧急事故池,待事故结束后再行处理。

第5章 净化水场设计

5.1 一般要求

石油化工净化水厂水处理工艺流程的选择及主要构筑物的组成应根据原水水质、设计生产能力、处理后水质要求,参照相似条件下其他水厂的运行经验、结合建设项目的具体条件,通过技术经济比较综合研究确定。一般应考虑下面几个问题。

1.应符合石油化工企业总体规划及给水规划确定的给水系统的要求。

2.净水厂周围的环境应注意卫生和安全防护,宜放在绿化地带内。

3.厂址应选在有扩建条件的地方,为今后发展留有余地。

4. 应选择在工程地质条件较好的地方,在有抗震要求的地区还应考虑地震、地质条件。

5.净水厂应尽量设置在交通方便、靠近电源的地方,以利于降低输电线路的造价。并考虑沉淀池排泥及滤池冲洗水排除方便。

6. 当取水点离用水区较近时,净水厂一般设置在取水构筑物附近,可考虑与取水构筑物建在一起;当取水点距用水区较远时,有两种方案可供选择,分别是将净水厂建在取水构筑物附近和将净水厂建在离用水区较近的地方。前一种方案的优点是净水厂和取水构筑物可集中管理,节省净水厂自用水的输水费用并便于沉淀池排泥和滤池反冲洗水的排除,缺点是净水厂至用水区的输水管道直径要放大,管道承压较高,从而会增加输水管道的造价。后一种方案优缺点与前者正好相反。以上不同方案应综合考虑各种因素并结合具体情况,通过技术经济比较后确定。

7. 给水水质按生活给水和生产给水水质规定如下。

(1)生活给水水质应符合现行 GB 5749 的规定。

(2)生产给水的主要水质指标宜符合下列要求。

① pH 值:6.5～8.5;

② 浊度:<3 mg/L(有低硅水要求时,<2 mg/L);

③ Ca^{2+}:<175 mg/L;

④ Fe^{2+}:<0.3 mg/L;

⑤ 菌落总数:<100CFU/mL(当有杀菌要求时)。

8.净化水场的设计规模按实际最大日最大时生产用水量的 1.1～1.2 倍考虑。

9.净化水场的自用水量应根据原水水质和所处理方法以及构筑物类型等因素通过计算确定,一般可采用供水量的 5%～10%。

10. 滤池反冲洗水应回用。沉淀池排泥水(经浓缩处理后的上层清液)宜回用或部分回用。当进行回用时应尽可能均匀回流,同时应避免有害物质和病原微生物等积聚的影响,必要时可采取适当处理后回用。

11. 水处理构筑物的设计应按原水水质最不利情况(如夏季砂含量较高等)时,所需供水量进行校核。

12. 净化水场设计时,应考虑任意一构筑物和设备进行检修、清洗(不包括滤池正常反冲洗)或停止工作时净化水场仍能满足供水要求。

13. 净化构筑物应根据具体情况设置排泥管、排空管、溢流管和压力冲洗设备等。

14. 净化水场的控制运行宜采用仪表自动控制。

15. 净化水场的生产构筑物的布置应符合下列要求:

(1) 高程布置应充分利用原有地形坡度;

(2) 构筑物间距宜紧凑,但应满足各构筑物和管线的施工要求;

(3) 生产构筑物间连接管道的布置,应水流顺直和防止迂回;

(4) 净化水场生产附属建筑物(修理间、仓库)应分开布置;

(5) 并联运行的净化构筑物间应考虑配水均匀性;

(6) 加药间、沉淀池和滤池相互间应通行方便;

(7) 当净化水场可能遭受洪水威胁时,水场的防洪标准不应低于城市防洪标准,并应留有适当的安全裕度。

5.2 净水工艺流程选择

进行净水厂设计,要选择确定净化处理方案。处理方案是否能达到预期的净化效果,将是检验净水厂设计质量的标志。

水质因不同的水源而变化,因此,当确定水源后,必须十分清楚水源的水质情况。根据用水要求确定需要达到的水质标准,分析研究原水中哪些项目是必须进行处理的。根据需要处理的内容,选择处理工艺流程。

选择处理工艺流程时,最好按同一水源或水源水质条件类似的已建水厂实际运行情况来确定。当无经验可供参考时,或采用新工艺时,应通过试验,经试验证明能达到预期效果后,方可采用。

由于不同水源水质相差很大,净水处理系统的组成和工艺流程也有很多选择。以地表水为水源时,处理流程中通常包括混合、絮凝、沉淀或澄清、过滤和消毒。工艺流程见图 5-1:

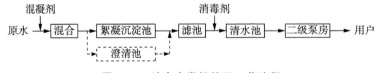

图 5-1 地表水常规处理工艺流程

当原水浊度较低(约小于 100NTU)时,可省略混凝沉淀,原水采用双层滤料或多层滤料滤池直接过滤。工艺流程见图 5－2：

混凝剂
高分子助凝剂
消毒剂
原水
混合
直接过滤池
清水池
二级泵房
用户

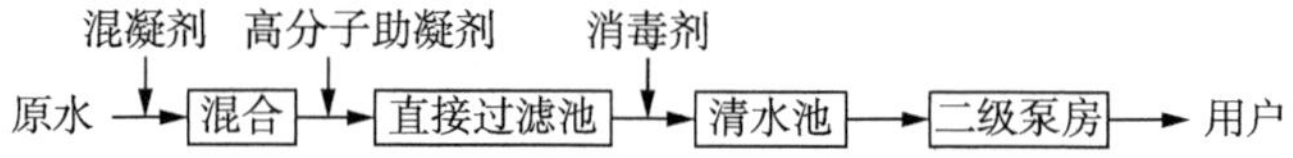

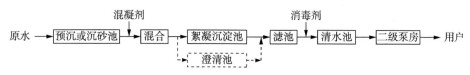

图 5－2　地表水一次净化处理工艺流程

当原水浊度高，含沙量大时，应增设预沉池或沉沙池，工艺流程见图 5－3：

混凝剂
消毒剂
原水
预沉或沉砂池
混合
絮凝沉淀池
滤池
清水池
二级泵房
用户
澄清池

图 5－3　高浊度水处理工艺流程

若水源受到较严重的污染时，可在常规处理前增加生物预处理；在常规处理工艺中加粉末活性炭；在滤池后加臭氧等消除(图 5－4)。

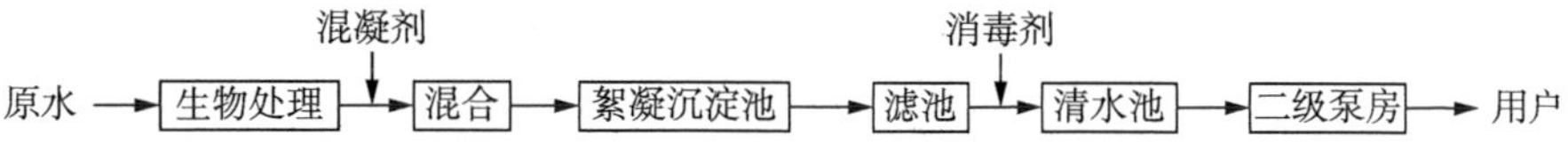

混凝剂
消毒剂
原水
生物处理
混合
絮凝沉淀池
滤池
清水池
二级泵房
用户

图 5－4　受污染水处理工艺流程

以地下水为作为水源时，由于水质较好，通常不进行处理，消毒即可，工艺简单。当地下水含铁锰量超过饮用水水质标准时，则应采取除铁除锰工艺(图 5－5)。

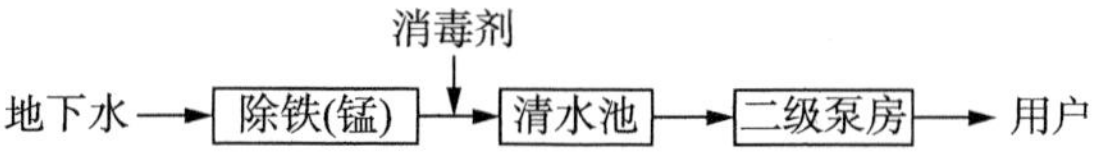

消毒剂
地下水
除铁(锰)
清水池
二级泵房
用户

图 5－5　地下水除铁(锰)处理工艺流程

5.3　平面布置

净水厂主要由生产构建筑物和辅助建筑物组成。

生产构筑物和建筑物包括：处理构筑物、清水池、二级泵站、药剂间等。

辅助构筑物包括化验室、修理部门、仓库、办公室、堆场、堆料场等。

生产构筑物的平面尺寸由水厂的生产能力通过设计计算确定。生活辅助建筑面积按水厂管理体制、人员编制和当地建筑标准确定。生产辅助建筑物面积根据水厂规模、工艺流程和当地具体情况确定。

处理构筑物一般均匀分散露天布置。北方寒冷地区应采用室内集中布置，并考虑冬季采暖设施。集中布置占地少，便于管理和实现自动化操作，缺点是结构复杂，造价较高。

进行水厂平面布置时，应考虑下列要求。

(1) 按功能分区，配置得当。尽量避免非生产人员在生产区通行和逗留，以确保生产安全。

（2）布置紧凑，尽量减少水厂占地面积和连接管道的长度，并便于操作管理，如二级泵房应靠近清水池等。但各构筑物之间应留出必要的施工、检修空间。

（3）充分利用地形，力求挖填土方平衡。如沉淀池应布置在厂区内地势较高处，清水池应布置在地势较低处。

（4）各构筑物之间的连接管（渠）应简捷，减少转弯。此外，也需设置必要的超越管道，以便某一构筑物停产检修时，为保证必须供应的水量而采取紧急措施。

（5）建筑物布置应尽可能注意朝向和风向，加氯间和氯库应尽可能设在水厂主导风向的下风向。

（6）对分期建造的工程，既要考虑近期的完整性，又要考虑远期工程建成后整体布局的合理性。

5.4　流程标高

流程标高是通过计算确定各处构筑物标高、连接管渠的尺寸与标高，确定是否需要提升。净水厂处理构筑物的高程布置，应根据地形条件，结合构筑物之间的高程差，进行合理布置。布置原则如下。

（1）尽量适应地形。当地形有一定坡度时，构筑物和连接管可采用较大的水头损失值；当地形平坦时，则采用较小的水头损失值。

（2）避免处理构筑物之间跌水等浪费水头的现象，充分利用地形高差，实现自流。

（3）应考虑各构筑物的排水、排泥和防空，一般应尽量采取重力排放的方式，在特殊情况下可考虑提升排放。

（4）在计算管道沿程损失、局部损失和各构筑物计量设备及连通管渠的水头损失时应考虑最高时流量、消防时流量和事故时流量这三种不同工况，并留有一定的余地。还应考虑当某座构筑物停运时与其并联运行的其余构筑物和相应管道通过全部流量的工况。

（5）在计算并留有余量的前提下，力求缩小全程水头损失和二级泵站的扬程。

（6）考虑远期发展、水量增加的预留水头。

5.5　管线布置

（1）净水厂的原水管一般为两根；净水构筑物之间的连接管可采用架空管或埋地管。为今后水量发展的需要，管道应考虑超载系数，适当选用较大的尺寸。

（2）净水厂的生产用水、生活用水和消防用水管道可由二级泵房接出，在厂内自成给水系统。

（3）加药管和加氯管一般放在地沟内，上有活动盖板，以便堵塞时可以清通管线。加药管应按最短路线布置。

5.6 净水构筑物

混凝、沉淀、过滤等过程是通过相应的水处理构筑物(或设备)来完成的。每一个处理工艺均有不同形式的净水构筑物,而且具有各自的特点,包括工艺系统、构造形式、适应性能、设备材料、运行方式和管理维护要求等。因此,当确定处理工艺流程后,应进行水处理构筑物类型选择,并通过技术经济比较确定。

对水量小、原水浊度较低、管理要求简单的情况,可采用无阀滤池一次净化。

水量大、原水浊度较高时,构筑物类型可根据水量的大小选取。

(1)流量小于 400 m³/h 时,可考虑水力澄清池,配用无阀滤池或虹吸滤池(当供应工业水且水质要求不高时,可经沉淀而不用滤池;当原水浊度小于 50 mg/L 时,可直接采用双层滤料的无阀滤池过滤)。

(2)流量大于 400 m³/h 且小于 1 000 m³/h 时,可采用机械搅拌澄清池,并配和使普通快滤池或虹吸滤池。

(3)流量大于 1 000 m³/h 且小于 2 000 m³/h 时,可采用机械搅拌澄清池、脉冲澄清池或斜管斜板沉淀池,配合使用普通快滤池或虹吸滤池。

1. 混凝剂和助凝剂投配

(1)用于净化水场的混凝剂和助凝剂,应符合 GB/T 17218 的要求。

(2)混凝剂和助凝剂品种的选择及其用量应根据相似条件下的水厂运行经验或原水凝聚沉淀试验资料,结合当地药剂供应情况通过技术经济比较确定。

(3)混凝剂的投配方式可采用湿投或干投。当湿投时,混凝剂的溶解应按用药量的大小及药剂性质,选用水力、机械或压缩空气等搅拌方法。

(4)湿投混凝剂时,溶解次数应根据混凝剂用量和配制条件等因素确定,一般每日不超过3次;混凝剂用量较大时,溶解池宜设在地下;混凝剂用量较小时,溶解池可兼作投药池。投药池应设置备用池。

(5)混凝剂投配的溶液浓度。可采用 5%～20%(按固体质量计算)。

(6)投药应设瞬时指示的计量设备和稳定加注量的措施,宜采用自动加药系统。

(7)与混凝剂接触的池内壁、设备、管道和地坪应根据混凝剂性质采取相应的防腐措施。

(8)加药间必须有保障工作人员卫生安全的劳动保护措施。当采用发生异臭或粉尘的时,应在通风良好的单独房间内加药,必要时应设置通风设备。

(9)加药间应与药剂仓库毗邻并宜靠近投药点,加药间的地坪应有排水坡度。

(10)加药间及药剂仓库应根据具体情况设置计量工具和搬运设备。药剂仓库的固定储备量应按当地供应、运输等条件确定,宜按最大投加量的 7～15d 用量计算。其周转储备量应根据当地具体条件确定。

2. 混凝沉淀和澄清设计

(1)沉淀和澄清

① 选择沉淀池或澄清池类型时,应根据原水水质、设计生产能力、处理后水质要求,并考虑原水水温变化、制水均匀程度以及是否连续运转等因素,结合建设项目当地条件通过技术经

济比较确定。

② 沉淀池和澄清池的个数或能够单独排空的分格数不宜少于 2 个。

③ 经过混凝沉淀或澄清处理的水在进入滤池前的浑浊度一般不宜超过 10 度,遇高浊度原水或低浊度原水时,不宜超过 15 度。

④ 设计沉淀池和澄清池时应考虑均匀配水和集水。

⑤ 沉淀池积泥区和澄清池沉泥浓缩室(斗)的容积,应根据进出水的悬浮物含量、处理水量、排泥周期和浓度等因素通过计算确定。

⑥ 当沉淀池和澄清池排泥次数较多时,宜采用机械化或自动化排泥装置。

⑦ 澄清池应设取样装置。

(2) 混合

① 混合设备的设计应根据采用的混凝剂品种,使药剂与水进行恰当的急剧、充分混合。

② 混合方法一般可采用机械混合或水力混合。

(3) 絮凝

① 絮凝池宜与沉淀池合建。

② 絮凝池形式的选择和絮凝时间的采用,应根据原水水质情况和相似条件下的运行经验或通过试验确定。

③ 隔板絮凝池设计要求:絮凝时间一般宜为 20~30 min;絮凝池廊道的流速,应按由大到小的渐变流速进行设计,始端流速一般宜为 0.5~0.6 m/s,末端流速一般宜为 0.2~0.3 m/s;隔板间净距一般宜大于 0.5 m。

④ 机械絮凝池设计要求如下:絮凝时间一般宜为 15~20 min;池内一般设 3~4 挡位的搅拌机;搅拌机的转速应根据桨板边缘处的线速度通过计算确定,线速度宜从第一挡的 0.5 m/s 逐渐变小至末端的 0.2 m/s;池内宜设防止水体短流的设施。

(4) 平流沉淀池

① 平流沉淀池的沉淀时间应根据原水水质、水温等,参照相似条件下的运行经验确定,一般宜为 1.5~3.0 h。

② 平流沉淀池的水平流速可采用 10~25 mm/s,水流应避免过多转折。

③ 平流沉淀池的有效水深一般可采用 3.0~3.5 m。沉淀池的每格宽度(或导流墙之间)一般宜为 3.0~8.0 m,最大不超过 15 m,长度与宽度之比不得小于 4,长度与深度之比不得小于 10。

④ 平流沉淀池宜采用穿孔墙配水和溢流堰集水,溢流率一般可采用小于 300 $m^3/(m \cdot d)$。

(5) 上向流斜管(斜板)沉淀池

① 斜管(斜板)沉淀区液面负荷应按相似条件下的运行经验确定,一般可采用 5.0~9.0 $m^3/(m^2 \cdot h)$。

② 斜管(斜板)设计一般可采用下列数据:斜管管径为 30~40 mm;斜板板距为 80~110 mm,斜长为 1.0 m;倾角为 60°。

③ 斜管(斜板)沉淀池的清水区保护高度一般不宜小于 1.0 m;底部配水区高度不宜小于 1.5 m。

(6) 机械搅拌澄清池

① 机械搅拌澄清池清水区的液面负荷应按相似条件下的运行经验确定,可采用 2.9~3.6 $m^3/(m^2 \cdot h)$。

② 水在机械搅拌澄清池中的总停留时间可采用 1.2～1.5 h。

③ 搅拌叶轮提升流量可为进水流量的 3～5 倍,叶轮直径可为第二絮凝室内的 70%～80%,并应设调整叶轮转速和开启度的装置。

④ 机械搅拌澄清池是否设置机械刮泥装置,应根据水池直径、底坡大小、进水悬浮物含量及其颗粒组成等因素确定。

(7) 水力循环澄清池

① 水力循环澄清池清水区的液面负荷,应按相似条件下的运行经验确定,可采用 2.5～3.2 $m^3/(m^2 \cdot h)$。

② 水力循环澄清池导流筒(第二絮凝室)的有效高度,可采用 3～4 m。

③ 水力循环澄清的回流水量,可为进水流量的 2～4 倍。

④ 水力循环澄清池底斜壁与水平面的夹角不宜小于 45°。

3. 滤池

(1) 一般规定

① 供生活饮用水的过滤池出水经消毒后应符合 GB 5749 的要求。

② 滤池形式的选择应根据设计生产能力、运行管理要求、进出水水质和净水构筑物高程布置等因素,结合建设项目当地地形条件,通过技术经济比较确定。

③ 滤料应具有足够的机械强度和抗腐蚀性能,并不得含有有害成分,一般可采用石英砂、无烟煤和重质矿石等。

④ 滤池的分格数应根据滤池形式、生产规模、操作运行维护检修等条件通过技术经济比较确定,除无阀滤池和虹吸滤池外,一般不得少于 4 格。

⑤ 滤池按正常情况下的滤速设计,并以检修情况下的强制滤速校核(正常情况系指水厂全部滤池均在进行工作,检修情况系指全部滤池中的一格或二格停运进行检修、冲洗或翻砂)。

⑥ 滤池的冲洗周期,当为单层细砂级配滤料时,宜采用 12～24 h;气水冲洗滤池的冲洗周期,当为粗砂均匀级配滤料时,宜采用 24～36 h。

⑦ 滤池的滤速及滤料组成宜按表 5-1。

表 5-1　滤池的滤速及滤料组成

滤料种类	滤料组成			正常滤速 /(m/h)	强制滤速 /(m/h)
	粒径/mm	不均匀系数/K_{80}	厚度/mm		
单层细砂滤料	石英砂 $d_{10}=0.55$	<2.0	700	7～9	9～12
双层滤料	无烟煤 $d_{10}=0.85$	<2.0	300～400	9～12	12～16
	石英砂 $d_{10}=0.55$	<2.0	400		
三层滤料	无烟煤 $d_{10}=0.85$	<1.7	450	16～18	20～24
	石英砂 $d_{10}=0.50$	<1.5	250		
	重质矿石 $d_{10}=0.25$	<1.7	70		
均匀级配 粗砂滤料	石英砂 $d_{10}=0.9～1.2$	<1.4	1 200～1 500	8～10	10～13

注:滤料的相对密度为石英砂 2.50～2.70;无烟煤 1.40～1.60;重质矿石 4.40～5.20。

⑧ 单层滤料快滤池宜采用大阻力或中阻力配水系统，三层滤料快滤池宜采用中阻力配水系统；大阻力穿孔管配水系统孔眼总面积与滤池面积之比宜为 0.20%～0.28%，中阻力滤砖配水系统孔眼总面积与滤池面积之比宜为 0.6%～0.8%，虹吸滤池宜采用小阻力配水系统，其孔眼总面积与滤池面积之比为 1.25%～2.00%。水冲洗滤池的冲洗强度及冲洗时间宜采用表 5-2，当有技术经济依据时，还可增设表面冲洗设施和改用气水冲洗法。

表 5-2 水冲洗滤池的冲洗强度及冲洗时间(水温 20℃)

滤料组成	冲洗强度/[L/(m²·s)]	膨胀率/%	冲洗时间/min
单层细砂级配滤料	12～15	45	7～5
双层煤、砂级配滤料	13～16	50	8～6
三层煤、砂、重质矿石级配滤料	16～17	55	7～5

注 1：当采用表面冲洗设备时，冲洗强度可取低值。

注 2：应考虑由于全年水温、水质变化因素，有适当调整冲洗强度的可能。

注 3：选择冲洗强度应考虑所用混凝剂品种的因素。

注 4：膨胀率数值仅作设计计算用。

⑨ 滤池应有下列管(渠)，其管径断面宜根据表 5-3 流速通过计算确定。

表 5-3 各种管(渠)和流速

管(渠)名称	流速/(m/s)
进　水	0.8～1.2
出　水	1.0～1.5
冲洗水	2.0～2.5
排　水	1.0～1.5
初滤水排放	3.0～4.5
输　气	10～15

⑩ 每个滤池应设取样装置。

(2) 快滤池

① 快滤池冲洗前的水头损失宜采用 2.0～2.5 m。每个滤池应装设水头损失仪。

② 滤层表面以上的水深宜采用 1.5～2.0 m。

③ 当快滤池采用大阻力配水系统时，其承托层宜按表 5-4 采用。

表 5-4 快滤池大阻力配水系统层粒径与厚度

层次(自上而下)	粒径/mm	承托层厚度/mm
1	2～4	100
2	4～8	100
3	8～16	100
4	16～32	本层顶面高度应高出配水系统孔眼 100

④ 大阻力配水系统应按冲洗流量设计,并根据下列数据通过计算确定。

配水干管(渠)进口处的流速为 1.0~1.5 m/s;

配水支管进口处的流速为 1.5~2.0 m/s;

配水支管孔眼出口流速为 5~6 m/s。

⑤ 干管(渠)上宜装通气管。

⑥ 冲洗排水槽的总面积不应大于滤池面积的 25%,滤料表面到洗砂排水槽底的高度,应等于冲洗时滤层的膨胀高度。

⑦ 滤池冲洗水的供给方式可采用冲洗水泵或高位水箱(塔)。当采用冲洗水泵冲洗时,水泵的能力应按冲洗单格滤池冲洗水量设计并设置备用机组;当采用冲洗水箱(塔)冲洗时,水箱(塔)有效容积应按单格滤池冲洗水量的 1.5 倍计算。

(3)虹吸滤池

① 虹吸滤池的分格数应按滤池在低负荷运行时仍能满足一格滤池冲洗水量的要求确定。

② 虹吸滤池冲洗前的水头损失一般可采用 1.5 m。

③ 虹吸滤池冲洗水头应通过计算确定,一般宜采用 1.0~1.2 m,并应有调整冲洗水头的措施。

④ 虹吸进水管的流速宜采用 0.6~1.0 m/s;虹吸排水管的流速宜采用 1.4~1.6 m/s。

(4)重力式无阀滤池

① 无阀滤池的分格数宜采用 2~3 格。

② 每格无阀滤池应设单独的进水系统,进水系统应有防止空气进入滤池的措施。

③ 无阀滤池冲洗前的水头损失可采用 1.5 m。

④ 过滤室内滤料表面以上的直壁高度应等于冲洗时滤料的最大膨胀高度再加保护高度。

⑤ 无阀滤池的反冲洗应设有辅助虹吸实施,并设调节冲洗强度和强制冲洗的装置。

(5)V 形滤池

① V 形滤池冲洗前水头损失可采用 2.0 m。

② 滤层表面以上水深不应小于 1.2 m。

③ V 形滤池两侧进水槽的槽底配水孔口至中央排水槽边缘的水平距离宜在 3.5 m 以内,最大不得超过 5 m。

④ V 形滤池进水槽断面应按非均匀流满足配水均匀性要求计算确定,其斜面与池壁的倾斜度宜采用 45°~50°。

⑤ 反冲洗空气总管的管底应高于滤池的最高水位。

4. 消毒

(1)新鲜水出净化水场前必须消毒,可采用氯、氯胺、二氧化氯、臭氧及紫外线等消毒,也可采用上述方法的组合。

(2)当选择氯气(液氯)消毒时,加氯消毒设计要求如下。

① 选择加氯点应根据原水水质、工艺流程和净化要求,可单独在滤后加氯。

② 氯的设计用量,因根据相似条件下的运行经验,按最大量确定。

③ 水和氯因充分混合,其接触时间不应小于 30 min。氯胺消毒不少于 2 h。

④ 投加液氯时应设加氯机,加氯机至少具备指示瞬时投加量的仪表和防止水倒灌氯瓶的措施,加氯间应设校核氯量的磅秤。

⑤ 加氯间应靠近投加点。

⑥ 加氯间及氯库内宜设置测定空气中氯气浓度的仪表和报警措施,宜设置氯气吸收设备。

⑦ 加氯间外部应备有防毒面具、抢救材料和工具箱。防毒面具应严密封藏,以免失效。照明和通风设备应设室外开关。

⑧ 加氯间必须与其他工作间隔开,并设观察窗和直接通向外部且向外开的门。

⑨ 加氯间及其仓库应有每小时换气 8～12 次的通风设备。

⑩ 通向加氯间的给水管道,应保证不间断供水,并尽量保持管道内水压的稳定。

⑪ 加氯设备及其管道应具体情况设置备用,材质抗腐蚀。

⑫ 液氯瓶应堆放在单独的仓库内,且宜与加氯间毗邻。

⑬ 液氯瓶的固定储备量应按当地供应、运输等条件确定,可按最大用量的 15～30 d 计算。其周转储备量应根据当地具体条件确定。

5. 清水池

(1) 清水池容积应根据建设项目的最大小时用水量、小时变化系数、净化水场进水系统的故障检修时间等因素综合确定。清水池容积最小储量可按 6～8 倍最大小时用水量考虑。当考虑石化生产安全储水时,容积应另外计算。

(2) 清水池应设通气管、进水管、溢流管、放空管和水位信号装置。溢流管排入排水系统应有防回流污染措施。溢流管管径应按排泄清水池最大入流量确定,并且比进水管大一至二档。

(3) 清水池必须分成 2 格或 2 格以上,进水管及 2 格清水池的连通管上均须装设阀门,以应对清扫或检修的要求。

(4) 清水池应设盖,并应采取不受污染的保护措施。盖顶可考虑绿化。

5.7 一体化净水构筑物

以地表水为水源的水厂,一般包括取水、混凝、沉淀、过滤、消毒等工艺过程。在石化企业的净水厂中,如上述各个工艺过程所采用的构筑物均分别单独建造,则不仅占地面积大,且厂内连接管道多,布置复杂。为减少占地,方便操作管理,近年来采用了各种综合净水构筑物及装置或一体化净水构筑物。

综合净水装置目前主要有两种形式:一种是将主要净水构筑物经过合理布置,综合建造成一个净水构筑物,其制水量从每天几十立方米至几千立方米不等。另一种是将主要净水工艺综合组装成一个单体设备,作为定型产品供应,其制水量一般从每天近百立方米至近千立方米。

1. 一体化净水器的优点

(1) 一体化净水器采用的净水工艺流程、结构配件一般经过较长时间和较细致的试验、调整及修正,相对比较合理,经过正规设计的一体化净水器的运行效果一般较好,出水水质较稳定。

(2) 一体化净水器结构布置紧凑、占地小,体积利用系数高,所需配套的建筑面积相应较小,土建工程的基建投资较低。

（3）一体化净水器目前已作为产品在工厂中批量制造，在制作质量上有保证。

（4）水质净化工序全部包含在一体化净水器中，现场土建施工、设备安装工作量较小，建厂周期短，能在较短时间内迅速获得工程效益和改善供水水质的效果。

（5）一体化净水器的壳体及内部分隔一般采用钢板焊制的整体结构，强度大，便于整体运输，使用过程还可以根据需要搬动净水器的安装地点，形成移动式水厂。

（6）运行管理工作比较简便，易于掌握。

2．一体化净水器选用注意事项

（1）制造商在生产一体化净水器时为降低造价，势必尽可能压缩各部分尺寸，缩小机体总体积，净水器本身设计所采用的工艺参数也接近或超过现行设计规范所规定的上限值。因此，大多数净水器存在水流在其内部的总停留时间短、净水能力的储备潜力和耐进水浊度冲击负荷能力低的不足，所以在确定净水器的总出水能力时，应视实际需要留有一定的余地。

（2）由于一体化净水器耐进水浊度冲击负荷能力低，所以如原水实际浊度超过规定值时，应考虑设置预沉淀措施。

（3）一体化净水器的功能主要是去除水中的悬浮固体和胶状物，对于有毒有害物质一般无明显的去除效果，因此在选择水源时应注意其水质符合生活饮用水卫生规范中有关水源水质的要求。

（4）一体化净水器本身均未包括消毒工序，生活水出水必须在消毒后才能符合饮用水的要求。

（5）一体化净水器的壳体及内部分隔一般采用钢板焊制，其使用年限要比土建类型的净水设备短，为延长使用寿命，除应定期清洁保养和涂刷防腐涂料层外，应尽量避免使用对钢材有腐蚀作用的混凝剂和助凝剂。

（6）为保证产品质量，在选用及购置净水器时应注意验收和检查。

（7）一体化净水器中部分材料可能采用塑料或玻璃钢，选用时应注意其是否无毒和符合卫生要求。

5.8 流量计量

流量计量对水厂的经济运行、优化调度、节能降耗、减少漏损等都有重要作用。

选用流量计的原则如下：

（1）经国家认可的产品；

（2）量程范围应满足被测管道内的最高和最低流速变化；

（3）精确度等级不低于 2.5 级（包括 2.5 级）；

（4）长期运行稳定，计量准确，数据采集方便，具有标准输出信号；

（5）安装现场满足流量计对直管段的要求（以保证精确度）；

（6）水头损失不宜过大，本身能耗越小越好；

（7）价格适宜，经久耐用；

（8）选用的流量计类型不应过多，尽可能一致。

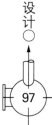

5.9 过程监测

净化水场的过程检测和控制设计应根据工程规模、工艺流程特点、净水构筑物组成、生产管理运行要求确定检测及控制内容。

净化水场的过程检测仪表常用的配置内容表5-5：

表5-5 过程检测仪表常用的配置

构筑物名称	检测项目
输水管（渠）	水量
配水井	水位、浊度、pH值、碱度、电导率、水温、溶解氧
沉淀池	水位、污泥位、浊度、流动电流（SCD）或絮凝控制仪（FCD）
加药间	药剂加注量、溶液池液位
滤池	滤池水位、过滤水头损失、浊度、反冲洗水量、反冲洗气量、滤后水量
水塔、高位水场、污水池	水位
加氯间	加氯量、氯瓶压力、称重、温度、漏氯
清水池、吸水井	水位、余氯
加压泵房	水压、水量、余氯、浊度、pH值
配水管网	水压、水量、余氯、浊度

1. 压力指示

每台泵的吸水管上应装有压力真空表，压力真空表应安装在泵入口法兰与阀门之间的短管或管件上；每台泵的出水管上应装有压力表，压力表应安装在泵出口法兰与阀门之间的短管或管件上；每条出水总管上均安装压力表，并引入控制室或就地安装。

2. 泵及电动阀的控制要求

集中控制的给水泵及电动阀应将电动机的电流表，泵的启动、停止按钮，电动阀的开、关、暂停按钮以及指示灯，集中布置在操作控制室内，并就地设置泵电动机的电流表，泵的启动、停止按钮，电动阀的开、关按钮以及指示灯。

给水泵机组与电动阀连锁控制。待水泵处于正常运转状态后，才能开启电动阀。若水泵处于停运状态，则电动阀处于锁闭，无法开启。

水泵处于运转状态，进口电动阀或出口电动阀由于正常操作或意外事故而被关闭时，则水泵自动停运。所有联锁控制都应有转换成独立操作的开关，防止现场误操作。

水泵集中控制时，操作室内仪表盘的仪表、信号及控制开关应有：总管水压力，清水池水位指示，最高、最低报警信号，水泵机组开、停按钮及指示灯；电动阀开、关按钮及指示灯；水泵、电动机轴承温度过高报警信号和加药等设备运行状态的指示。

5.10　消耗量计算

1. 用水消耗量

（1）净水场最高日最高时用水消耗量,应通过水量平衡确定;

（2）净水场用水实耗量,应按沉淀池排泥消耗量、过滤池反冲洗水量、加药水量、生活用水量与漏失水量之和进行统计,不应统计未预见水量和预留水量;当无资料时,可按每处理 1 m³ 水消耗 0.05～0.1 m³ 水量进行计算。

2. 蒸汽实耗量

应等于采暖用汽与加热用汽之和,并按年消耗量进行统计。采暖用汽实耗量由暖通专业提供。

3. 用风消耗量

风量实耗量,应等于滤池反冲洗用风量与仪表用风量之和,并按全年标准状态下的用量进行统计。仪表用风量由自控专业提供。

4. 药剂消耗量

（1）混凝剂、助凝剂和消毒剂等实耗量,应根据原水水质情况和相似条件下的运行经验或通过试验确定;

（2）药剂实耗量,应按全年商品药剂实耗量进行统计,不应按有效成分进行统计;

（3）选择加药设备的实际消耗量统计时,应按最高日最高时的消耗量进行统计。

5. 用电消耗量

（1）用电实耗量,应按用电设备(机泵)的轴功率进行统计。应根据全年实耗量进行统计。

（2）提供给电气专业的电负荷,应按用电设备的最大轴功率进行统计,并说明全年操作运行的小时数。

（3）全年工作小时数可按工厂年开工小时数计算。

第6章 循环水场设计

6.1 石油化工企业循环水场的术语与定义

循环冷却水：用作冷却介质并循环使用的水。

循环冷却水系统：由换热设备、冷却设施、水处理设施、水泵、管道以及有关辅助设施组成的用以提供循环水的系统。

敞开式系统：指循环冷却水与大气直接接触冷却的循环冷却水系统。

闭式系统：指循环冷却水不直接与大气接触散热的循环冷却水系统。

海水循环冷却水系统：以海水作为冷却介质，循环运行的一种给水系统，由换热设备、海水冷却塔、水泵、管道及其他有关设备组成。

药剂：循环冷却水处理过程中所使用的各种化学物质。

污垢热阻值：表示换热设备传热面上因沉积物而导致传热效率下降程度的数值，单位为 $m^2 \cdot K/W$。

腐蚀率：以金属腐蚀失重而算得的平均腐蚀率，单位为 mm/a。

局部腐蚀：暴露于海水腐蚀环境中，金属表面某些区域的优先集中腐蚀。

浓缩倍数：循环冷却水的含盐浓度与补充水的含盐浓度之比值。

预膜：在循环冷却水中投加预膜剂，使清洗后的换热设备金属表面形成均匀密致的保护膜的过程。

旁滤水：从循环冷却水系统中分流出部分水量，按要求进行处理后，再返回系统。

补充水量：循环冷却水系统在运行中补充所损失的水量。

排污水量：在确定的浓缩倍数条件下，需要从循环冷却水系统中排放的水量。

系统容积：循环冷却水系统内所有水容积的总和。

6.2 循环水场总体设计

6.2.1 一般规定

循环水场总体设计应根据全厂水量平衡、水质、水压要求，总图布置等确定循环水场和循环冷却水系统的划分及各系统的设计规模、补充水量和排污量。

循环水场的设计规模应按设计水量确定，设计水量应按其所供给用户要求的最大连续小时用水量之和加上用户可能同时发生的最大间断小时用水量确定。

根据全厂环境影响评价报告和给水排水系统设计的要求,确定循环水排污以及旁滤池(罐)反冲洗水的排水去向。

循环水系统的旁滤宜采用循环回水旁滤的方式。

循环水系统应设有水池充水、单机试运、系统管道清洗等过程的排放措施。

循环水场给水、排水管道宜埋地敷设;蒸汽、压缩空气、化学药剂等管道应架空或管沟敷设。

循环水场的旁滤、泵等设备和设施宜采用露天布置。

循环水场的控制室、变配电间、分析化验和办公室,宜与其他单元或工艺生产装置的相应设施合并;投药间应靠近投药点。

循环水场冷却塔、泵站和旁滤池(罐)的四周地坪应铺砌,平行布置的冷却塔应在其两侧设检修道路;氯瓶间、氯气蒸发器室、药剂库、循环水泵前应有运输通道,其余空地应植草皮,在冷却塔附近不得种植落叶树。

6.2.2 水量计算

设计水量应按其所供给用户要求的最大连续小时用水量之和加上用户可能同时发生的最大间断小时用水量确定。

循环冷却水系统最大时给水量和补充水量,通过水量平衡计算确定。计算水量平衡时,水量损失应包括冷却塔蒸发损失水量,风吹损失水量和排污水量。

循环水系统的补充水量可按式(6-1)计算。

$$Q_m = Q_e + Q_w + Q_b \text{ 或 } Q_m = Q_e \cdot N/(N-1) \tag{6-1}$$

式中　Q_m——补充水量,m^3/h;

　　　Q_e——蒸发损失水量,m^3/h;

　　　Q_w——风吹损失水量,m^3/h;

　　　Q_b——排污水量,m^3/h;

　　　N——循环冷却水的设计浓缩倍数。

1.冷却塔的蒸发损失水量可按式(6-2)计算。

$$Q_e = K \cdot \Delta t \cdot Q \tag{6-2}$$

式中　Q_e——蒸发损失水量,m^3/h;

　　　Δt——冷却塔进、出水温度差,℃;

　　　Q——循环水量(在计算水量消耗时应采用实际循环水量,在计算管道规格时应采用规模循环水量),m^3/h;

　　　K——系数,1/℃,可按下表6-1取值。气温为中间值时可用内插法计算。

表6-1　热量系数K值表

设计干球温度/℃	−10	0	10	20	30	40
$K/(1/℃)$	0.000 8	0.001 0	0.001 2	0.001 4	0.001 5	0.001 6

注:表中气温指冷却塔周围的设计干球温度。

2. 冷却塔的风吹损失量应采用同类型冷却塔的实测数据。当无实测数据时,可根据 GB/T 50746—2012 来取值,机械通风冷却塔可按 0.1% 计算,自然通风冷却塔可按 0.05% 计算。

3. 循环水系统的排污量可按式(6-3)计算。

$$Q_b = \frac{Q_e}{N-e} - Q_w \tag{6-3}$$

式中 Q_b——排污水量,m^3/h;

Q_e——蒸发损失水量,m^3/h;

Q_w——风吹损失水量,m^3/h;

N——循环冷却水的设计浓缩倍数。

注:循环冷却水系统的排污宜集中在循环水场排放。

循环水系统容积宜为小时循环水量的 1/3。

6.3 场址选择

(1) 循环水场的建、构筑物应充分利用地形,并根据常年风向,合理布置。

(2) 循环水场根据生产装置和总图布置要求,可以采取集中和分散两种方式设置。

(3) 集中布置的循环水场其循环冷却水系统可根据用水负荷的分布、水量、水压、水质,换热设备的不同形式和要求分成两个或两个以上独立的循环冷却水系统。

(4) 集中布置的循环水场,其控制、配电、分析化验、办公等辅助设施宜采取集中设置。

(5) 循环水场应尽量靠近最大的用水装置,并布置在生产装置的防爆区以外。

(6) 循环水场不应靠近加热炉、焦炭塔等热源体和空压站吸入口,也不得建在污水处理场、化学品堆场、散装库及煤炭、灰渣等易产生大量粉尘的露天堆场附近。

6.4 场内布置

循环水场的位置确定应遵循 6.3 节循环水场布置原则。机械通风冷却塔与生产装置边界线或独立的明火设备的净距不应小于 30 m。冷却塔宜建于邻近建筑物、变电站的最小频率风向的上风侧。

两排以上的塔排布置应符合下列要求。

(1) 冷却塔组在同一列布置时,相邻塔组之间净距不宜小于 4 m;

(2) 平行并列布置的冷却塔组,其净距不应小于冷却塔进风口高度的 4 倍;

(3) 周围进风的机械通风冷却塔之间的净距不应小于进风口高度的 4 倍;

(4) 冷却塔进风口与建筑物之间净距不应小于进风口高度与建筑物高度平均值的 2 倍。

循环水场的竖向布置不宜有较大高差。循环水泵宜自灌启动。冷却塔不考虑备用,但应考虑检修时不影响生产的措施。

6.5 冷却塔设计

6.5.1 一般规定

冷却塔所在地区气象参数(空气干球温度,湿球温度或相对湿度、大气压力)应按当地气象台(站)的近期不少于连续五年、夏季最热三个月,每日四次观测的统计资料确定或按已建厂采用的相关数据确定。

冷却塔出水的设计温度应经技术经济比较后确定,也可在进塔空气设计湿球温度的基础上增加 4～5℃确定。

冷却塔建成后应按 CECS 118 标准进行验收。

6.5.2 冷却塔塔形和结构设计

应优先选择钢筋混凝土结构逆流式机械通风冷却塔。单塔设计能力不宜大于 5 000 m³/h。

6.5.3 冷却塔内部构件和风筒设计

冷却塔塔体采用钢筋混凝土结构,围护结构可采用玻璃钢板或钢筋混凝土墙板,风筒采用玻璃钢风筒,塔底水池采用钢筋混凝土结构。

冷却塔内部构件包括冷却塔填料、填料支架、配水系统及支架,收水器及支架,预埋钢件等。

冷却塔填料应选用薄膜式填料。薄膜填料的间距可按不同要求考虑,填料材质可采用PVC 制品或玻璃钢制品。填料支架采用玻璃钢制品。

配水系统及支架:包括配水干管、配水支管、喷嘴组合件及相关支架;配水干管采用非金属材料;配水支管采用 PVC 管;喷嘴组合件采用 ABS、PP 或其他非金属材料,支架、吊架采用非金属或不锈钢材料。

收水器采用 PP 或 PVC,收水器支架和固定件采用不锈钢。

冷却塔风筒应采用节能型风筒,风筒材质为玻璃钢,用不锈钢螺栓螺母连接,其强度应满足设计要求;风筒上检修门应满足设计要求。风筒设计应保证风机发挥高效率并减少湿空气回流,风筒应包括吸入段、集气段、扩散段三部分,风筒的整体应呈流线型并具有光滑表面。

所有玻璃钢、ABS、PP 制品必须符合行业的有关规定;塑料部件应符合 DL/T 742 的要求。

每个冷却塔应设有人孔和风机检修过道,检修人孔的直爬梯和风机检修过道宜采用非金属材料。

集水池和混凝土围护结构内壁应有防腐措施,集水池出水口应有拦污措施。

寒冷地区冷却塔应有冬季防冻措施。

冷却塔塔顶应考虑照明及防雷。

循环水泵吸水井格网应设有起吊设施。

6.5.4 冷却塔风机的有关规定

冷却塔风机的选型应满足设计的风量和风压要求,并留有10％裕量。

冷却塔风机配套电动机和塔上其他电气设备对于炼油系统宜按防爆考虑,化工系统按非防爆考虑。

冷却塔风机要按照能够在控制室控制,并显示记录相关运行状态进行设计。

海水冷却塔的设计,需要充分考虑海水的热力学特性,采取必要的措施,有效控制海水的腐蚀、生物附着和盐雾飞溅等。海水冷却塔混凝土结构部分的防腐设计,应按JTJ275的规定执行。

冷却塔宜设置防止白雾生成的措施。

6.5.5 冷却塔的计算

冷却塔的计算包括热力计算、阻力计算、配水系统计算等。

冷却塔的热力计算、阻力计算应以国家相关部门出具的测试报告为基础;喷嘴计算宜以相同喷嘴的实测资料为基础。

其详细计算参数按GB/T 50102—2014的规定。

6.6 循环水泵的选择

6.6.1 循环水泵的流量和扬程确定

循环水泵的流量确定应遵循以下原则。

(1)采用循环给水旁滤时,最大时用水量加旁滤水量应为循环水泵最大时设计水量。

(2)采用循环回水旁滤时,最大时用水量应为循环水泵最大时设计水量。

循环水泵的扬程确定。

循环水泵总扬程应包括下列各项数值之和。

(1)水泵吸水管处的允许最低水位标高(或最低水压标高)与系统内最不利点处地形标高的标高差。(注:最不利点系指按此点要求所计算出的所需水泵总扬程为最高)

(2)最不利点处所要求的工作水压。

(3)水泵吸水管及出水管(包括系统管道)的水头损失。

(4)吸水管各项水头损失加上吸水高度及蒸汽分压之和应小于泵样本所提供的允许吸上真空高度。

6.6.2 循环水泵的选择

循环水泵应优先选用能保证长期安全运转、性能好、效率高的离心水泵。同时要考虑噪声低、检维修方便、频率少等。

循环水泵宜采用露天布置。对于采用卧式离心泵还是采用立式离心水泵需进行方案比较后确定。

当选用卧式离心泵时,水泵的安装高度,应使按设计工况运行时动水位计算的有效气蚀余量大于水泵的必需气蚀余量,并应留有不小于 0.5 m 的安全裕量。

当选用立式泵时,水泵叶轮中心的安装高度,除应满足泵要求的最低淹没深度外,并应留有不小于叶轮直径的 0.5 倍的安全裕量。

循环水泵露天布置时应采取冬季防冻措施。水泵的淹没深度和吸水池的最低水位应满足水泵的运转要求。

循环水泵的设置应满足用户对水量和水压的需求;宜设同型号水泵,运行台数大于 4 台时应备用 2 台,不大于 4 台时应备用 1 台,当水泵流量不同时,备用泵宜按最大流量泵确定。

按照节能的要求,应考虑水泵大小搭配,但型号不宜多于两种。应选用效率高的节能型水泵,对大型卧式或立式离心泵宜采用同一型号的水泵。

大型立式离心泵安装时,水泵的出水管侧和电动机的进线段宜在相反的一侧。

循环水泵露天布置时,电机应为户外型,防护等级不应低于 IP54;循环水泵布置在泵房内时,电机防护等级不宜低于 IP44。

与海水接触的设备、部件等应考虑海水对设备的腐蚀等特性。

6.7 循环冷却水水质处理设计

6.7.1 循环冷却水水质处理设计内容

循环冷却水水质应符合《石油化工循环水场设计规范》GB/T 50746—2012 的要求。

循环冷却水水质处理设计包括补充水水质处理、冷却水水质的物理处理、化学处理和杀菌灭藻处理、旁滤水水质处理。

6.7.2 循环冷却水水质处理的计算

1. 循环冷却水系统浓缩倍数计算

(1)设计浓缩倍数应根据建厂地的补充水水质、循环冷却水的水质要求及水质处理方法,通过技术经济比较确定。

(2)浓缩倍数的确定应考虑节约用水和环境保护的要求。

(3)浓缩倍数宜控制在 3～5,当以新鲜水作循环水补充水时,炼油企业不得小于 3,化工企业不得小于 4;当以再生水作循环水补水,回用水量大于或等于循环水补充水量 60% 时,炼油企业不得小于 2.5,化工企业不得小于 3.0;海水循环冷却水系统的海水浓缩倍数则宜控制在 1.5～2.5。

(4)敞开式循环冷却水系统浓缩倍数(N)按式(6-4)计算。

$$N = \frac{Q_m}{Q_B + Q_w} \tag{6-4}$$

式中　N——浓缩倍数;

　　Q_m——补充水量,m³/h;

　　Q_B——排污水量,m³/h;

　　Q_w——风吹损失水量,m³/h。

2. 旁流过滤水量

敞开式循环水系统采用旁流过滤方案去除悬浮物。

(1) 需要准确计算时,旁流过滤水量按式(6-5)计算。

$$Q_{sf} = \frac{Q_m C_{ms} + K_s G C_a - (Q_b + Q_w) C_{rs}}{C_{rs} - C_{ss}}$$ (6-5)

式中　Q_{sf}——旁流过滤水量,m³/h;

C_{ms}——补充水中悬浮物浓度,mg/L;

C_{rs}——循环冷却水中悬浮物浓度,mg/L;

C_{ss}——滤后水中悬浮物浓度,mg/L;

G——进冷却塔空气量,m³/h;

C_a——空气含尘量,g/m³;

K_s——悬浮物沉降系数,可通过试验确定,当无资料时可选用0.2。

(2) 根据规范要求也可按循环水量的 3%～5% 确定其旁流处理水量。

3. 首次加药量

敞开式循环冷却水系统阻垢、缓蚀剂的首次加药量按式(6-6)计算。

$$G_f = V \cdot q / 1\ 000$$ (6-6)

式中　G_f——系统首次加药量,kg;

q——加药浓度,mg/L;

V——系统容积,m³。

4. 系统运行时的加药量

敞开式循环冷却水系统运行时,阻垢、缓蚀剂加药量按式(6-7)计算。

$$G_r = Q_e \cdot q / 1\ 000 (N-1)$$ (6-7)

式中　G_r——系统运行时的加药量,kg/h;

Q_e——蒸发水量,m³/h;

Q——单位循环水的加药量(药品为商品浓度),mg/L;

N——循环水浓缩倍数。

注:当考虑药剂损耗时可乘以 1.10～1.15 的系数。

5. 加氯量

循环冷却水系统以液氯作为杀菌剂时,宜定期投加,每天投加 1～3 次,余氯量宜控制在 0.5～1.0 mg/L,并保持 2 小时,加氯量按式(6-8)计算。

$$G_c = Q \cdot q_c / 1\ 000$$ (6-8)

式中　G_c——加氯量,kg/h;

Q——循环冷却水量,m³/h;

q_c——加氯浓度,宜采用 2～4 mg/L。

6. 非氧化性杀菌剂加药量

循环冷却水系统采用非氧化性杀菌剂时,一般每月投加 1～2 次。

每次加药量按式(6-9)计算。

$$G_n = V \cdot q_n / 1\ 000$$ (6-9)

式中　G_n——非氧化性杀菌剂加药量,kg;

V——系统容积,m³;

q_n——非氧化性杀菌剂加药浓度 mg/L 由试验确定。

循环冷却水系统加氯时宜与非氧化型杀菌剂配合使用。

6.7.3 循环冷却水水质处理设备选择

旁滤池(罐)宜选用节水型旁流过滤设备,旁滤池(罐)不另设置备用。

旁滤池(罐)总数不宜少于2座(个)。

需连续投加药剂的溶液槽的数量不应少于两个。溶液槽的总容积按药剂 8~24 h 耗量确定。溶液槽的材质可采用非金属或不锈钢材料。药剂的计量和投加采用计量泵,计量泵应有备用。

不需连续投加药剂的溶液槽的数量不应少于两个。溶液槽的总容积按 24 h 药剂耗量确定。溶液槽的材质可采用不锈钢或其他非金属材料。药剂的计量和投加采用计量泵。

需连续投加的药剂在现场可储存 7~15 d 的用量,在全厂仓库可存储 16~30 d 的用量(根据供货来源确定)。

循环水场加氯间宜设置氯气吸收设施。

每个循环水系统应设一套模拟监测换热器。监测数据包括腐蚀速率、结垢速率、污垢热阻等。

循环水水质主要控制指标宜设在线检测,并与控制、加药系统相连,其主要指示包括电导率、pH、自动加药时示踪剂浓度等。

6.8 循环水场控制及配电要求

循环冷却给水和回水管道应设流量、温度和压力指示仪表;补充水、旁滤水管道、排污水管道应设流量控制仪表。冷却塔风机的油温、油位、振动等参数应在控制室显示,同时油温、振动等参数宜在控制室设置报警。

循环水泵的吸水池应设液位计,并设低液位报警,吸水池的水位与补充水进水阀宜采用联锁控制。

循环水泵用电负荷等级根据工艺装置对循环水的供给要求确定。露天布置的泵、风机所配电机防护等级为 IP 54,绝缘等级为 F 级。腐蚀性环境应考虑电机的防腐要求。

6.9 循环水水质分析

6.9.1 水质日常检测项目

主要应检测:pH、硬度、碱度、钾离子、电导率、悬浮物、游离氯、药剂浓度。

6.9.2 根据具体要求增加检测项目

一般可以增加检测:微生物分析、垢层与腐蚀产物的成分分析、腐蚀速率测定、污垢热阻值测定、生物黏泥量测定、药剂质量分析等。

6.10　循环水场环境保护

循环水场设计中要注意环境保护内容。

（1）应考虑系统的药剂选择（阻垢缓蚀、杀菌剂）对环境的影响。

（2）应考虑当循环水系统的排污水、清洗和预膜的排水、旁滤池（罐）反冲洗水其水质超过排放标准时，能根据具体情况采取相应处理措施的手段。

（3）应结合全厂排水设施统一考虑，循环水系统因停车或紧急情况排出有高浓度物料冷却水的应急措施，不允许直接排放。

（4）冷却塔风机和水泵宜选用低噪声的产品，必要时冷却塔应有降低噪声措施。

（5）循环排污水应优先考虑作为回用水的水源。

第7章　给水排水水质标准选定

7.1　原水水质标准

1. 生产给水取水水源为地表水的水质指标(表 7 - 1)应不低于现行《地表水环境质量标准(GB 3838)》中Ⅳ类水域的水质规定。

表 7 - 1　生产给水取水水源为地表水的水质指标

序号	指标	限值
1	水温(℃)	人为造成的环槐水温变化应限制在:周平均最大温升≤1,周平均最大温降≤2
2	pH 值(无量纲)	6～9
3	溶解氧	≥3
4	高锰酸盐指数	≤10
5	化学需氧量(COD)	≤30
6	五日生化需氧量(BOD5)	≤6
7	氨氮($NH_3 - N$)	≤1.5
8	总磷(以 P 计)	≤0.3(湖、库 0.1)
9	总氮(湖、库,以 N 计)	≤1.5
10	铜	≤1.0
11	锌	≤2.0
12	氟化物(以 F—计)	≤1.5
13	硒	≤0.02
14	砷	≤0.1
15	汞	≤0.001
16	镉	≤0.005
17	铬(六价)	≤0.05
18	铅	≤0.05

序号	指标	限值
19	氰化物	≤0.2
20	挥发酚	≤0.01
21	石油类	≤0.5
22	阴离子表面活性剂	≤0.3
23	硫化物	≤0.5
24	粪大肠菌群(个/升)	≤20 000

2. 生产给水取水水源为地下水的水质指标(表7-2)应不低于现行《地下水质量标准(GB/T 14848)》中Ⅳ类水质量指标。

表 7-2　生产给水取水水源为地下水的水质指标

序号	指标	限值
1	色(度)	≤25
2	嗅和味	无
3	浑浊度(度)	≤10
4	肉眼可见物	无
5	pH	5.5～6.5,8.5～9
6	总硬度(以 $CaCO_3$ 计)/(mg/L)	≤550
7	溶解性总固体/(mg/L)	≤2 000
8	硫酸盐/(mg/L)	≤350
9	氯化物/(mg/L)	≤350
10	铁(Fe)/(mg/L)	≤1.5
11	锰(Mn)/(mg/L)	≤1.0
12	铜(Cu)/(mg/L)	≤1.5
13	锌(Zn)/(mg/L)	≤5.0
14	钼(Mo)/(mg/L)	≤0.5
15	钴(Co)/(mg/L)	≤1.0
16	挥发性酚类(以苯酚计)/(mg/L)	≤0.01
17	阴离子合成洗涤剂/(mg/L)	≤0.3
18	高锰酸盐指数/(mg/L)	≤10
19	硝酸盐(以 N 计)/(mg/L)	≤30
20	亚硝酸盐(以 N 计)/(mg/L)	≤0.1
21	氨氮(NH_4)/(mg/L)	≤0.5

序号	指标	限值
22	氟化物/(mg/L)	≤2.0
23	碘化物/(mg/L)	≤1.0
24	氰化物/(mg/L)	≤0.1
25	汞(Hg)/(mg/L)	≤0.001
26	砷(As)/(mg/L)	≤0.05
27	硒(Se)/(mg/L)	≤0.1
28	镉(Cd)/(mg/L)	≤0.01
29	铬(六价)(Cr6+)/(mg/L)	≤0.1
30	铅(Pb)/(mg/L)	≤0.1
31	铍(Be)/(mg/L)	≤0.001
32	钡(Ba)/(mg/L)	≤4.0
33	镍(Ni)/(mg/L)	≤0.1
34	滴滴涕/(μg/L)	≤1.0
35	六六六/(μg/L)	≤5.0
36	总大肠菌群/(个/升)	≤100
37	细菌总数/(个/毫升)	≤1 000
38	总α放射性/(Bq/L)	>0.1
39	总β放射性/(Bq/L)	>1.0

3. 生活给水水源水质指标(表7-3)应不低于现行《生活饮用水水源水质标准(CJ 3020)》

表7-3 生活给水水源水质指标

序号	指标	标准限值	
		一级	一级
1	色(度)	≤0.1	≤0.1
2	浑浊度(度)	≤1.0	≤1.0
3	嗅和味	≤1.0	≤1.0
4	pH值	≤0.002	≤0.004
5	总硬度(以 $CaCO_3$ 计)/(mg/L)	≤0.3	≤0.3
6	溶解铁/(mg/L)	<250	<250
7	锰(Mn)/(mg/L)	<250	<250
8	铜(Cu)/(mg/L)	<1 000	<1 000
9	锌(Zn)/(mg/L)	≤1.0	≤1.0

序号	指标	标准限值	
		一级	一级
10	挥发酚(以苯酚计)/(mg/L)	≤0.002	≤0.004
11	阴离子合成洗涤剂/(mg/L)	≤0.3	≤0.3
12	硫酸盐/(mg/L)	<250	<250
13	氯化物/(mg/L)	<250	<250
14	溶解性总固体/(mg/L)	<1 000	<1 000
15	氟化物/(mg/L)	≤1.0	≤1.0
16	氰化物/(mg/L)	≤0.05	≤0.05
17	砷(As)/(mg/L)	≤0.05	≤0.05
18	硒(Se)/(mg/L)	≤0.01	≤0.01
19	汞(Hg)/(mg/L)	≤0.001	≤0.001
20	镉(Cd)/(mg/L)	≤0.01	≤0.01
21	铬(六价)/(mg/L)	≤0.05	≤0.05
22	铅(Pb)/(mg/L)	≤0.05	≤0.07
23	银/(mg/L)	≤0.05	≤0.05
24	铍(Be)/(mg/L)	≤0.000 2	≤0.000 2
25	氨氮(以氮计)/(mg/L)	≤0.5	≤1.0
26	硝酸盐(以氮计)/(mg/L)	≤10	≤20
27	耗氧量(KMnO$_4$法)	≤3	≤6
28	苯并(α)芘/(μg/L)	≤0.01	≤0.01
29	滴滴涕/(μg/L)	≤1.0	≤1.0
30	六六六/(μg/L)	≤5.0	≤5.0
31	百菌清/(mg/L)	≤0.01	≤0.01
32	总大肠菌群/(个/升)	≤1 000	≤10 000
33	总α放射性/(Bq/L)	≤0.1	≤0.1
34	总β放射性/(Bq/L)	≤1.0	≤1.0

7.2 生产给水水质标准

生产给水的主要水质指标应符合下列要求(表7-4)。

表 7-4　生产给水主要水质指标

序号	指标	限值
1	色度(铂钴色度单位)	≤15
2	浑浊度(NTU—散射浊度单位)	≤1 特殊情况≤3
3	pH	6.5～8.5
4	Cl^-/(mg/L)	≤120
5	硫酸盐/(mg/L)	≤250
6	Fe^{2+}	≤0.3
7	溶解性总固体/(mg/L)	≤1 000
8	总硬度(以 $CaCO_3$ 计,mg/L)	≤450
9	耗氧量(COD_{Mn} 法,以 O_2 计,mg/L)	≤3 当水源限制,原水耗氧量>6 mg/L 时为≤5
10	Ca^{2+}/(mg/L)	<175

7.3　生活给水水质标准

生活给水的水质指标执行现行的《生活饮用水卫生标准(GB 5749)》的水质要求(表 7-5,表 7-6,表 7-7)。

表 7-5　生活给水的水质常规指标

序号	指标	限值
	微生物指标	
1	总大肠菌群/(MPN/100 mL 或 CFU/100 mL)	不得检出
2	耐热大肠菌群/(MPN/100 mL 或 CFU/100 mL)	不得检出
3	大肠埃希氏菌/(MPN/100 mL 或 CFU/100 mL)	不得检出
4	菌落总数/(CFU/mL)	≤100
	毒理指标	
5	砷(As)/(mg/L)	≤0.01
6	镉(Cd)/(mg/L)	≤0.005
7	铬(六价)/(mg/L)	≤0.05
8	铅(Pb)/(mg/L)	≤0.01
9	汞(Hg)/(mg/L)	≤0.001
10	硒(Se)/(mg/L)	≤0.01

序号	指标	限值
11	氰化物/(mg/L)	≤0.05
12	氟化物/(mg/L)	≤1.0
13	硝酸盐(以氮计)/(mg/L)	≤10 地下水源限制时为≤20
14	三氯甲烷/(mg/L)	≤0.06
15	四氯化碳/(mg/L)	≤0.002
16	溴酸盐(使用臭氧时)/(mg/L)	≤0.01
17	甲醛(使用臭氧时)/(mg/L)	≤0.9
18	亚氯酸盐(使用二氧化氯消毒时)/(mg/L)	≤0.7
19	氯酸盐(使用复合二氧化氯消毒时)/(mg/L)	≤0.7
感官性状和一般化学指标		
20	色度(铂钴色度单位)	≤15
21	浑浊度(散射挥烛度单位)NTU	≤1 水源与净水条件限制时为≤3
22	嗅和味	无异臭、异味
23	肉眼可见物	无
24	pH	6.5≤pH≤8.5
25	铝/(mg/L)	≤0.2
26	铁/(mg/L)	≤0.3
27	锰(Mn)/(mg/L)	≤0.1
28	铜(Cu)/(mg/L)	≤1.0
29	锌(Zn)/(mg/L)	≤1.0
30	氯化物/(mg/L)	≤250
31	硫酸盐/(mg/L)	≤250
32	溶解性总固体/(mg/L)	≤1 000
33	总硬度(以 $CaCO_3$ 计,mg/L)	≤450
34	耗氧量(COD Mn 法,以 O_2 计,mg/L)	≤3 当水源限制,原水耗氧量>6 mg/L 时,为≤5
35	挥发酚类(以苯酚计)/(mg/L)	≤0.002
36	阴离子合成洗涤剂/(mg/L)	≤0.3
放射性指标		
37	总 α 放射性/(Bq/L)	≤0.5
38	总 β 放射性/(Bq/L)	≤1.0

表 7-6　生活给水的消毒剂常规指标

序号	消毒剂名称	与水接触时间 /min	出厂水中限值 /(mg/L)	出厂水中余量 /(mg/L)	管网末梢水中余量 /(mg/L)
1	氯气及游离氯制剂 （游离氯）	≥30	4	≥0.3	≥0.05
2	一氯胺（总氯）	≥120	3	≥0.5	≥0.05
3	臭氧（O₃）	≥12	0.3	—	≥0.02 如加氯,总氯≥0.05
4	二氧化氯（ClO₂）	≥30	0.8	≥0.1	≥0.02

表 7-7　生活给水的水质非常规指标

序号	指标	限值
	微生物指标	
1	贾第鞭毛虫（个/10 升）	＜1
2	隐孢子虫（个/10 升）	＜1
	毒理指标	
3	锑/(mg/L)	≤0.005
4	钡/(mg/L)	≤0.7
5	铍/(mg/L)	≤0.002
6	硼/(mg/L)	≤0.5
7	钼/(mg/L)	≤0.07
8	镍/(mg/L)	≤0.02
9	银/(mg/L)	≤0.05
10	铊/(mg/L)	≤0.000 1
11	氯化氰（以 CN⁻ 计)/(mg/L)	≤0.07
12	一氯二溴甲烷/(mg/L)	≤0.1
13	一氯一溴甲烷/(mg/L)	≤0.06
14	二氯乙酸/(mg/L)	≤0.05
15	1,2-二氯乙酸/(mg/L)	≤0.03
16	二氯甲烷/(mg/L)	≤0.02
17	三卤甲烷(三氯甲烷、一氯二溴甲烷、二氯一溴甲烷、三溴甲烷的总和)	该类化合物中各种化合物的实测浓度与其各屈和) 自限值的比值之和不超过 1
18	1,1,1-三氯乙烷/(mg/L)	≤2.0
19	三氯乙酸/(mg/L)	≤0.1
20	三氯乙醛/(mg/L)	≤0.01

石油化工给水排水工程设计

序号	指标	限值
21	2,4,6-三氯酚/(mg/L)	≤0.2
22	三溴甲烷/(mg/L)	≤0.1
23	七氯/(mg/L)	≤0.000 4
24	马拉硫磷/(mg/L)	≤0.25
25	五氯酚/(mg/L)	≤0.009
26	六六六(总量)/(mg/L)	≤0.005
27	六氯苯/(mg/L)	≤0.001
28	乐果/(mg/L)	≤0.08
29	对硫磷/(mg/L)	≤0.003
30	灭草松/(mg/L)	≤0.3
31	甲基对硫磷/(mg/L)	≤0.02
32	百菌清/(mg/L)	≤0.01
33	呋喃丹/(mg/L)	≤0.007
34	林丹/(mg/L)	≤0.002
35	毒死蜱/(mg/L)	≤0.03
36	草甘膦/(mg/L)	≤0.7
37	敌敌畏/(mg/L)	≤0.001
38	秀去津/(mg/L)	≤0.002
39	溴氰菊酯/(mg/L)	≤0.02
40	2,4-滴丁酯/(mg/L)	≤0.03
41	滴滴涕/(mg/L)	≤0.001
42	乙苯/(mg/L)	≤0.3
43	二甲苯(总量)/(mg/L)	≤0.5
44	1,2-二氯乙烯/(mg/L)	≤0.03
45	1,2-二氧乙烷/(mg/L)	≤0.05
46	1,2-二氯苯/(mg/L)	1
47	1,4-二氯苯/(mg/L)	≤0.3
48	三氯乙烯/(mg/L)	≤0.07
49	三氯苯(总量)/(mg/L)	≤0.02
50	六氯丁二烯/(mg/L)	≤0.000 6
51	丙烯酰胺/(mg/L)	≤0.000 5
52	四氯乙烯/(mg/L)	≤0.04

序号	指标	限值
53	甲苯/(mg/L)	≤0.7
54	邻苯二甲酸二(2-乙基己基)酯/(mg/L)	≤0.008
55	环氧氯丙烷/(mg/L)	≤0.000 4
56	苯/(mg/L)	≤0.01
57	苯乙烯/(mg/L)	≤0.02
58	苯并(α)芘/(mg/L)	≤0.000 01
59	氯乙烯/(mg/L)	≤0.005
60	氯苯/(mg/L)	≤0.3
61	微囊藻毒素-LR/(mg/L)	≤0.001
感官性状和一般化学指标		
62	氨氮(以 N 计)/(mg/L)	≤0.5
63	硫化物/(mg/L)	≤0.02
64	钠/(mg/L)	≤200

7.4 循环冷却水水质标准

1. 敞开式循环冷却水系统的水质指标应根据换热设备的结构形式、材质、工况条件、污垢热阻值、腐蚀速率并结合水处理药剂配方等综合因数确定(表 7-8)。当无实验数据与成熟经验时,执行现行《工业循环冷却水处理设计规范(GB 50050)》的水质控制指标。

表 7-8　敞开式循环冷却水系统水质指标及限值

指标	单位	要求或使用条件	限值
浊度	NTU	根据生产工艺条件确定	≤20
		换热设备为板式、翅片管式、螺旋板式	≤10
pH			6.5～9.5
钙硬度+甲基橙碱度 (以 CaCO$_3$ 计)	mg/L	碳酸钙稳定指数 RSI≥3.3	≤1 100
		传热面水侧壁温大于 70℃	钙硬度<200
总铁	mg/L		≤1.0
Cu^{2+}	mg/L		≤0.1
Cl$^-$	mg/L	碳钢、不锈钢换热设备,水走管程	≤1 000 注
		不锈钢换热设备,水走壳程,传热面水侧壁温不大于 70℃冷却水出水温度小于 45℃	≤700 注

续表

指标	单位	要求或使用条件	限值
$SO_4^{2+} + Cl^-$	mg/L		$\leqslant 2\ 500$
硅酸(以 SiO_2 计)	mg/L		$\leqslant 175$
$Mg^{2+} \times SiO_2$ (Mg^{2+} 以 $CaCO_3$ 计)	mg/L	$pH \leqslant 8.5$	$\leqslant 50\ 000$
游离氯	mg/L	循环回水总管处	$0.2 \sim 1.0$
$NH_3 - N$	mg/L	铜合金换热设备	$\leqslant 10$
石油类	mg/L	煤制油	$\leqslant 10$
		煤化工	$\leqslant 5$
CODcr	mg/L		$\leqslant 100$

注:项目水源确定后,可根据设计补给水 Cl^- 的水质加权平均数据,通过离子平衡分析,适当的调低控制指标限值。

2.闭式循环冷却水系统的水质指标应根据系统特性和用水设备的要求确定,并宜符合表 7-9 的规定。

表 7-9 闭式循环冷却水系统水质指标及限值

适用对象	水质指标		
	项目	单位	限值
火力发电厂发电机内水冷系统	电导率(25℃)	$\mu s/cm$	$\leqslant 2$
	pH(25℃)		$7.0 \sim 9.0$
	含铜量	$\mu g/L$	$\leqslant 40$
其他闭式系统	电导率(25℃)	$\mu s/cm$	$\leqslant 10$
	pH(25℃)		$8.0 \sim 9.0$

注1:投加阻垢缓蚀剂后,电导率将比表中数值升高。
注2:闭式循环冷却水系统采用除盐水作为补充水。

3.敞开式系统循环冷却水的菌藻控制指标,宜符合下列要求。
(1) 异养菌总数 $\leqslant 1 \times 105$ 个/毫升;
(2) 铁细菌总数 $\leqslant 100$ 个/毫升;
(3) 硫酸盐还原菌数 $\leqslant 50$ 个/毫升;
(4) 粘泥量 $\leqslant 3\ mL/m^3$。
4.敞开式循环冷却水系统设备传热面水侧污垢热阻值应小于 $3.44 \times 10^{-4} m^2 \cdot K/W$。
5.闭式循环冷却水系统设备传热面水侧污垢热阻值应小于 $0.86 \times 10^{-4} m^2 \cdot K/W$。
6.敞开式、闭式循环冷却水系统,碳钢设备传热面水侧腐蚀速率均应小于 $0.075\ mm/a$,铜合金和不锈钢设备传热面水侧腐蚀速率均应小于 $0.005\ mm/a$。

7.5 污水水质标准

1. 工厂外排污水水质应符合现行《污水综合排放标准(GB 8978)》的规定和环境影响评价报告批复的控制要求。

2. 装置或单元排出界区外的生产污水,其含有的第一类污染物,不分行业和污水排放方式,也不分受纳水体的功能类别,一律在车间或车间处理设施排放口采样,经预处理后其最高允许排放浓度必须达到《污水综合排放标准(GB 8978)》的要求。具体控制指标如下表7-10。

表7-10 污染物最高允许排放浓度 单位:mg/L

序号	污染物	最高允许排放浓度
1	总汞	0.05
2	烷基汞	不得检出
3	总镉	0.1
4	总铬	1.5
5	六价铬	0.5
6	总砷	0.5
7	总铅	1.0
8	总镍	1.0
9	苯并(a)芘	0.000 03

3. 装置或单元的生产污水进入全厂性集中污水处理场之前,除满足表7-10的要求外,部分污染物指标通常还应符合集中污水处理装置的接管标准。

(1) 表7-11规定了一般性控制指标。

表7-11 污水处理场进水受控污染物及其控制指标

	污水处理场进水受控污染物及其控制指标	单位	限值
1	污水中含有可能会引起在系统中发生火灾或爆炸风险的物质,包括但不限于诸如汽油、苯、石脑油、燃料油或其他的液体、固体或气体等		禁止
1(a)	闪点要小于	℃	60
1(b)	爆炸极限低于	% LEL	5
2	会阻碍污水流入污水处理场的固体或黏性物质(在操作时不允许将坚硬的粒状物排到污水处理场)	mm	6
3	在污水处理场内的有毒气体,蒸汽或难闻的气味,其数量上可能会导致工人健康和安全问题的污染物质		禁止

石油化工给水排水工程设计

	污水处理场进水受控污染物及其控制指标	单位	限值
4	含有不能通过处理工艺去除的色度,从而会影响废水处理场出水色度的污水		禁止
5	个别或组合的组分会对污水处理场的生物会产生抑制、毒性的废水,或处理场的出水不能通过毒性测试的废水		禁止
6	洗涤剂,表面活性物质,可能会导致大量泡沫产生的聚合物,在污水处理场会损失氧传递效率且/或污泥絮凝性能		禁止
6(a)	亚甲蓝活性物质	mg/L	1
7	达到一定数量,会使污泥絮凝沉淀性能变差的各类物质(诸如,螯合剂,阻垢剂,缓释剂等)		禁止
8	水温	℃	40(注①)
9	色度	倍	50
10	易沉固体	mL/L · 15 min	10
11	悬浮物(SS)	mg/L	200
12	总溶解性固体(注②)	mg/L	800
13	动植物油	mg/L	100
14	石油类(注②)	mg/L	20
15	pH 值		6~9(注③)
16	化学需氧量(CODcr)(注②)	mg/L	500
17	BOD5/CODcr		≥0.3
18	氨氮(以 N 计)(注②)	mg/L	45
19	总磷(以 P 计)	mg/L	8
20	阴离子表面活性剂(LAS)	mg/L	20
21	总氰化物(注②)	mg/L	0.5
22	硫化物(注②)	mg/L	1
23	氟化物	mg/L	20
24	氯化物	mg/L	200
25	硫酸盐	mg/L	400
26	总铜	mg/L	2.0
27	总锌	mg/L	5.0
28	总锰	mg/L	5.0
29	总铁	mg/L	10
30	挥发酚(注②)	mg/L	1

污水处理场进水受控污染物及其控制指标		单位	限值
31	苯胺类	mg/L	5
32	硝基苯类	mg/L	5
33	氯苯	mg/L	10

注1：根据热量平衡，个别装置水量较小时，该指标可适当考虑放宽；或通过技术经济比较，可考虑设置全厂性的降温预处理设施；污水厂内生物处理构筑物进水的水温宜为 10～37℃。

注2：对于装置或单元排出的特殊工艺污水，其主要污染物和特征污染物控制指标限值执行表 7-12 中规定的标准。

注3：如果全厂性集中污水处理场设有中和预处理设施，用于全厂酸、碱废水的中和，单元装置排出废水 pH 值可放宽到 5～10；污水厂内生物处理构筑物进水的 pH 值宜为 6.5～9.5。

（2）装置或单元排出的特殊工艺污水，其主要污染物和特征污染物界区排放控制指标应符合表 7-12 中的规定。达不到相关要求的宜进行预处理，然后排入全厂性集中污水处理场。

表 7-12　特殊工艺污水受控污染物及其控制指标

特殊污水名称	受控污染物	控制指标
含硫污水	硫化物	≤50 mg/L
	氨氮 NH_3-N	≤100 mg/L
气化污水	化学需氧量（CODcr）	≤800 mg/L 或专利商承诺的保证值
	氨氮 NH_3-N	≤350 mg/L 或专利商承诺的保证值
	挥发酚	≤50 mg/L
	CN^-	≤20 mg/L 或专利商承诺的保证值
	总溶解性固体（TDS）	≤2 200 mg/L
MTO 净化工艺污水	化学需氧量（CODcr）	≤1 000 mg/L 或专利商承诺的保证值
	石油类（CODcr）	≤50 mg/L 或专利商承诺的保证值
含煤废水	SS	≤10 mg/L
地面冲洗水/取样冷却器、机泵冲洗废水	石油类	≤200 mg/L
煤制油含油污水（污水场内有除油设施）	石油类	≤500 mg/L

（3）对于其他全厂污水外排受限的组分，待全厂水质、水量平衡完成后，再明确是否还须满足相关指标的控制要求。

4. 进入全厂集中污水处理装置生物处理构筑物综合污水，其有害物质不宜超过表 7-13 中规定的允许浓度。

表 7-13　生物处理构筑物进水中有害物质允许浓度。

序号	有害物质名称	允许浓度/(mg/L)
1	三价铬	3
2	六价铬	0.5
3	铜	1
4	锌	5
5	镍	2
6	铅	0.5
7	镉	0.1
8	铁	10
9	锑	0.2
10	汞	0.01
11	砷	0.2
12	石油类	50
13	烷基苯磺酸盐	15
14	拉开粉	100
15	硫化物(以 S 计)	20
16	氯化钠	4 000

注:表列允许浓度为持续性浓度,一般可按日平均浓度计。

7.6　再生回用水水质标准

1.再生回用水水质应根据用水对象的水质要求确定,再生水分为初级再生水和优质再生水。

2.初级再生水指污水经适当处理后,成为适于开式循环冷却水补水、烟气脱硫用水、景观、灌溉、清洗、冲厕等用途的再生水。初级再生水的主要水质标准参考现行(GB 50335)《污水再生利用工程设计规范》、(GB 50050)《工业循环冷却水处理设计规范》、(HG/T3923)《循环冷却水冷却用再生水水质标准》及《炼油化工企业污水回用管理导则》的有关规定,结合煤化工项目的特点确定。推荐的水质标准见表 7-14。

表 7-14 初级再生水水质标准

项目	单位	数值
温度	℃	常温
pH 值(25℃)		6.5～8.5
浊度	NTU	≤3
悬浮物	mg/L	≤5
溶解固体含量	mg/L	≤800(注)
总硬度(以 $CaCO_3$ 计)	mg/L	≤250
总碱度(以 $CaCO_3$ 计)	mg/L	≤300
BOD5	mg/L	≤5.0
CODcr	mg/L	≤50.0
总铁(以 Fe 计)	mg/L	≤0.2
锰	mg/L	≤0.2
氯离子	mg/L	≤200(注)
硫酸盐(以 SO_4^{2-} 计)	mg/L	≤300(注)
硫化物	mg/L	≤0.1
氨氮(NH_3-N)	mg/L	≤5.0(换热器有铜管时为 1)
石油类	mg/L	≤1
挥发酚	mg/L	≤0.5
游离余氯	mg/L	末端 0.1～0.2
总磷(以 P 计)	mg/L	≤1
细菌总数	个/升	≤100 000
电导率	μs/cm	≤1 200(注)

注:表中所列的控制指标为最低的要求,待全厂水平衡、盐平衡及离子平衡完成后,再明确是否需要提高相关指标的控制标准。

3. 优质再生水指污水经深度处理后,成为可以替代原来进除盐水站的新鲜水,优质再生水的最低水质接近中压锅炉水的水质指标,其含盐量等水质指标优于新鲜水。优质再生水可替代新鲜水用于工业用水中的除盐水站用水、冲洗用水、采暖热网补充水、闭式循环冷却水补充水、工艺用水等。典型的水质控制指标见表 7-15。

表 7-15 优质再生水水质控制参考指标

项目	单位	数值
pH	—	6.5～7.2
电导率	μS/cm	≤100

续表

项目	单位	数值
总溶解固体(TDS)	mg/L	≤50
浊度	NTU	≤0.3
总悬浮固体(TSS)	mg/L	≤0.1
总硬度(CaCO₃ 计)	mg/L	≤3
碱度(以 CaCO₃ 计)	mg/L	≤20
色度	色度单位	<5
BOD5	mg/L	<0.5
CODMn	mg/L	≤2
氟化物	mg/L	<0.1
氯化物	mg/L	≤10
硫酸盐(以 SO₄ 计)	mg/L	≤10
氨氮	mg/L	≤0.1
硝酸盐氮	mg/L	<0.02
磷酸盐(以 P 计)	mg/L	<0.02
硅(以 SiO₂ 计)	mg/L	<0.4
氰化物	mg/L	未检出
钠	mg/L	<20
铁	mg/L	<0.02
铝	mg/L	<0.01
铜	mg/L	<0.01
锰	mg/L	<0.01
锌	mg/L	<0.01
砷	mg/L	未检出
铅	mg/L	未检出
硒	mg/L	未检出
汞	mg/L	未检出
总有机碳	mg/L	≤1
油	mg/L	0.3
亚甲基蓝活性物质	mg/L	1.0

注:表列的控制指标为一般要求,待全厂水平衡、盐平衡及离子平衡完成后,再根据用户需要,可分不同等级优质再生水调整相关控制指标。

第8章 给水排水工程消耗计算规定

8.1 物料消耗量统计原则

(1) 物料消耗量统计应遵守物料平衡的原则。

(2) 应根据物料消耗量的不同用途,采用不同的统计方法。

(3) 物料消耗量,应按最终产品的物料实际消耗量进行统计。

(4) 物料消耗量,不应按设备容量计算,应按设备的实际消耗量计算。

(5) 物料实际消耗量,不应统计未预见消耗量和预留消耗量。

8.2 全厂用水消耗量统计方法

(1) 用于选择管径的水力计算和确定供水能力时,全厂用水的消耗量,应按最高日最高时的用水量计算,应考虑未预见水量和预留水量。

(2) 用于统计全厂物料单位实耗量时,应按全年的实耗量进行统计,不应统计未预见水量和预留水量。

8.3 主体单元物料消耗量统计方法

8.3.1 净水场

1. 用水消耗量

(1) 净水场最高日最高时用水消耗量,应通过水量平衡确定;

(2) 净水场用水实耗量,应按沉淀池排泥消耗量、过滤池反冲洗水量、加药水量、生活用水量与漏失水量之和进行统计,不应统计未预见水量和预留水量;当无资料时,可按每处理 $1\ m^3$ 水消耗 $0.05\sim0.1\ m^3$ 水量进行计算。

2. 蒸汽实耗量,应等于采暖用汽与加热用汽之和,并按年消耗量进行统计。采暖用汽实耗量由暖通专业提供。

3. 用风消耗量应等于滤池反冲洗用风量与仪表用风量之和,并按全年标准状态下的用量进行统计。仪表用风量由自控专业提供。

4. 药剂消耗量应符合下列规定。

（1）混凝剂、助凝剂和消毒剂等实耗量，应根据原水水质情况和相似条件下的运行经验或通过试验确定；

（2）药剂实耗量，应按全年商品药剂实耗量进行统计，不应按有效成分进行统计；

（3）选择加药设备的实际消耗量统计时，应按最高日最高时的消耗量进行统计。

5. 用电消耗量应符合下列规定。

（1）用电实耗量，应按用电设备（机泵）的轴功率进行统计；应根据全年实耗量进行统计；

（2）提供给电气专业的电负荷，应按用电设备的最大轴功率进行统计，并说明全年操作运行的小时数。

6. 全年工作小时数可按工厂年开工小时数计算。

8.3.2 循环水场

1. 用水消耗量应符合下列规定。

（1）循环冷却水系统设计补充水量，应按照同类企业的实际补水率与设计水量确定；当缺乏资料时，可通过计算确定，并应满足本书 6.2.2 节的规定。

循环冷却水系统补水率应按式（8-1）计算。

$$k_4 = Q_m/Q \tag{8-1}$$

式中　k_4——补水率；

　　Q_m——补充水量，m^3/h；

　　Q——循环水量，m^3/h。

（2）用水实耗量，应按循环水实耗量和全年工作小时数，逐时统计年用水量；当无条件时，可按计算最大用水消耗量的 75%～85% 统计。

2. 用电消耗量应符合下列规定。

（1）应按用电设备轴功率负荷进行统计；

（2）用电实耗量可按用电设备轴功率负荷与全年用电小时数进行统计。

3. 水质稳定剂实耗量、消毒剂实耗量，应按年用量进行统计。水质稳定剂按年补水量进行统计，消毒剂按投加量、投加时间和投加次数进行统计。

4. 阻垢剂、缓蚀剂、消毒剂的消耗量计算

（1）循环冷却水系统阻垢缓蚀剂的投加量，宜按本书 6.7.2 节计算；

（2）当循环水的钙硬度与碱度之和大于 1 100 mg/L，且稳定指数小于 3.3 时，宜加酸处理或软化处理。

循环水的稳定指数应按式（8-2），式（8-3）计算：

$$RSI = 2pHs - pH \tag{8-2}$$

$$pH = 1.8 lg \cdot Mr/100 + 7.70 \tag{8-3}$$

式中　pHs——循环冷却水碳酸钙饱和时的 pH 值；

　　pH——循环冷却水的实际运行时的 pH 值；

　　Mr——循环冷却水的碱度，mg/L，（以 $CaCO_3$ 计）。

（3）当循环冷却水系统采用加酸处理时，宜采用浓硫酸。硫酸投加量宜按式（8-4）计算：

$$A_c = (M_m - M_{cr}/N) \cdot Q_m/1\ 000 \tag{8-4}$$

式中 A_c——硫酸投加量,kg/h,(纯度为98%);

M_{cr}——循环冷却水运行控制的碱度,mg/L,(以 $CaCO_3$ 计);

M_m——循环冷却水补充水的碱度,mg/L,(以 $CaCO_3$ 计)。

(4)氧化型杀微生物剂宜采用次氯酸盐、液氯、二氧化氯、无机溴化物等。投加模式可采用连续式,并应符合下列规定。

① 次氯酸盐及液氯宜采用连续投加,投加量可按0.5~1.0 mg/L(按循环水量计)计算,余氯控制量宜为0.1~0.5 mg/L;当采用冲击投加时,应为1~3次/天,投加量应为2~4 mg/L,每次投加时间应保持2~3 h,余氯控制量应为0.5~1 mg/L。

② 二氧化氯宜采用连续投加,并宜采用化学法现场制备,投加量应为0.2~0.6 mg/L,剩余总有效氯应控制在0.2~0.4 mg/L。

③ 无机溴化物宜采用现场活化后连续投加,余溴控制量应为0.2~0.5 mg/L(以 Br_2 计)。

(5)氧化型杀微生物剂连续投加时,投加设备的能力应满足冲击式投加量的要求,投加量可按式(8-5)计算。

$$G_o = Q \cdot g_o / 1\,000 \tag{8-5}$$

式中 G_o——投加量,kg/h;

g_o——单位循环水加药量,mg/L。

(6)非氧化型杀微生物剂,宜根据微生物监测数据不定期投加。每次加药量可按式(8-6)计算。

$$G_n = V \cdot g_n / 1\,000 \tag{8-6}$$

式中 G_n——加药量,kg;

g_n——循环水单位容积非氧化型杀微生物剂的投加量,mg/L。

5.蒸汽和风的实耗量,应按全年用量进行统计。采暖用蒸汽由暖通专业提供。

6.用风消耗量应等于仪表用风量之和,并按全年标准状态下的用量进行统计。仪表用风量由自控专业提供。

7.全年工作小时数可按工厂年开工小时数计算。

8.3.3 雨水(污水)提升泵站

1.雨水提升泵站用电消耗量应符合下列规定:

(1)设备用电消耗量,应按用电最大小时轴功率与用电小时数的乘积进行统计;

(2)用电实耗量,应按年用电实耗量进行统计。

2.污水提升泵站用电消耗量应符合下列规定:

(1)设备用电消耗量,应按用电最大小时轴功率与用电小时数的乘积进行统计;

(2)用电实耗量,应按年用电实耗量进行统计。

8.3.4 污水处理场

1.用水实耗量,应按全年工作小时数,统计出年用水量。全年工作小时数可按工厂年开工小时数计算。

2.用电消耗量应符合下列规定。

(1)用电实耗量,应按用电设备(机泵)的轴功率进行统计;应根据全年实耗量进行统计。

（2）提供给电气专业的电负荷,应按用电设备的最大轴功率进行统计,并说明全年操作运行的小时数。

3.蒸汽耗量应符合下列规定。

（1）污水处理场蒸汽耗量,应按全年污油罐蒸汽实耗量、污油管道伴热蒸汽实耗量、隔油池蒸汽实耗量和采暖蒸汽耗量等之和统计。采暖蒸汽耗量可由暖通专业提供。

（2）污油脱水罐蒸汽消耗量应通过计算确定。污油罐加热所需要的蒸汽耗量,若无资料,用于初步估算时,可按每处理一吨污水的蒸汽耗量为 0.2～0.4kg。

（3）输送污油管道伴热蒸汽耗量,可按估算数据采用,见表 8-1。

表 8-1 伴热管道蒸汽耗量估算值

伴热管径/DN	伴热管长度/m	蒸汽耗量/(kg/h)
15	60	30～50
20	120	50～100
25	150	100～200

（4）隔油池加热蒸汽耗量,应按照污油升温加热的方法进行计算。若无资料时,可按照加热隔油池面积 1 m²,单位时间蒸汽耗量为 0.2～0.5kg/(m²·h)数值进行统计。平流隔油池加热面积,可按其池表面积的 1/7～1/6 进行计算。斜板隔油池加热面积,可按其全部表面积进行计算。加热时间按年工作时间的 1/6～1/4 计算。

4.用风消耗量应等于仪表用风量之和,并按全年标准状态下的用量进行统计。仪表用风量由自控专业提供。

5.药剂消耗量应符合下列规定。

（1）混凝剂、助凝剂和消毒剂等实耗量,应根据水质情况和相似条件下的运行经验或通过试验确定;

（2）药剂实耗量,应按全年商品药剂实耗量进行统计,不应按有效成分进行统计;

（3）选择加药设备的实际消耗量统计时,应按最高日最高时的消耗量进行统计。

8.4 物料单位实耗量统计方法

8.4.1 用水单位实耗量

用水单位实耗量可以按式(8-7)计算。

$$q_s = Q/W \qquad (8-7)$$

式中 q_s——新鲜水(生产水、循环水)单位用水实耗量,m³/t,(每吨原油或产品);

Q——新鲜水(生产水、循环水)年用水实耗量,m³/a;

W——年原油加工量,t/a;或年产品量,t/a。

8.4.2 用蒸汽单位实耗量

用蒸汽单位实耗量可以按式(8-8)计算。

$$q_z = G/Qa \qquad (8-8)$$

式中　q_z——用蒸汽单位实耗量,t/m^3（水）；

　　　G——年蒸汽实耗量,t/a；

　　　Q_a——年处理水量,m^3/a；

8.4.3　用电单位实耗量

用电单位实耗量可以按式(8-9)计算。

$$q_d = P/Q_b \qquad (8-9)$$

式中　q_d——用电单位实耗量,kW/m^3；

　　　P——年用电实耗量,kW/a；

　　　Q_b——年处理水量,m^3/a。

8.4.4　用风单位实耗量

用风单位实耗量可以按式(8-10)计算。

$$q_f = F/Q_b \qquad (8-10)$$

式中　q_f——用风单位实耗量,Nm^3/m^3；

　　　F——年用风实耗量,Nm^3/a；

　　　Q_b——年处理水量,m^3/a。

第9章 给水排水管道设计

给水排水管道配管设计是一项复杂而烦琐的工作,首先要对给水排水工艺流程充分理解,合理运用水力学、材料、管道力学的相关知识,确定管径、管道材料等基本要素;同时需要熟练掌握给水排水管道布置的原则和要求,科学合理的布置管道;另外,还要对总图、结构、建筑等相关专业的知识有所了解,和其他专业充分配合,避免碰撞,才能更好地完成给水排水管道的配管设计工作。

9.1 给水排水管材、阀门和接口

9.1.1 一般要求

给水排水管道材料的选择,应根据压力、温度、水质、管径、厂区地形、地质、地下水位、施工条件、管材供应等条件,按照运行安全、经济合理、施工方便的原则确定。

给水排水管道材料按输送方式可分为两类:一类为有压管道;另一类为无压管道,即重力流管道。

给水系统采用的管道组成件,应符合国家现行有关产品标准的要求;管道组成件的工作压力不得大于产品标准公称压力或标称的允许工作压力。

9.1.2 管道材料的选择

石油化工压力流管道管材选择,宜按下列要求选用。

(1)生活给水管地上敷设时,宜采用给水塑料管、塑料和金属复合管、热浸镀锌钢管等;

(2)生活给水管道埋地敷设时,宜采用给水塑料管、塑料和金属复合管或热浸镀锌钢管、球墨铸铁管等;

(3)生产给水(新鲜水)、循环水、消防给水管道,宜采用钢管;

(4)回用水、压力流污水管道等,宜采用塑料和金属复合管等抗腐蚀管材;

(5)原水输送管道宜采用钢管、非金属材料管、球墨铸铁管、预应力钢筋混凝土管等。

石油化工重力流管道的材质选择,宜按下列要求选用:

(1)生活排水埋地管道,宜采用塑料管、承插式混凝土管、钢筋混凝土管、球墨铸铁管等;

(2)生产污水、清洁废水等埋地管道,宜采用球墨铸铁管、塑料管、玻璃钢管等;

(3)雨水、污染雨水管道,宜采用混凝土管、钢筋混凝土管、塑料管、玻璃钢夹砂管等;

(4)建筑内部排水管道宜采用建筑排水塑料管及管件、柔性接口机制排水铸铁管及相应管件。

输送有腐蚀性介质的管道,根据介质性质、敷设方式,应采用耐腐蚀性管材或在管道内壁采取防腐蚀措施。

以下情况应采用热浸镀锌钢管或内涂塑热浸镀锌钢管。

(1) 报警阀后喷淋管道;

(2) 罐区控制阀后及储罐上设置的消防冷却水管道。

泡沫原液管道采用流体输送用不锈钢无缝管。输送药液、消毒剂等管道的材质宜符合下列要求。

(1) 水质处理的加药管道宜采用聚氯乙烯管或不锈钢管;

(2) 液氯管道宜采用加厚无缝钢管或铜管;

(3) 氯水管道宜采用聚氯乙烯管或工程塑料管(ABS);

(4) 输送药液的管道,在寒冷地区需伴热时,不宜采用塑料管。

管道穿越厂区铁路和主要道路,当不设套管时,应符合下列要求。

(1) 压力流管道宜采用钢管;

(2) 重力流管道宜采用球墨铸铁管或预应力钢筋混凝土管。

管道公称直径(mm)应按以下系列优先选用:15,20,25,32,40,50,65,80,100,150,200,250,300,350,400,450,500,600,700,800,900,1 000,1 200,1 400,1 600,1 800,2 000。

管道壁厚应根据管道介质的压力、温度、外部荷载、腐蚀裕量及是否产生水锤确定。金属管道的壁厚通常应经过计算,参考管标号选择确定,影响管道壁厚确定的因素包括压力、温度、管材特性、外部荷载、腐蚀裕量等。非金属管道的壁厚应考虑压力、温度折减系数、管道环刚度等方面的因素,同时参照行业标准确定。

弯头、三通、异径管及法兰等管件和阀门的压力等级、材质及壁厚应与连接管道相一致或相匹配。

9.1.3 阀门设置与选型

给水管道的下列部位应设置阀门。

(1) 由干管接至装置或单元的管道;

(2) 室内给水的进户管;

(3) 两根及两根以上输水管道的分段和连通处;

(4) 厂区环状管网的分段和分区处;

(5) 穿越或跨越铁路和河流的管道上游侧。

在生产装置、罐区排水管道(沟)的出口处及防止排水倒流的管道出口处宜设置阀门。

压力流管道的隆起点和平直段的必要位置上,应设排(进)气阀;低处应设泄水阀。其数量和直径应通过计算确定。管段放空时间如何确定,因受管径大小和长短、检修时间和检修力量强弱等因素影响,不能一概而论,就其厂内管网而言,建议按控制段的放空时间不超过2~4 h来确定。

输水管(渠)、配水管道的通气设施是管道安全运行的中央措施。通气设施一般采用空气阀,其设置(位置、数量、形式、口径)可根据管线纵向布置等分析研究确定,一般在管道的隆起点上必须设置空气阀,在管道的平缓段,根据管道安全运行的要求,一般间隔1 000 m左右设一处空气阀。配水管道空气阀设置可根据工程需要确定。管径大于等于800 mm给水管道上的阀门直径可比管径小一级。

建筑给水管道的下列部位应设置阀门。

（1）小区给水管道从城镇给水管道的引入管段上；

（2）小区室外环状管网的节点处，应按分隔要求设置；环状管段过长时，宜设置分段阀门；

（3）从小区给水干管上接出的支管起端或接户管起端；

（4）入户管、水表前和各分支立管；

（5）室内给水管道向住户、公用卫生间等接出的配水管起端；

（6）水池（箱）、加压泵房、加热器、减压阀、倒流防止器等处应按要求配置。

给水管道上使用的阀门，应根据使用要求按下列原则选择阀门类型。

（1）需调节流量、水压时，宜采用调节阀、截止阀；

（2）要求水流阻力小的部位宜采用闸阀、球阀；

（3）安装空间小的场所，宜采用蝶阀、球阀；

（4）水流需双向流动的管段上，不得使用截止阀；

（5）口径较大的水泵，出水管段上宜采用多功能阀。

给水管道的下列部位应设置止回阀。

（1）直接从城镇给水管网接入小区或建筑物的引入管上；

（2）密闭的水加热器或用水设备的进水管上；

（3）每台水泵出水管上；

（4）进出水管合用一条管道的水箱、水塔和高地水池的出水管段上。

止回阀的类型选择，应根据止回阀的安装位置、阀前水压、关闭后的密闭性能要求和关闭时引发的水锤大小等因素确定，并应符合下列要求。

（1）阀前水压小的部位，宜选用旋启式、球式和梭式止回阀；

（2）关闭后密闭性能要求严密的部位，宜选用有关闭弹簧的止回阀；

（3）要求削弱关闭水锤的部位，宜选用速闭消声止回阀或有阻尼装置的缓闭止回阀；

（4）止回阀的阀瓣或阀芯，应能在重力或弹簧作用下自行关闭；

（5）管网最小压力或水箱最低水位应能自动开启止回阀。

倒流防止器设置位置应满足下列要求。

（1）不应装在有腐蚀性和污染的环境；

（2）排水口不得直接接至排水管，应采用间接排水；

（3）应安装在便于维护的地方，不得安装在可能结冻或被水淹没的场所。

真空破坏器设置位置应满足下列要求。

（1）不应装在有腐蚀性和污染的环境；

（2）应直接安装于配水支管的最高点，其位置高出最高用水点或最高溢流水位的垂直高度，压力型不得小于 300 mm，大气型不得小于 150 mm；

（3）真空破坏器的进气口应向下。

给水管网的压力高于配水点允许的最高使用压力时，应设置减压阀，减压阀的配置应符合下列要求。

（1）比例式减压阀的减压比不宜大于 3：1；当采用减压比大于 3：1 时，应避开气蚀区。可调式减压阀的阀前和阀后的最大压差不宜大于 0.4 MPa，要求环境安静的场所不应大于

0.3 MPa;当最大压差超过规定值时,宜串联设置。

(2)阀后配水件处的最大压力应按减压阀失效情况下进行校核,其压力不应大于配水件的产品标准规定的水压试验压力;当减压阀串联使用时,按照其中一个失效情况下,计算阀后最高压力;配水件的试验压力应按其工作压力的1.5倍计。

(3)减压阀前的水压宜保持稳定,阀前的管道不宜兼作配水管。

(4)当阀后压力允许波动时,宜采用比例式减压阀;当阀后压力要求稳定时,宜采用可调式减压阀。

(5)当在供水保证率要求高、停水会引起重大经济损失的给水管道上设置减压阀,宜采用两个减压阀,并联设置,不得设置旁通管。

减压阀的设置应符合下列要求。

(1)减压阀的公称直径宜与管道管径相一致;

(2)减压阀前应设切断阀和过滤器;需拆卸阀体才能检修的减压阀后,应设管道伸缩器;检修时阀后水会倒流时,阀后应设切断阀;

(3)减压阀前后应装设压力表;

(4)比例式减压阀宜垂直安装,可调式减压阀宜水平安装;

(5)减压阀应布置在便于管道过滤器的排污和减压阀检修的位置,宜设有排水设施。

当给水管网存在短时超压工况,且短时超压会引起使用不安全时,应设置泄压阀。泄压阀前应设切断阀;泄压阀的泄水口应连接管道,泄压水宜排入非生活用水水池,当直接排放时,可排入集水井或排水沟。安全阀前不得设置切断阀,泄压口应连接管道将泄压水(气)引至安全地点排放。

给水管道的下列部位应设置排气装置。

(1)间歇性使用的给水管网,其管网末端和最高点应设置自动排气阀;

(2)给水管网有明显起伏积聚空气的管段,宜在该段的峰点设自动排气阀或手动阀门排气;

(3)气压给水装置,当采用自动补气式气压水罐时,其配水管网的最高点应设自动排气阀。

9.1.4 管道接口

管道连接可采用柔性和刚性等接口形式,管道接口形式应根据地质条件、抗震要求、管道材质、敷设环境和施工方法确定。

污水和合流污水管道应采用柔性接口,当管道穿过粉砂、细砂层并在最高地下水位以下,或在地震设防烈度为7度及以上设防区时,必须采用柔性接口。

钢管连接,埋地敷设时应采用焊接;架空敷设时可采用焊接、法兰、螺纹、卡箍等连接形式。钢管采用法兰连接时,应根据管道设计压力、设计温度、介质特性及泄漏率等要求选用。

镀锌钢管的连接方式宜符合下列要求:

(1)管径小于和等于80 mm时,宜采用螺纹连接;

(2)管径大于80 mm时,宜采用卡箍式专用管件或法兰连接,镀锌钢管与法兰的焊接处应二次镀锌。

埋地铸铁管应采用承插式接口,接口填塞材料宜采用橡胶圈等;含油污水管道应采用耐油的接口材料;混凝土管、钢筋混凝土管或预应力钢筋混凝土管,宜采用柔性接口管,接口填塞材料宜采用橡胶圈。

橡胶密封件和排水管道接口密封圈的材料,应不含有任何对输送中的液体、密封圈、管道或配件的寿命有害的物质。密封圈应没有可影响其功能的缺陷或不规整性。对于同一个密封圈,或沿挤出型材最大长度切割而成的密封圈,最大硬度和最小硬度之间的差值不应超过5IRHD。每一硬度值都应在规定的公差范围内。

抗震设防烈度为6度及高于6度地区的室外给水、排水工程设施,必须进行抗震设计。埋地管道应计算在水平地震作用下,剪切波所引起管道的变位或应变。地下直埋圆形排水管道,当采用钢筋混凝土平口管,设防烈度为8度以下及8度Ⅰ、Ⅱ类场地时,应设置混凝土管基,并应沿管线每隔26~30 m设置变形缝,缝宽不小于20 mm,缝内填柔性材料度;8度Ⅲ、Ⅳ类场地或9度时,不应采用平口连接管;8度Ⅲ、Ⅳ类场地或9度时,应采用承插式管或企口管,其接口处填料应采用柔性材料。

塑料管道的连接应符合下列要求:

(1)高密度聚乙烯管道、钢骨架聚乙烯管道宜采用热熔连接或法兰连接;

(2)聚氯乙烯管道、工程塑料管(ABS)应采用承插黏接或法兰连接;

(3)聚丙烯管应采用热熔连接。

通常给水用聚乙烯管、钢丝网骨架塑料复合管可采用电熔、热熔及法兰连接;排水用硬聚氯乙烯、聚乙烯管可采用承插式弹性密封圈连接;排水用高密度聚乙烯(PE—HD)管可采用热熔对接;排水用聚乙烯(PE)缠绕结构壁管按形式采用双承插口弹性密封圈或承插式电熔连接;排水用聚乙烯(PE)塑钢缠绕管、钢带增强聚乙烯(PE)螺旋波纹管可采用卡箍或电热熔带连接。玻璃钢管道宜采用承插连接、平端对接或活套法兰接口方式。衬塑钢塑复合管及涂塑复合管应采用螺纹连接、沟槽连接或法兰连接。

9.2 管道平面布置、间距

9.2.1 一般要求

在地震、湿陷性黄土地区、多年冻土以及其他地质特殊地区设计给水排水管道工程时,应按照GB 50011《建筑抗震设计规范》、GB 50025《湿陷性黄土地区建筑规范》、GB 50223《抗震设防烈度分类标准》等有关规范或规定执行。穿越或跨越国家铁路、公路、河流等的给水排水管道,应征得有关部门的同意。

装置或单元给水排水管道的进、出口方位,应结合全厂性给水排水管道的布置确定,并减少进、出口管道的数量。由于新建的大中型石油化工企业是由若干套装置组成的,通常是由几个设计单位共同完成设计,对于所有给水排水管道的进口、出口数量和方位,应做出统一规划,凡是能够合并共用的就不能按照装置独立分开设置,避免重复和浪费。装置或单元内的工艺管道种类多、规格不一,一般都采用管架敷设。如将给水管道与工艺管道一起敷设于管架内,有利于施工和维护管理,但因大口径的给水管道重量较大,使管架负荷过大,建设费用较高,故设计中只规定小于或等于500 mm的给水管道和输送腐蚀性介质的管道及压力流污水管道宜设于管架上,在设计中还要特别注意管架上敷设的给水管道的防冻问题。严禁在高压消防水管道上接出非消防用水管道。

石油化工企业内的生活给水应当设置单独的生活给水管道,并严禁与非生活给水管的直接连接。企业内的生活给水用水量比较少,不均匀性较大,供水压力波动范围较大。同时,供水安全程度也远较生产用水低,若与非生活给水管道直接连接,难以保证生活给水不被污染。

生活给水管网的最低点设置的放水管或生活给水贮水池的放水管、溢流水管,在接入污水管网的检查井时,要有防止检查井内的污水或有害气体沿以上管道进入生活给水管道或水池中的措施,以确保生活给水的水质卫生。

当生活给水管道穿过地下有污染的地段时,应采取防止生活给水受污染的措施。

生产装置、罐区等污染区域的事故消防排水管道可与生产污水管道、雨水管(渠)结合设置或独立设置,但不应穿过防爆区;当不能避免穿越时,应采取防护措施。

在江河、湖泊、海滨地带的附近地区建设石油化工企业时,当工厂重力流出水口受到江河、湖泊的洪水位及海潮水位顶托时,则产生倒灌。在这种情况下设计企业出水口时,应考虑设防潮门,必要时则应设置提升水泵。

9.2.2 管道平面布置

给水排水干管的平面布置和埋深,应根据地形、工厂总平面布置、给水排水负荷、道路形式、冰冻深度、工程地质、管道材质、施工条件等综合考虑确定。从易于布置、经济合理的角度考虑,厂区内生产、生活给水排水主干管,宜靠近用水量及排水量较大的装置(单元)布置。全厂性给水排水主管带应考虑有 1~2 条发展空位。

厂区道路多为混凝土路面,当管道受损维修时需开挖路面,维修周期长、费用高,同时影响厂区道路通畅;另外管线上的阀门井、检查井等附属构筑物设置在道路上不方便使用且易损坏,同时也不利于道路使用。因此,给水排水管道不宜在车行道下纵向敷设,宜分别相对集中布置在道路一侧或两侧人行道下和绿化带下。厂区地下管线应根据管道介质性质,分别相对集中布置。有条件时,可将给水管布置在道路一侧,排水管道布置在道路的另一侧,防止含有毒、有害介质和易腐蚀介质的污水管道泄漏时污染给水管道。

消防给水管道及雨水管道宜靠近道路布置,消防给水管道靠近道路边布置,可减少消火栓支管,尤其是减少带阀门的消火栓支管与相邻布置的给水排水干管的交叉;雨水管道靠近道路边布置,主要考虑道路雨水通常由雨水口收集,雨水口与雨水干管的连接管的长度应尽量缩短,并尽量减少雨水口连接管与相邻布置的给水排水管道交叉。

从消防安全的角度考虑,含有可燃液体的生产污水干管不应纵向敷设于车行道下和工艺管廊下。石油化工企业的消防给水系统不应与循环冷却水系统合并,且不应用于其他用途,消防水管道应环状布置,环状管道的进水管不应少于 2 条。

给水排水及消防管道不应穿越工厂发展用地、露天堆场及与其无关的单元和建、构筑物以及塔、炉、容器、泵、油罐基础。从给水排水管道的安全运行和便于检修的要求考虑,给水排水管道一般不应穿越设备基础和建筑物的柱基础;从建筑物和设备本身使用要求考虑,也不希望在基础内或基础下穿过给水排水管道。但在有些情况下,需穿过设备或柱基础时,应进行基础强度设计,并采用增设套管等方法穿过,工作管与套管间应留有适当的间隙,以防止基础下沉或振动时影响给水排水管道的正常工作,同时满足管道的维修要求。

管道穿过建(构)筑物承重墙或基础时,应预留孔洞,孔洞高度应保证管顶上部净空不得小于建筑物的沉降量,且不宜小于 0.15 m。穿越伸缩缝、沉降缝的管道往往会受到剪力而将管道破坏,因此,设计给水排水管道时应尽量避开穿越伸缩缝、沉降缝。当不能避免时,应设置波纹管、橡胶短管和补偿器等补偿设施。架空布置的给水管道的伸缩补偿量应根据管道直线长度、管材的线胀系数、环境温度、管内水温的变化和管道节点的允许位移计算确定。

铁路下不得平行敷设给水排水管道,给水排水及消防管道应避免穿越装卸油栈台和道岔咽喉区。管道穿越厂区铁路和主要道路,当不设套管时,给水排水管道宜同沟敷设,并应考虑防止水质污染的措施。

生活饮用水管应避免穿过毒物污染及腐蚀性地段,无法避开时,应采取保护措施。埋地给水排水及消防管道不应重叠布置。室外给水排水管道宜埋地敷设;输送易沉淀介质、有毒害介质以及腐蚀性介质的管道不宜埋地敷设,当不能避免埋地时,应采取防腐、防渗措施。给水排水管道不应与输送易燃、可燃或有害的液体或气体的管道同管沟敷设。

室内给水排水管道不得敷设在烟道、风道、电梯井、排水沟内,不宜穿越防火墙和防爆墙,且不宜布置在环境温度低于 4℃ 或高于 70℃ 的场所。室内给水排水管道不应从变配电室、控制室、电梯机房、通信机房、大中型计算机房、音像库房等遇水会损坏设备和引发事故的房间内穿过;不宜从天平室、色谱室等房间内穿过;不得布置在遇水会引起燃烧、爆炸的场所或设备上面。室内架空排水管道不得敷设在对生产工艺、卫生有特殊要求的生产厂房或贵重物品仓库内;排水管道不得穿越生活饮用水池的上方。室外明设的塑料管道,应采取安全保护措施,常用的有遮蔽防护、保温层防护、防撞击围栏等,既可避免阳光直接照射加速管道老化,也可避免管道受碰撞损害。

给水排水管道在穿越屋面或楼板时,应采取防水措施;给水排水管道在穿越下列部位时应设置防水套管:地下室或地下构筑物的外墙;水池池壁;钢筋混凝土井室。

9.2.3 管道间距

室外埋地给水排水管道与其他管道、管线、建(构)筑物的最小净距应满足管道施工、安装、检修的要求,并宜符合表 9-1 和表 9-2 的要求。

表 9-1　给水管道与其他管道、管线、建(构)筑物的最小净距　　　　　　　单位:m

名称		给水管道			
		水平净距			垂直净距
		$d \leqslant 200$ mm	200 mm$<d<$600 mm	$d \geqslant 600$ mm	
建筑物基础外缘(下缘)		1.00	3.00		—
给水管道	$d \leqslant 200$ mm	0.30	0.50		0.15
	200 mm$<d<$600 mm	0.60	0.60		
	$d \geqslant 600$ mm	0.80	0.80		
污水、雨水、回用水管道		0.80	1.00	1.50	0.20
与相邻管道上井座、附属构筑物外壁(包括小型设备基础外缘)		0.20			—

名称	给水管道			
	水平净距			垂直净距
	$d \leqslant 200$ mm	200 mm$<d<$600 mm	$d \geqslant 600$ mm	
排水沟基础外缘（下缘）	0.80			0.15
电力管线	0.50			直埋 0.50
				穿管 0.25
电信管	1.00			直埋 0.50
				穿管 0.15
通信、照明（<10kV）地上杆柱	0.50			—
道路侧石边缘	1.50			—
架空管架或管廊基础外缘	0.20			—
明渠渠底	—			0.50
涵洞基础底	—			0.15

表 9-2 排水管道与其他管道、管线、建（构）筑物的最小净距　　　　　　单位：m

名称		排水管道	
		水平净距	垂直净距
建筑物基础外缘（下缘）		管道埋深浅于建筑物基础 2.5	—
		管道埋深深于建筑物基础 3.0	
给水管道	$d \leqslant 200$ mm	0.80	0.20
	200 mm$<d<$600 mm	1.00	
	$d \geqslant 600$ mm	1.50	
污水、雨水管道		—	0.15
回用水管道		0.50	0.20
与相邻管道上井座、附属构筑物外壁（包括小型设备基础外缘）		0.20	—
排水沟基础外缘（下缘）		0.80	0.15
电力管线		0.50	直埋 0.50
			穿管 0.25
电信管线		1.00	直埋 0.50
			穿管 0.15
通信、照明（<10kV）地上杆柱		0.50	—

名称	排水管道	
	水平净距	垂直净距
道路侧石边缘	1.50	—
架空管架或管廊基础外缘	0.20	—
明渠渠底	—	0.50
涵洞基础底	—	0.15

注1:表中 d 表示管道的公称直径,水平净距指外壁净距,垂直净距指下面管道的外顶与上面管道(基础)底间的净距;

注2:采取保护和隔离措施后,表中的间距可减小。

埋地管道交叉时,应符合下列要求。

(1)小管径管道避让大管径管道,压力流管道避让重力流管道;

(2)采用铸铁管或非金属管道的生活给水管道应敷设于污水管道的上面,在交叉处 3 m 范围内不得有管接头;当不能满足要求时,生活给水管道应采取相应保护措施;

(3)重力流管道可采用倒虹管避让其他管道。

给水管与污水管道或输送有毒液体管道交叉时,给水管道应敷设在上面,且不应有接口重叠;当给水管道敷设在下面时,应采用钢管或钢套管,钢套管伸出交叉管的长度,每端不得小于 3 m,钢套管的两端应采用防水材料封闭。

敷设在室外综合管廊(沟)内的给水管道,宜在热水、热力管道下方,冷冻管和排水管的上方。给水管道与各种管道之间的净距,应满足安装操作的需要,且不宜小于 0.3 m。室内冷、热水管上、下平行敷设时,冷水管应在热水管的下方。

9.3　管道基础和支吊架设计

9.3.1　一般要求

管道基础的设置目的在于保证管道受力均匀,并处于稳定状态。管道基础的设置应根据地质状况和管道的材质、连接方式等因素综合确定。

管道支吊架的设置位置不应妨碍管道、设备的安装和检修。经常拆卸、清扫和维修的设备、阀门处设置的支吊架,应留出足够的操作空间。布置管架时,应避开设备人孔、检修通道,留出人员操作空间及阀门安装、操作和检修空间。

安装管道支吊架的建(构)筑物构件应能满足支吊管道的荷载要求,管道支吊架生根点,可根据管道附件、建(构)筑物和设备布置的情况确定,并尽量利用已有的土建结构构件及管廊的梁柱等。管道荷载较大处管道支吊架宜在主梁或立柱上生根,大管径管道也可作为荷载小的小管径管道支吊架的生根点。

9.3.2 埋地管道基础

管道基础应根据管道材质、接口形式和地质条件确定。非金属管道和有特殊要求的管道应严格按相关规范标准处理好管道基础;一般管道,在地基承载力高的情况下,地基可只做清理处理,可不做管道基础。在地基承载力达不到要求的情况下,应进行地基处理,必要时应做管道基础。当管道敷设在回填土、淤泥流沙等土质上时,应进行地基及基础处理。

湿陷性黄土地区管道的地基处理,可按照以下方法进行:设置 150～300 mm 厚的夯土垫层,重力流钢筋混凝土管在夯土垫层上加设混凝土条形基础,塑料管和玻璃钢管等非金属管道在夯土垫层上加设满包形混凝土基础;重要管道或大口径压力管在夯土垫层上加设 300 mm 厚的灰土垫层。

钢管、铸铁管可直接敷设在未被扰动的坚实原状土层上,或可敷设在夯实后土层密实度不低于 0.9 的土层上。当原状土为岩石或含砂砾土层时,管道下方宜铺设砂垫层。一般情况下,金属管道敷设在未经扰动的坚实原状土上时,可不做基础处理,将天然地基平整后直接敷设管道;对于柔性接口的铸铁管道,如遇管道沟槽底部为岩石和坚硬地基时,应加设中粗砂垫层基础,砂垫层厚度一般可选用 150～200 mm。

敷设塑料管、玻璃钢等非金属类管道,当地基为原状土或夯实后土层密实度不低于 0.9 时,一般可在管道下方铺设 100 mm 厚的砂垫层;当原状地基为岩石和坚硬地基时,应根据管径大小确定砂垫层厚度,垫层厚度不宜小于 100 mm。

钢筋混凝土管道应敷设在承载力达到管道基础支承强度要求的原状土地基或经处理后回填密实的地基上。钢筋混凝土管道基础可采用砂砾基础或混凝土基础。柔性接口应采用砂砾基础,刚性接口应采用混凝土基础。

一般情况下,敷设在地基软硬不均匀地段的重力流排水管道,应沿管道敷设混凝土带形基础,如雨水管道及污水支管采用承插橡胶圈接口方式时,可根据地基状况,采用基础接口处局部设置与素土基础或砂垫层基础相结合的方法。

压力流承插式管道在垂直或水平方向转弯处,由于内力所产生的轴向推力,有时大于接口的摩擦力,使接口遭受破坏。因此应根据管径、转弯角度、试压标准、接口摩擦力和土壤承载力等因素,通过计算,设置推力挡墩。

9.3.3 管道埋深

给水排水管道的埋设深度,应根据土壤冰冻深度、外部荷载、管径、管材、管内介质温度及管道交叉等因素确定,并应符合下列规定。

1. 不考虑季节性冻土地区,车行道下管顶覆土厚度不宜小于 0.7 m;当穿越厂区铁路时,管顶距铁路轨底不应小于 1.2 m,在保证管道受外部荷载不被破坏条件下,埋设深度可酌情减小。

2. 考虑季节性冻土地区管道埋深规定如下:

(1) 循环水管道可不受冻土深度限制,但对管径较小和间断用水可能冻结的管道应敷设在土壤冰冻线以下;

(2) 管径小于 500 mm 的其他给水管道,管顶不宜高于土壤冰冻线;

（3）管径大于等于 500 mm 的其他给水管道，其管底可敷设在土壤冰冻线以下 0.5 倍的管径处；

（4）无保温措施的重力流管道（如生活污水管道、生产污水管道）的干管、支干管管底可在土壤冰冻线以上 0.15 m；有特殊情况的管道，管底在冰冻线以上距离可加大，其数值视该地区条件或相似地区经验值确定；

（5）雨水管道敷设于土壤冰冻线以上时，应有防止土壤冻胀破坏管道及接口的措施；

（6）埋地敷设的独立消防给水管道应埋设在冰冻线以下，管顶距冰冻线不应小于 0.15 m。

国内外的给水排水规范大都采用管道最小覆土厚度为 0.7 m，在一般情况下，对于回填土夯实合格的埋地管道，当覆土厚度 0.7 m 以上时，由于应力扩散，外部荷载在一定范围内时对管道的影响不十分明显，一般认为地面常规级的汽车不会破坏管道，因此规定以 0.7 m 为最小厚度；但对于管径比较大的管道应进行强度和稳定性计算。若埋深满足不了要求时，应采取加固措施或加大埋设深度。穿越厂区铁路或主要道路的埋地管道顶满足不了距离轨道轨底1.2 m 和距离路面 0.7 m 要求时，应当加套管敷设。在寒冷地区，土壤冷冻深度达到 1.5～2 m，若把所有给水排水管埋设于冰冻线以下，管道将埋得较深，这样会造成施工费用增加和加大维修管理的困难。因此，规范规定有部分管道可以埋设在冰冻线以内或将某些管道的一部分埋设在冰冻线以内，以减少埋设深度。对管径较小的给水管道应通过热力计算或当地经验确定管道埋设深度。

9.3.4 地上管道支吊架

架空管道支吊架的结构件应具有足够的强度和刚度。除选用标准支吊架零部件外，支吊架结构和连接应进行强度和刚度计算。

石油化工企业给水排水工程设计中，有部分架空管道，架空管道主要是装置或单元内给水排水管道、水处理药剂管道及各类消防（泡沫、喷淋、干粉）管道，压力较高。为安全运行，增加了管道支吊架间距要求。管道支架支撑点处应能承受 5 倍于充满水的重量，并加 114 kg 的荷载。具体间距参考表 9-3、表 9-4、表 9-5、表 9-6、表 9-7。

表 9-3 钢管支架间距

管径/mm	15	20	25	32	40	50	70	80	100	125	150	200	250	300
保温管/m	2	2.5	2.5	2.5	3.0	3.0	4.0	4.0	4.5	6.0	7.0	7.0	8.0	8.5
不保温管/m	2.5	3.0	3.25	4.0	4.5	5.0	6.0	6.0	6.5	7.0	8.0	9.5	11.0	12.0

表 9-4 薄壁不锈钢管支吊架间距

管径/mm	10～15	20～25	32～40	50～65
水平管/m	1.0	1.5	2.0	2.5
立管/m	1.5	2.0	2.5	3.0

表 9-5　塑料管、复合管支吊架间距

管径/mm	20	25	32	40	50	63	75	90	100
立管/m	0.9	1.0	1.1	1.3	1.6	1.8	2.0	2.2	2.4
水平管/m	0.6	0.7	0.8	0.9	1.0	1.1	1.2	1.35	1.55

表 9-6　聚丙烯管(PP-R)支吊架间距

管径/mm	20	25	32	40	50	63	75	90
保温管/m	1.0	1.2	1.5	1.7	1.8	2.0	2.0	2.1
不保温管/m	0.65	0.8	0.95	1.1	1.25	1.4	1.5	1.6

表 9-7　玻璃钢管道支座间距

管径/mm	100	200	300	400	500	600	700	800	900	1 000
支座间距/m	3.0	3.0	4.0	4.0	4.0	6.0	6.0	6.0	6.0	6.0

管道支、吊、托架的安装,应符合下列要求:

(1) 位置正确,埋设应平整牢固;

(2) 固定支架与管道接触应紧密,固定应牢靠;

(3) 滑动支架应灵活,滑动托架与滑槽两侧间应留有 3～5 mm 的间隙,纵向移动量应符合设计要求;

(4) 无热伸长管道的吊架、吊杆应垂直安装;

(5) 有热伸长管道的吊架、吊杆应向热膨胀的反方向偏移;

(6) 固定在建筑结构上的管道支、吊架不得影响结构的安全。

在垂直管段弯头附近或垂直管段重心以上位置的管道应设置承重架,设置的承重架支撑在地面上时,当荷载较大,特别是弯矩较大,或有震动荷载时,支架底部基础应经计算确定,基础顶面一般高出地面 100 mm 以上。垂直段较长时,除设置承重架外,还应在管段中间设置适当数量的导向架。

非整体连接压力管道在垂直和水平方向转弯处、分叉处、管道端部堵头处以及管径截面变化处宜设支墩,并应根据管径、转弯角度、管道布置、管道埋设深度、管道内水压力、管道试验压力标准和接口摩擦力以及管道埋设处的地基和周围土质的物理力学指标计算确定。

为防止消防喷淋系统喷头喷水时管道沿管线方向和垂直管线方向晃动,在喷淋配水管道上应设置一定数量的防晃支架。水平安装的配水管道上应设置纵向和横向防晃支架。竖直安装的配水干管除中间用管卡固定外,还应在管道始端和终端设防晃支架或用管卡固定,安装位置宜距地面或楼面 1.5～1.8 m。当管道改变走向时,应增设防晃支架。

压力管道在止回阀及切断阀附近应有坚固的管道支墩,以承受水击及重力荷载。输送酸、碱等腐蚀性介质的非金属管道,为了防止管道连接点处出现脱离、断裂,造成人员伤害或设备损坏,宜在阀门、管件连接处适当增加支、吊点。

建筑给水、排水及采暖工程中,采暖、给水及热水供应系统的塑料管及复合管垂直或水平安装的支架间距应符合表 9-8 的要求。采用金属制作的管道支架,应在管道与支架间加衬非金属垫或套管。

表 9-8 塑料管及复合管管道支架的最大间距

管径/mm		12	14	16	18	20	25	32	40	50	63	75	90	100
最大间距/m	立管	0.5	0.6	0.7	0.8	0.9	1.0	1.1	1.3	1.6	1.8	2.0	2.2	2.4
	水平管 冷水管	0.4	0.4	0.5	0.5	0.6	0.7	0.8	0.9	1.0	1.1	1.2	1.35	1.55
	水平管 热水管	0.2	0.2	0.25	0.3	0.3	0.35	0.4	0.5	0.6	0.7	0.8		

建筑给水、排水及采暖工程中,采暖、给水及热水供应系统的金属管道立管管卡安装应符合下列要求。

(1) 楼层高度≤5 m,每层必须安装 1 个;

(2) 楼层高度>5 m,每层不得少于 2 个;

(3) 管卡安装高度,距地面应为 1.5~1.8 m,2 个以上管卡应均称安装,同一房间管卡应安装在同一高度上。

9.4　给水排水井类及附件

9.4.1　一般要求

为了保障给水排水管道系统的正常运行和维护管理,需设置各种功能的附属构筑物。压力管道系统包括阀门井、排气阀井、排泥井、地下式消火栓井等;重力流管道系统包括检查井、水封井、跌水井、转换井、倒虹吸管、雨水口、出水口等;此外还包括给水排水管道系统各种检测仪表井。为了加强标准设计及管理,减少施工中的不准确性,在无特殊要求时,附属构筑物的设置宜选用现行国家或地方的给水排水标准图集。

为了提高石油化工企业的管理水平,便于操作、维护和保护环境,各类功能井的井室尺寸应满足设备安装、检修维护的要求,井室的设计应符合下列要求。

(1) 地下水位高于井底的阀门井、仪表井、地下式消火栓井,宜采用钢筋混凝土井室,井底设集水坑;

(2) 生产污水管道检查井、水封井、跌水井,应选用钢筋混凝土井室;

(3) 生活污水管道的检查井、化粪池宜采用钢筋混凝土井室;

(4) 输送有腐蚀性的污水,井室应进行相应的防腐处理,井内不可设固定式爬梯;

(5) 管道穿越钢筋混凝土井井壁处应设防水套管。

井盖、井座及踏步的材质可采用球墨铸铁、钢纤维混凝土及聚合物复合材料。寒冷地区(一般指采暖计算温度低于-20℃的地区)的阀门井、仪表井、地下式消火栓井应采用内层保温井盖。

位于车行道下的井室应采用重型井盖、井座;人行道、绿化带内的井室宜采用轻型井盖、井座。车行道上的井盖应与路面持平;人行道上的井盖宜高出地面 0.05 m;绿化带内的井盖宜高出地面 0.20 m。

9.4.2 给排水井类设计

1. 阀门井和消火栓井

阀门井的尺寸应满足下列要求。

（1）阀门井的选型应满足阀门安装要求,井室高度应便于操作和维修;

（2）阀门直径小于等于 300 mm 时,阀门法兰外缘至井壁的距离不宜小于 400 mm,至井底的距离不宜小于 300 mm;

（3）阀门直径大于 300 mm 时,阀门法兰外缘至井壁的距离不宜小于 600 mm,至井底的距离不宜小于 400 mm;

（4）井下操作的立式阀门井,阀门处于最大开度时,阀门最高点距井盖内顶不宜小于 300 mm;

（5）阀门井内设置阀门和伸缩节时,应同时满足阀门和伸缩节的安装、检修要求;

（6）阀门井内装有 2 个或 2 个以上阀门时,两个阀门的法兰外缘距离不得小于 0.3 m;

（7）阀门井内应设置集水坑,尺寸一般为 0.3 m×0.3 m×0.3 m,或设一段 DN400 高 0.3 m 的钢筋混凝土管;

（8）当阀门直径≥200 mm 时,阀下应设支墩;

（9）阀门井内应设置爬梯。

消火栓井的尺寸应满足下列要求。

（1）地下水消火栓栓口中心至井壁距离不应小于 200 mm;

（2）地下水消火栓栓口至井盖的距离宜为 200~400 mm;

（3）给水承插管道承口边至井壁距离不应小于 400 mm;

（4）管道采用法兰连接时,井室尺寸应满足阀门井内法兰安装的要求。

2. 检查井

为了便于重力流排水管道的连接和维护清淤,在管道的交汇处、转弯处、管径或坡度改变处、跌水处及直线管段上每隔一定距离设置检查井。直线管段上检查井的间距是根据管道疏通工具和方法确定的。检查井在直线管段上的最大间距不宜大于表 9-9 的要求。

表 9-9　检查井在直线管段上的最大间距

管径/mm	最大间距/m		
	生产污水、生活污水管道	雨水管道	清净废水管道
200	30	—	40
300~400	40	50	
500~700	60	70	
800~1 000	80	90	
1 100~1 500	100	120	
>1 500	120	120	

检查井各部尺寸,应符合下列要求。

(1) 井口、井筒和井室的尺寸应便于养护和检修,在我国北方及中部地区,在冬季检修时,因工人操作时多穿棉衣,井口、井筒小于 700 mm 时,出入不便,对需用经常检修的井,井口、井筒大于 800 mm 为宜;

(2) 爬梯和脚窝的尺寸、位置应便于检修和上下安全,因为爬梯发生事故较多,故爬梯设计应牢固、防腐蚀,便于上下操作;

(3) 检修室高度在埋深许可时宜为 1.8 m,污水检查井由流槽顶算起,雨水(合流)检查井由管底算起,井内检修室高度,是根据一般工人可直立操作而规定的。

接入检查井的管径较大的支管(接户管或连接管)数量过多时,会给日后的维护管理带来不便。特殊情况下,如接入检查井的排水管的数量过多时,检查井应进行专项设计,检查井的尺寸应根据其接入排水管的数量、管径、井深等因素经过计算确定。检查井的支管管径大于 300 mm 时,支管不宜超过 3 条。

为创造良好的水流条件,宜在检查井井底设置流槽。污水检查井流槽顶宜与 0.85 倍大管管径处相平,雨水或清净废水检查井流槽宜与 0.5 倍大管管径处相平,管道转弯处流槽中心线弯曲半径不宜小于大管管径。流槽顶部宽度应便于在井内养护操作,一般为 0.15~0.20 m,随管径、井深增加,宽度还需加大。为创造良好的水力条件,流槽转弯的弯曲半径不宜太小,在管道转弯处,检查井内流槽中心线的弯曲半径应按转角大小和管径大小确定,但不宜小于大管管径。

位于车行道的检查井,应采用具有足够承载力和稳定性良好的井盖与井座。设置在主干道上的检查井的井盖基座宜和井体分离,可避免不均匀沉降时对交通的影响。检查井与管渠接口处,应采取防止不均匀沉降的措施。在地基松软或不均匀沉降地段,检查井与管渠接口处常发生断裂,因此需要做好检查井与管渠的地基和基础处理,防止两者产生不均匀沉降;在检查井与管渠接口处,采用柔性连接,消除地基不均匀沉降的影响。检查井与塑料管道应采用柔性连接。

为了便于将养护时从管道内清除出的污泥从检查井中用工具清除,在厂区排水管道上每隔适当距离的检查井内宜设置沉泥槽;为了预先沉淀污泥和杂物,保证后续管道内的水流通畅,降低后续设施清洗的难度,在提升泵站及倒虹管进水井前的检查井内应设置沉泥槽;沉泥槽深度宜为 0.3~0.5 m。

高流速排水管道坡度突然变化的第一座检查井宜采用高流槽排水检查井,并采取增强井筒抗冲击和冲刷能力的措施,井盖宜采用排气井盖。为了便于检查和疏通管道,压力输送的地下污水管、污泥管上应设压力检查井。

下列污水管道检查井的井盖和井座接缝处应密封,井盖不得有孔洞:

(1) 甲、乙类工艺装置内生产污水管道;

(2) 甲、乙类罐区内生产污水管道;

(3) 散发有毒、有害气体可引起火灾、爆炸、中毒事故的管道。

3. 水封井

当工业废水能产生引起爆炸或火灾的气体时,其管道系统中必须设置水封井。水封井位置应设在产生上述废水的排出口处及其干管上每隔适当距离处。

生产污水管道的下列部位应设水封,水封高度不得小于 250 mm。

（1）工艺装置内的塔、加热炉、泵、冷换设备等区围堰的排水出口；

（2）工艺装置、罐组或其他设施及建筑物、构筑物、管沟等的排水出口；

（3）全厂性的支线管与主干管交汇处的支线管上；

（4）全厂性的支线管、主干管的管段长度超过300 m时，应用水封井隔开。

重力流循环回水管道在工艺装置总出口处应设水封。隔油池、集油池进出水管道，应设水封。罐组内的生产污水管道应有独立的排出口，且应在防火堤外设置水封，并宜在防火堤与水封之间的管道上设置容易开关的隔断阀。当建筑物用防火墙分隔成多个防护分区时，每个防护分区的生产污水管道应有独立的排出口并设水封。可燃气体、液化烃和可燃液体的管道，当采用管沟敷设时，管沟内的污水应经水封井排入生产污水管道。

水封井一般分甲、乙、丙三种形式；甲型水封井的进、出管管径不宜大于200 mm；乙型水封井适用于各种管径，其上游管段的充水长度不宜大于5 m。丙型水封井适用于各种管径。水封井的具体形式见图9-1、图9-2、图9-3。

甲、乙类工艺装置内水封井排气管应符合9.4.3节第5条的要求。

水封井的水封深度与管径、流量和废水含易燃易爆物质的浓度有关，水封深度不应小于0.25 m；为了养护方便，水封井底宜设沉泥槽，沉泥槽深度一般采用0.3～0.5 m；水头损失不应小于0.05 m。

水封井以及同一管道系统中的其他检查井，均不应设在车行道和行人众多的地段，并应适当远离产生明火的场地。水封井和加热炉外壁间距不宜小于5 m。

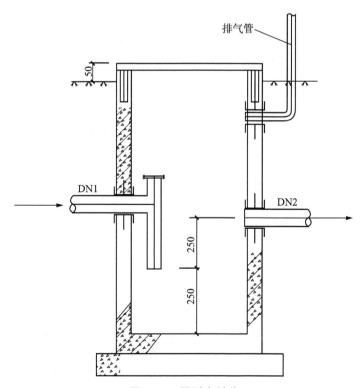

图9-1　甲型水封井

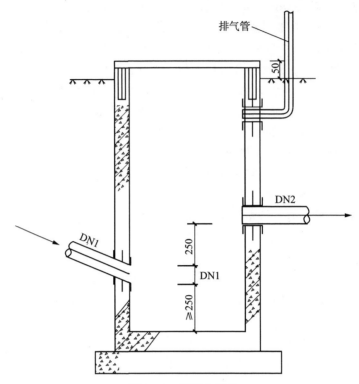

图 9 - 2　乙型水封井

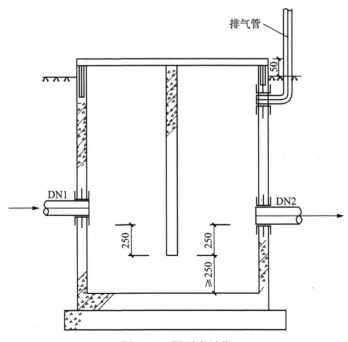

图 9 - 3　丙型水封井

4.跌水井

1）跌水井的设置应符合下列要求。

（1）跌水水头为 1.0～2.0 m,宜设跌水井；

（2）跌水水头大于 2.0 m 时,应设跌水井；

（3）管道转弯处不宜设跌水井；

（4）跌水井井底需设置水垫,水垫深度为 0.25～0.5 m。

2）跌水井的跌水水头高度应符合下列要求。

（1）进水管径不大于 200 mm 时,一次跌水水头高度不宜大于 6 m；

（2）进水管径为 300～600 mm 时,一次跌水水头高度不宜大于 4 m,跌水方式可采用竖管式或竖槽式跌水井；

（3）进水管径大于 600 mm 时,一次跌水水头高度及跌水方式应按水力计算确定。

5.雨水口

雨水口的形式、数量和布置,应按汇水面积所产生的流量、雨水口的泄水能力和道路形式确定。立箅式雨水口的宽度和平箅式雨水口的开孔长度和开孔方向应根据设计流量、道路纵坡和横坡等参数确定。雨水口宜设置污物截留设施,合流制系统中的雨水口应采取防止臭气外溢的措施。

雨水口和雨水连接管流量应为雨水管渠设计重现期计算流量的 1.5～3 倍,雨水口间距宜为 25～50 m,雨水口连接管长度不宜超过 25 m；为了保证雨水宣泄通畅,根据维护管理经验,雨水口串联个数不宜超过 3 个,且宜横向串联,不宜纵横一起串联。雨水口和检查井连接管管径应按连接的雨水口数量和泄水量计算确定。

道路横坡坡度不应小于 1.5%,平箅式雨水口的箅面标高应比周围路面标高低 3～5 cm,立箅式雨水口进水处路面标高应比周围路面标高低 5 cm。当设置于下凹式绿地中时,雨水口的箅面标高应根据雨水调蓄设计要求确定,且应高于周围绿地平面标高。当道路纵坡大于 0.02 时,雨水口的间距可大于 50 m,其形式、数量和布置应根据具体情况和计算确定。坡度较短时可在最低点处集中收水,其雨水口的数量或面积应适当增加。

雨水口深度指雨水井盖至连接管底的距离,不包括沉泥槽深度,雨水口深度不宜大于 1 m；雨水口不宜过深,若埋地较深会给养护带来困难,在泥沙量较大地区可根据养护需要设沉泥槽。遇特殊情况需要浅埋时,应采取加固措施。有冻胀影响地区的雨水口深度,可根据当地经验确定。

6.倒虹管

通过河道的倒虹管,不宜少于两条；通过谷地、旱沟或小河的倒虹管可采用一条。通过障碍物的倒虹管,尚应符合与该障碍物相交的相关规定。

倒虹管的设计,应符合下列要求。

（1）最小管径宜为 200 mm；

（2）管内设计流速应大于 0.9 m/s,并应大于进水管内的流速,当管内设计流速不能满足上述要求时,应增加定期冲洗措施,冲洗时流速不应小于 1.2 m/s；

（3）倒虹管的管顶距规划河底距离一般不宜小于 1.0 m,通过航运河道时,其位置和管顶距规划河道距离应当与当地航运管理部门协商确定,并设置标志,遇冲刷河床应考虑防冲措施；

（4）厂区倒虹管宜选用金属管，并应做防腐处理；

（5）倒虹管进、出水井与管道的接口处，宜采取防止不均匀沉降的措施；

（6）倒虹管宜设置事故排出口；

（7）合流管道设倒虹管时，应按旱季污水量校核流速。

倒虹管进出水井的检修室净高宜高于 2 m。进出水井较深时，井内应设检修台，其宽度应满足检修要求。当倒虹管为复线时，井盖的中心宜设在各条管道的中心线上。倒虹管进出水井内应设闸槽或闸门，设计闸槽或闸门时必须确保在事故发生或维修时，能顺利发挥其作用。倒虹管进水井的前一检查井，应设置沉泥槽，其作用是沉淀泥土、杂物，保证管道内水流通畅。化工厂内尽可能避免采用倒虹管，需采用时应考虑易于清通维护。

7. 出水口

排水管渠出水口的位置、形式和出口流速，应根据受纳水体的水质要求、水体的流量、水位变化幅度、水流方向、波浪状况、稀释自净能力、地形变迁和气候特征等因素确定。

岸边式出水口受河道波浪以及排水本身水流冲刷的影响，设计时应考虑有防冲刷、消能的措施；伸入河道的河床分散式出水口还受到河水的冲刷，应对管道进行加固。伸入河道的出水口应设标志，方便维护确认，并保障航道中行船的安全。有冻胀影响地区的出水口，应采取防冻胀措施。出水口基础应设在冰冻线以下。

8. 化粪池

化粪池一般根据使用人数选用圆形或矩形，化粪池结构及规格参见《给水排水标准图集》。化粪池距离地下水取水构筑物不得小于 30 m。

1）化粪池的设置应符合下列要求。

（1）化粪池宜设置在接户管的下游端，便于机动车清掏的位置；

（2）化粪池外壁距建筑物外墙不宜小于 5 m，并不得影响建筑物基础。

2）化粪池的构造，应符合下列要求。

（1）化粪池的长度和深度、宽度的比例应按污水中悬浮物的沉降条件和积存数量，经水力计算确定。但深度（水面至池底）不得小于 1.30 m，宽度不得小于 0.75 m，长度不得小于 1.00 m，圆形化粪池直径不得小于 1.00 m；

（2）双格化粪池第一格的容量宜为计算总容量的 75%；三格化粪池第一格的容量宜为总容量的 60%，第二格和第三格各宜为总容量的 20%；

（3）化粪池格与格、池与连接井之间应设通气孔洞；

（4）化粪池进水口、出水口应设置连接井与进水管、出水管相接；

（5）化粪池进水管口应设导流装置，出水口处及格与格之间应设拦截污泥浮渣的设施；

（6）化粪池池壁和池底，应防止渗漏；

（7）化粪池顶板上应设有人孔和盖板。

9.4.3　给水排水附件选用

1. 地漏

在建筑给水排水设计中，厕所、盥洗室等需经常从地面排水的房间，应设置地漏。地漏应设置在易溅水的器具附近地面的最低处，住宅套内应按洗衣机位置设置洗衣机排水专用地漏或洗衣机排水存水弯，排水管道不得接入室内雨水管道，带水封的地漏水封深度不得小于

50 mm。地漏的选择应符合下列要求。

（1）应优先采用具有防涸功能的地漏；

（2）在无安静要求和无须设置环形通气管、器具通气管的场所，可采用多通道地漏；

（3）食堂、厨房和公共浴室等处的排水宜设置网框式地漏；

（4）严禁采用钟罩（扣碗）式地漏。

淋浴室内地漏的排水负荷，可按表 9-10 确定。当用排水沟排水时，8 个淋浴器可设置一个直径为 100 mm 的地漏。

表 9-10　淋浴室地漏管径

淋浴器数量/个	地漏直径/mm
1~2	50
3	75
4~5	100

在石油化工的给水排水设计中，地漏直径一般按服务对象和排水量确定，地漏可兼做清扫口用，地漏顶标高应低于所在设计地面 0.005~0.01 m，重油泵及易造成地漏堵塞的排水点，不应设置地漏。地漏一般设置在下列地点。

（1）装置内的生产设备污染区（一般在围堰内）；

（2）生产建筑物和辅助生产建筑物需排出地面水处；

（3）厕所、浴室及其他生活设施房间内。

2. 漏斗

漏斗一般采用钢制，漏斗内应设置活动篦子，以隔留杂物；漏斗顶标高应高于所在设计地面 0.1~0.15 m；排水漏斗可兼做清扫口，以代替专门的清扫口。工艺管道公称直径与漏斗公称直径关系见表 9-11。

表 9-11　工艺管道公称直径与漏斗公称直径

工艺管道公称直径/mm	漏斗公称直径/mm
泵前自流循环热水 15~20	50
其他 15~32	80
40~50	100
65~100	150
150	200 或做集水坑、排水井
≥200	做集水坑或排水井

注：漏斗公称直径为所接地下排水管直径（即漏斗下口直径）

3. 清扫口和检查口

在生活排水管道上，应按下列要求设置检查口和清扫口。

（1）铸铁排水立管上检查口之间的距离不宜大于 10 m，塑料排水立管宜每六层设置一个检查口；但在建筑物最低层和设有卫生器具的二层以上建筑物的最高层，应设置检查口，当立

管水平拐弯或有乙字管时,在该层立管拐弯处和乙字管的上部应设检查口;

（2）在连接2个及2个以上的大便器或3个及3个以上卫生器具的铸铁排水横管上,宜设置清扫口;在连接4个及4个以上的大便器的塑料排水横管上宜设置清扫口;

（3）在水流偏转角大于45°的排水横管上,应设检查口或清扫口(也可采用带清扫口的转角配件替代);

（4）当排水立管底部或排出管上的清扫口至室外检查井中心的最大长度大于表9-12的数值时,应在排水管上设清扫口。

表9-12 排水立管或排出管上的清扫口至室外检查井中心的最大长度

管径/mm	50	75	100	100以上
最大长度/mm	10	12	15	20

（5）排水横管的直线管段上检查口或清扫口之间的最大距离,应符合表9-13的要求。

表9-13 排水横管的直线管段上检查口或清扫口之间的最大距离

管径/mm	清扫设备种类	距离/m	
		生活废水	生活污水
50~75	检查口	15	12
	清扫口	10	8
100~150	检查口	20	15
	清扫口	15	10
200	检查口	25	20

在生活排水管道上设置清扫口,应符合下列要求。

（1）在排水横管上设清扫口,宜将清扫口设置在楼板或地坪上,且与地面相平;排水横管起点的清扫口与其端部相垂直的墙面的距离不得小于0.2 m;当排水横管悬吊在转换层或地下室顶板下设置清扫口有困难时,可用检查口替代清扫口。

（2）排水管起点设置堵头代替清扫口时,堵头与墙面应有不小于0.4 m的距离;可利用带清扫口的弯头配件代替清扫口。

（3）当管径小于100 mm的排水管道上设置清扫口,其尺寸应与管道同径;管径等于或大于100 mm的排水管道上设置清扫口,应采用100 mm直径清扫口。

（4）铸铁排水管道设置的清扫口,其材质应为铜质;硬聚氯乙烯管道上设置的清扫口应与管道相同材质。

（5）排水横管连接清扫口的连接管及管件应与清扫口同径,并采用45°斜三通和45°弯头或由两个45°弯头组合的管件。

在生活排水管上设置检查口应符合下列要求:

（1）立管上设置检查口,应在地(楼)面以上1.00 m,并应高于该层卫生器具上边缘0.15 m;

（2）埋地横管上设置检查口时,检查口应设在砖砌的井内;可采用密闭塑料排水检查井替代检查口；

（3）地下室立管上设置检查口时，检查口应设置在立管底部之上；

（4）立管上检查口检查盖应面向便于检查清扫的方位；横干管上的检查口应垂直向上。

4.通气管

生活排水管道的立管顶端，应设置伸顶通气管。当遇特殊情况，伸顶通气管无法伸出屋面时，可设置下列通气方式。

（1）设置侧墙通气管口；

（2）在室内设置成汇合通气管后应在侧墙伸出延伸至屋面以上；

（3）当上述两条无法实施时，可设置自循环通气管道系统。

下列排水管段应设置环形通气管。

（1）连接4个及4个以上卫生器具，且横支管的长度大于12 m的排水横支管；

（2）连接6个及6个以上大便器的污水横支管；

（3）设有器具通气管。

建筑物内各层的排水管道上设有环形通气管时，应设置连接各层环形通气管的主通气立管或副通气立管。通气立管不得接纳器具污水、废水和雨水，不得与风道和烟道连接；在建筑物内不得设置吸气阀替代通气管。

通气管和排水管的连接，应遵守下列要求。

（1）器具通气管应设在存水弯出口端；在横支管上设环形通气管时，应在其最始端的两个卫生器具之间接出，并应在排水支管中心线以上与排水支管呈垂直或45°连接。

（2）器具通气管、环形通气管应在卫生器具上边缘以上不小于0.15 m处按不小于0.01的上升坡度与通气立管相连。

（3）专用通气立管和主通气立管的上端可在最高层卫生器具上边缘以上不小于0.15 m或检查口以上与排水立管通气部分以斜三通连接；下端应在最低排水横支管以下与排水立管以斜三通连接。

（4）结合通气管宜每层或隔层与专用通气立管、排水立管连接，与主通气立管、排水立管连接不宜多于8层；结合通气管下端宜在排水横支管以下与排水立管以斜三通连接；上端可在卫生器具上边缘以上不小于0.15 m处与通气立管以斜三通连接。

（5）当用H管件替代结合通气管时，H管与通气管的连接点应设在卫生器具上边缘以上不小于0.15 m处。

（6）当污水立管与废水立管合用一根通气立管时，H管配件可隔层分别与污水立管和废水立管连接；但最低横支管连接点以下应装设结合通气管。

高出屋面的通气管设置应符合下列要求。

（1）通气管高出屋面不得小于0.3 m，且应大于最大积雪厚度，通气管顶端应装设风帽或网罩；屋顶有隔热层时，应从隔热层板面算起。

（2）在通气管口周围4 m以内有门窗时，通气管口应高出窗顶0.6 m或引向无门窗一侧。

（3）在经常有人停留的平屋面上，通气管口应高出屋面2 m，当伸顶通气管为金属管材时，应根据防雷要求设置防雷装置。

（4）通气管口不宜设在建筑物挑出部分（如屋檐檐口、阳台和雨篷等）的下面。

通气管的最小管径不宜小于排水管管径的1/2，并可按表9-14确定。

石油化工给水排水工程设计

表 9-14 通气管最小管径

通气管名称	排水管管径/mm				
	50	75	100	125	150
器具通气管	32	—	50	50	—
环形通气管	32	40	50	50	—
通气立管	40	50	75	100	100

注1:表中通气立管系指专用通气立管、主通气立管、副通气立管。

注2:自循环通气立管管径应与排水立管管径相同

通气立管长度在 50 m 以上时,其管径应与排水立管管径相同。通气立管长度小于等于 50 m 且两根及两根以上排水立管同时与一根通气立管相连,应以最大一根排水立管按表 9-16 确定通气立管管径,且其管径不宜小于其余任何一根排水立管管径。结合通气管的管径不宜小于与其连接的通气立管管径。伸顶通气管管径应与排水立管管径相同。但在最冷月平均气温低于−13℃的地区,应在室内平顶或吊顶以下 0.3 m 处将管径放大一级。当两根或两根以上污水立管的通气管汇合连接时,汇合通气管的断面面积应为最大一根通气管的断面面积加其余通气管断面面积之和的 0.25 倍。通气管的管材,可采用塑料管、柔性接口排水铸铁管等。

5.排气管

甲、乙类工艺装置内生产污水管道的支线管、主干管的最高处检查井宜设排气管。排气管的设置应符合下列要求。

(1)管径不宜小于 100 mm;

(2)排气管的出口应高于地面 2.5 m 以上,并应高出距排气管 3 m 范围内的操作平台、空气冷却器 2.5 m 以上;

(3)距明火、散发火花地点 15 m 半径范围内不应设排气管。

6.排气阀

在压力管道的最高点及管段的相对隆起点,应设置自动排气阀或手动阀。自动排气阀及手动阀应垂直安装在横管上方。自动排气阀及手动阀直径一般可按表 9-15 选用。

表 9-15 自动排气阀及手动阀直径选用表

干管直径/mm	100~150	200~250	300~350	400~500	600~800	900~1 200
自动排气阀直径/mm	15	20	25	50	75	100
手动阀直径/mm	15	20	25	50	75	100

7.防沉降管道伸缩接头

防沉降管道伸缩接头一般用在输送海水、淡水、冷热水、饮用水、生活污水等介质的管路上,是由短管法兰、本体、压盖、挡圈、限位环、密封圈、压紧构件组成,用于吸收轴向位移和挠度为 6°~7°的角度位移的管道伸缩连接的装置。

防沉降管道伸缩接头与管道连接的形式按使用环境可采用双对焊连接(Ⅰ型)、双法兰连接(Ⅱ型)、一端法兰一端对焊连接(Ⅲ型)中的任何一种,如有特殊要求,也可采用其他方式连接。

用于滑油等介质的碳钢、球墨铸铁伸缩接头,其外表面应涂防锈漆或环氧涂层;用于海水等腐蚀介质的碳钢、球墨铸铁伸缩接头,其内外表面应进行热浸锌或镍磷涂层或涂塑等特殊处理。

9.5 管道设计

9.5.1 压力流管道设计

压力流管道的管径应按设计流量、流速、水力损失计算确定。为确保消防供水的安全可靠性,环状消防管网的水头损失应按管网出现故障时到达着火点的最不利路径校核计算。

管道总水头损失,可按式(9-1)计算。

$$h_z = h_y + h_j \qquad (9-1)$$

式中　h_z——管道总水头损失,m;

　　　h_y——管道沿程水头损失,m;

　　　h_j——管道局部水头损失,m。

管道沿程水头损失,可分别按下列公式计算。

1. 塑料管。

$$h_y = \lambda \cdot \frac{l}{d_j} \cdot \frac{v^2}{2g} \qquad (9-2)$$

式中　λ——沿程阻力系数;

　　　l——管段长度,m;

　　　d_j——管道计算内径,m;

　　　v——管道断面水流平均流速,m/s;

　　　g——重力加速度,m/s²。

注:λ 与管道的相对当量粗糙度(Δ/d_j)和雷诺数(Re)有关,其中:Δ 为管道当量粗糙度,mm。

2. 混凝土管及采用水泥砂浆内衬的金属管道。

$$i = \frac{h_y}{l} = \frac{v^2}{C^2 R} \qquad (9-3)$$

式中　i——管道单位长度的水头损失(水力坡降);

　　　C——流速系数;

　　　R——水力半径,m。

其中:

$$C = \frac{1}{n} R^y \qquad (9-4)$$

式中,n 为管道的粗糙系数;y 可按式(9-5)计算。

$$y = 2.5\sqrt{n} - 0.13 - 0.75\sqrt{R}(\sqrt{n} - 0.1) \qquad (9-5)$$

上式适用于 $0.1 \leqslant R \leqslant 3.0$,$0.011 \leqslant n \leqslant 0.040$。

管道计算时，y 也可取 $\frac{1}{6}$，即按 $C=\frac{1}{n}R^{1/6}$ 计算。

3.输配水管道、配水管网水力平差计算。

$$i=\frac{h_{y}}{l}=\frac{10.67q^{1.852}}{C_{h}^{1.852}d_{j}^{4.87}} \tag{9-6}$$

式中　q——设计流量，m^3/s；

　　　C_h——海曾-威廉系数。

管道的局部水头损失宜按式（9-7）计算：

$$h_{j}=\sum \zeta \frac{v^{2}}{2g} \tag{9-7}$$

式中，ζ 为管道局部水头损失系数。

在石油化工的给排水设计中，压力流管道装置室外最小设计管径宜采用 $DN\geqslant 25$ mm。全厂性管道管径 $DN\geqslant 50$ mm。压力流管道的管径选择应结合经济比较确定，一般可按表9-16 选用。

表 9-16　压力流管道的管径选择

管径/mm	流速/(m/s)
DN≤80	0.7
DN=100～150	0.7～1.2
DN=200～300	0.8～1.5
DN=350～500	1.2～1.7
DN≥600	1.5～2.0
DN≥1 200	2.0～3.0

注：当事故或消防时，上述流速可加大到 2.5～3.5 m/s。

在建筑给水排水设计中，住宅的入户管，公称直径不宜小于 20 mm。生活给水管道的水流速度，宜按表9-17 采用。

表 9-17　生活给水管道的水流速度

公称直径/mm	15～20	25～40	50～70	≥80
水流速度/(m/s)	≤1.0	≤1.2	≤1.5	≤1.8

9.5.2　重力流管道设计

1.排水管渠的流量，应按式（9-8）计算：

$$Q=Av \tag{9-8}$$

式中　Q——设计流量，m^3/s；

　　　A——水流有效断面面积，m^2；

　　　v——流速，m/s。

2.恒定流条件下排水管渠的流速,应按式(9-9)计算。

$$v = \frac{1}{n} R^{\frac{2}{3}} I^{\frac{1}{2}}$$

(9-9)

式中 v——流速,m/s;

R——水力半径,m;

I——水力坡降;

n——粗糙系数。

3.排水管渠粗糙系数,宜按表9-18的要求取值。

表9-18 排水管渠粗糙系数

管道类别	粗糙系数/n
UPVC管、PE管、玻璃钢管	0.009~0.011
石棉水泥管、钢管	0.012
陶土管、铸铁管	0.013
混凝土管、钢筋混凝土管、水泥砂浆抹面渠道	0.013~0.014
浆砌砖渠道	0.015
浆砌块石渠道	0.017
干砌块石渠道	0.020~0.025
土明渠(包括带草皮)	0.025~0.030

4.排水管渠的最大设计充满度和超高,应符合下列要求。

(1)重力流污水管道应按非满流计算,其最大设计充满度,应按表9-19的要求取值。

表9-19 最大设计充满度

管径或渠高/mm	最大设计充满度
200~300	0.55
350~450	0.65
500~900	0.70
≥1 000	0.75

注:在计算污水管道充满度时,不包括短时突然增加的污水量,但当管径小于或等于300 mm时,应按满流复核。

(2)雨水管道和合流管道应按满流计算;

(3)明渠超高不得小于0.2 m。

5.排水管道的最大设计流速,宜符合下列要求,非金属管道最大设计流速经过试验验证可适当提高。

(1)金属管道为10.0 m/s;

(2)非金属管道为5.0 m/s。

6. 排水明渠的最大设计流速,应符合下列要求。

(1) 当水流深度为 0.4～1.0 m 时,宜按表 9-20 的要求取值。

表 9-20　明渠最大设计流速

明渠类别	最大设计流速/(m/s)
粗砂或低塑性粉质黏土	0.8
粉质黏土	1.0
黏土	1.2
草皮护面	1.6
干砌块石	2.0
浆砌块石或浆砌砖	3.0
石灰岩和中砂岩	4.0
混凝土	4.0

(2) 当水流深度在 0.4～1.0 m 范围以外时,表 9-20 所列最大设计流速宜乘以下系数。

表 9-21　系数

序号	水流深度/m	系数
1	$h < 0.4$	0.85
2	$1.0 < h < 2.0$	1.25
3	$h \geqslant 2.0$	1.40

注:h 为水流深度,m。

7. 排水管渠的最小设计流速,应符合下列要求:

(1) 污水管道在设计充满度下为 0.6 m/s;

(2) 雨水管道和合流管道在满流时为 0.75 m/s;

(3) 明渠为 0.4 m/s。

压力管道在排水工程泵站输水中较为适用。使用压力管道,可以减少埋深、缩小管径、便于施工。但应综合考虑管材强度,压力管道长度,水流条件等因素,确定经济流速。排水管道采用压力流时,压力管道的设计流速宜采用 0.7～2.0 m/s。

随着城镇建设发展,街道楼房增多,排水量增大,应适当增大最小管径,并调整最小设计坡度。常用管径的最小设计坡度,可按设计充满度下不淤流速控制,当管径坡度不能满足不淤流速要求时,应有防淤、清淤措施。排水管道的最小管径与相应最小设计坡度,宜按表 9-22 的要求取值。

表 9-22　最小管径与相应最小设计坡度

管道类别	最小管径/mm	相应最小设计坡度
污水管	300	塑料管 0.002,其他管 0.003
雨水管和合流管	300	塑料管 0.002,其他管 0.003
雨水口连接管	200	0.01

管道在坡度变陡处,其管径可根据水力计算确定由大改小,但不得超过 2 级,并不得小于相应条件下的最小管径。倒虹管的水力计算宜按下列公式进行。

(1)倒虹管的总水头损失宜按式(9-10)计算。

$$h = iL + \sum \zeta \frac{v^2}{2g} \tag{9-10}$$

式中　h——倒虹管总水头损失,m;

　　　i——管道单位长度水头损失,m/m;

　　　L——倒虹管长度,m;

　　　ζ——局部阻力系数;

　　　v——倒虹管内流速,m/s;

　　　g——重力加速度,取 9.81 m/s^2。

(2)倒虹管进、出水井水面差宜按式(9-11)计算:

$$H = h + h_1 \tag{9-11}$$

式中　H——倒虹管进、出水井水面差,m;

　　　h_1——倒虹管进、出水井水面差富余量,m,宜取 0.05~0.10 m。

9.6　三维模型设计

进入 21 世纪,国内外化工和石化类项目的工程设计,在设计手段上有了飞跃的发展。工厂全生命周期管理理念中最主要的部分——参数化三维工厂设计软件广泛得以运用,在工程领域引起了一场深刻变革。

三维模型设计表达的方式是通过各色各样带参数化实体高度有机的集合,是多专业、多工种协同设计的结果。力求再现一个十分逼真、直观的立体数字实体。

给水排水配管在石油化工工程设计中也要参与三维模型设计,尤其是石油化工工艺装置中给水排水三维模型设计起着举足轻重的作用。为了提升给水排水专业的设计水平、提高设计质量和加快设计进度,国内外的工程公司和设计院在给水排水管道设计中已广泛采用三维设计软件,开展给水排水三维模型设计和数字化协同设计、数字化交付。

9.6.1　三维设计软件的功能

随着计算机技术的迅猛发展,软件更加智能化,操作更界面化。三维模型由图形文件加数据文件转变为仅数据文件,可上网交流,异地工作。我国一些大中型工程公司和设计院在项目工程设计中,应用三维设计软件,已相当成熟,可以说完全与国际接轨。

1. 三维设计软件的功能

（1）三维模型设计特性

三维模型设计的基本思想是，首先建立项目工程数据库和三维模型坐标系，并在模型坐标系下按照实际尺寸建立设备模型和结构模型；然后根据 P&ID 图及管道布置图，在三维空间里设计管道走向以及其他专业的内容，直至建立整个工程项目的三维模型。设计过程中可对模型进行一系列检查，如碰撞检查、模型完整性检查、冲突报告（RDB）检查等，及时修改模型，减少设计过程中可能发生的错误和碰撞。

一般是由项目建立、工程数据库、设备、管道、构筑物、建筑物、设备和建（构）筑物基础、地下排水井、地下管沟、电缆沟、电气和仪表电缆桥架等模块组成的三维工厂设计软件。

采用三维软件设计出的管道模型逼真、直观，如图 9-4 所示。

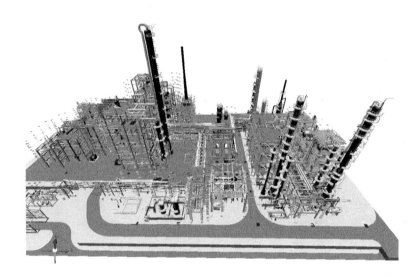

图 9-4 三维工厂设计实例

管道模块一般具有对模型进行软、硬碰撞检查的作用。硬碰撞检查是指管道之间及管道与其他专业的设备、风管、梁、柱、基础、钢结构和电缆桥架的碰撞检查。软碰撞检查是指管道与绝热层、维修预留空间的碰撞检查。这样能尽早发现问题及时修改，提高设计质量，减少施工返工，避免时间和经济上的损失。

一些著名工厂设计软件均配有"漫游"功能软件（Review），使人有身临其境之感。设计方案讨论，设计质量审查可直接在模型上进行，比用图纸审查更直观、更逼真、更容易发现问题。

有些三维软件具有管道模型与管道应力分析软件的接口。输出一定格式的文件，导入应力软件，可进行管道的应力计算。

还有的三维软件具有管道模型与管道和仪表流程图（P&ID）核对的功能，甚至可根据 P&ID 图和管道特性一览表进行智能化管道铺设。

（2）三维模型设计图纸的输出

管道设计模块能在管道模型的基础上产生管道布置图、管道轴测图（ISO'S DWG）、管道综合材料表、管道材料汇总表等。

通过自动标注软件，能在管道布置图上自动标注设备、管道的定位尺寸及属性，建筑轴线号,柱间距等相关信息,大大节省了人力。

2.工程项目中三维设计人员的组织

以往给水排水专业利用管道软件从事项目设计时,管道平面图设计人员与管道模型设计人员是分开的,一个专业的工作,分成两部分人来完成,人为因素影响了设计质量。而现在平面图设计与模型设计已融合为一个整体。针对项目的大小,配管负责人可配备一名专职或兼职的模型管理人员,负责制定软件执行规定,以及解决软件操作中出现的问题,配备一名IT工程师,负责软件系统管理和文件、数据的备份工作。若干设计人员组成一个小组,共同完成从管道模型研究直至最终完成设计成品。

3.应用工厂三维设计软件的效果

(1)提高设计质量

以三维模型为基础进行一系列质量检查后,可大大减少一些低级错误和常见病。对年轻设计人员具有极大帮助。由于三维模型的直观和逼真,可避免操作空间不够,阀门手轮方向不正确等错误。管道布置图、轴测图和材料表来自同一源——模型数据库,因此不会产生不一致和矛盾,大大提高了设计质量。

(2)加快设计进度和工程建设进度

由于采用了三维设计软件,设计修改极其方便,统计材料由计算机自动产生。因此,大大节省了人工绘图与统计所需的时间,缩短了设计周期,现场设计代表人数也大大降低。据国外某工程公司介绍,人工设计两万米管道工程需 9 个月,采用设计软件进行设计,包括建数据库和分析计算,只需要 3 个月,大大提高了工作效率。

(3)节省工程投资

应用设计软件后能精确统计材料,较好地控制材料,避免浪费。一般统计材料可节省 1%~3%。国内一个石油化工装置,十万米管道按轴测图落料,最后施工余量不到 10 m。模型经质量检查后及时更正,也能极大地减少施工中的修改和返工,节省建设费用。

(4)提高设计竞争能力

国外工程公司普遍采用三维设计软件技术,出图率甚至高达 100%。因此,要参与国际设计市场竞争,与国外工程公司合作,则具备三维设计能力已成为主要条件之一。

9.6.2 主要三维工厂设计软件

采用计算机设计技术进行管道工程设计需要有相应的计算机硬、软件支持,包括计算机设备(服务器和终端微机)、三维工厂设计软件和其他辅助软件。

目前,国内外工程公司应用较多的三维工厂设计软件有以下几种:美国鹰图(Intergraph)公司 PDS 和 S3D 系列产品;英国 AVEVA 公司 PDMS 和 E3D 系列产品;美国 BENTLEY 公司 Auto PLANT 产品。由于这些软件均来自国外,故所需费用较大,若不是大项目,很难承担如此大的成本。国内也有一些软件公司自行开发了三维设计软件,由于价格低廉、实用,在我国中小型设计院有一定影响,已取得了一些成绩,如 PDSOFT、PDA 等。

1. PDS 三维工厂设计系统

PDS 是由美国鹰图公司研制开发的大型工厂设计应用软件产品。鹰图公司始建于 1969 年,总部位于美国亚拉巴马州亨茨维尔市(Huntsville),在全球有 4,000 多名员工。产品主要涉及公共安全、交通运输、石油行业、电力行业、水利行业及通信行业六大行业。鹰图

(Intergraph)是全球工程和地理空间软件的供应商,为 60 多个国家的企业和政府提供特定行业软件,将大量的数据转化为直观易懂的表现形式和可操作信息。

PDS 是 Plant Design System 的缩写,PDS 是构建在 Windows 操作系统上的一个应用软件,它需要 Microstation 作为图形平台,同时还需要一个商业数据库,如 Oracle、Microsoft SQL Server、Informix 等作为数据平台。PDS 是一个网络运行软件,它采用 Client—Server 工作模式,即数据和模型放置在服务器上,设计者在客户机上工作。共有 17 个模块,它们分别是:

(1) Schematic Environment,高阶段设计绘制 P&ID 图和仪表数据管理;

(2) Equipment Modeling,三维设备模型设计,主要建造设备外形和管口信息;

(3) Frameworks Environment,三维结构框架设计;

(4) Piping Designer,三维配管设计;

(5) Electric Raceway Environment,三维电缆托盘的设计;

(6) Piping Design Data Manager,三维设计数据管理和等级库建立;

(7) Pipe Stress Analysis,管道应力分析接口;

(8) Piping Model Builder,设计者可按照一定语法规则编写文本文件,PDS 能将其自动转换成三维实体模型;

(9) Pipe Support Designer,管道支吊架设计;

(10) Interference Manager,三维工厂碰撞检查;

(11) Isometric Drawing Manager,提取单管轴测图;

(12) Drawing Manager,生成平面图、剖视图;

(13) Design Review Integrator,智能工厂浏览器(SmartPlant Review)接口;

(14) Report Manager,提取各种报告;

(15) Project Administrator,项目控制和管理;

(16) Reference Data Manager,参考数据库管理;

(17) PE-HVAC,三维暖通管道设计。

2. S3D 智能三维布置设计系统

S3D(Smart 3D)是鹰图 PP&M(Process, Power & Marine)的新一代三维工程设计解决方案,在鹰图 PP&M 超过 30 年的工程经验积累基础上,采用最新的软件技术进行核心构架,是目前市面上智能、开放和全面的工程解决方案。从 2014 版本开始,将原有针对不同工程领域独立封装的 SmartPlant 3D、SmartMarine 和 SmartPlant 3D Material Handling Edition 统一封装为 Smart 3D 产品。包括设备、管道、结构、土建、电气、暖通、支吊架等专业模块。

S3D 和与其配套相关联的软件包括:

(1) Smart 3D,智能三维布置设计系统;

(2) SmartPlant Review,智能三维模型审查工具;

(3) SmartPlant Isometrics,小批量管道设计软件;

(4) SmartPlant Reference Data,工程材料编码系统;

(5) SDB(Standard Database for SmartPlant Reference Data),工程材料数据库;

(6) SmartPlant P&ID,智能管道和仪表流程图设计系统;

(7) SmartPlant Layout,高阶段方案设计助手;

（8）Smartplant Instrumentation，智慧工厂仪表解决方案；

（9）SmartPlant Electrical，智慧工厂电气解决方案。

Smart 3D特有的专利技术"智能关联"管理模型之间相互关联，模型的修改会自动反馈到关联模型，自动发生修改，避免设计结果不一致，减少人为失误造成的修改和返工，具体包括以下几点。

（1）设备与结构之间的关联；

（2）设备与楼板面之间的关联；

（3）管道与设备管嘴之间的关联；

（4）管道与其支架之间的关联；

（5）管道与楼板开孔之间的关联。

3. PDMS(E3D)

PDMS(E3D)是AVEVA公司的产品。AVEVA Group plc（LSE：AVV）是英国计算机软件商。为造船和海洋工程、石油和天然气、造纸、电力、化工和制药等工业领域提供全生命周期解决方案及服务。

AVEVA公司自1967年从剑桥大学CAD中心的一个三维设计项目起步，从20世纪70年代末期的经济低迷时期转向商业化运作，开发出了世界上第一个三维工厂设计系统——PDMS(Plant Design Management System)，该系统具备基于对象的工程数据库。

PDMS是英国AVEVA公司（原CADCentre公司）的旗舰产品，自1977年第一个PDMS商业版本发布以来，PDMS就成为大型、复杂工厂设计项目的首选设计软件系统。

AVEVA PDMS包括以下功能。

（1）改进、扩展了绘制草图功能，包括自动出图(ADP)、快速产生清洁的图形；

（2）新的数据库技术增强了对多专业设计的支持，并能满足当今工厂模型数据信息量极度膨胀的要求；

（3）新颖的Piping特点，Advanced Router for Piping，它为管道设计工程师提供了一种自动配管的有效工具，大大减少了设计时间；

（4）更加精确和详细的螺栓材料表(MTO)，能防止螺栓的丢失，并且改进了ISO图的产生，避免由管线制造商重绘管段图；

（5）应用标准的组合件和配置使得结构设计更加快速、直观，由简单、强大的图形用户界面(GUI)驱动；

（6）改进后的HVAC设计应用变得更为易学易用，并扩充了元件库，包括复杂的附件和标准件；这种新的HVAC应用能产生一个详细的工程图，包括空间布置、详细的材料表(MTO)及重量统计表；

（7）改进了项目管理的功能，包括有效的系统管理，并能产生数据库修改的历史报表。

PDMS发展的一个重要方面是用户在使用过程中不断地自我完善改进，化工工程在工艺发展上有一定的相关性和延续性，通用元件和设备较多，各个用户业务发展也有一定的方向和规律，项目复用性强。部分工程公司就制定了自己的PDMS企业标准和操作指南，并且组织设计人员将已完成工程的通用资料经标准化整理纳入相应数据库，从而使PDMS软件在使用中不断充实完善。

PDMS三维工厂设计系统软件包含着很强的工程设计、施工、管理等方面的思想，为现代工程项目管理从粗放被动型向精细主动型发展创造了十分有利的条件。笔者在从事 PDMS 三维设计和化工工程项目管理的实践中，体会到在以下几个方面，PDMS 是大有可为的。

（1）在项目信息管理系统中的应用

首先，基于三维实体建模的技术方案涵盖了全面的项目技术信息，由于设计效率的提高而可能提前进入信息管理系统，并能随着项目不断进展而提供实时动态资料，其不断扩充的各类数据库甚至能提供超出本项目所涉范围的技术信息，供项目管理者做比对。其次，软件自身能以项目为单位进行统一合理的编码，按专业分区分类别布置，且对外部软件具有良好的包容性和便捷的输出接口，比较容易融入项目管理信息系统，只要设定了访问权限限制，可以方便快捷地取用所需技术图纸资料和各种报表以及保密控制。

（2）在工程造价管理中的应用

以 PDMS 格式存放的已竣工或在建工程与拟建工程结构特征和设计内容一致的类似工程预算资料可以为项目前期工程经济评价提供直观的准确的参考依据，并将已竣工工程造价依据数据源自动成为其他相关工程造价应用的数据源成为可能。

PDMS 三维实体建模设计方式与传统二维方式相比，在设计阶段可节约 50% 的时间和金钱，实体建模完成后，其分部工程也相应确定，可同时产生各类元件、设备、材料的统计报告，直接为确定工程量清单提供了明确的依据。

新开发的 PDMS 软件增强了项目管理功能，加强了对设计系统的动态控制，能产生各种图纸和数据库修改的历史报告，这就为解决工程造价软件能编制工程（预）结算，但缺乏审核功能这一难题提供了条件。

PDMS 的开放性使得有可能通过网络技术将工程建设各参与方有机联系起来，共同对项目的工程造价进行有效控制，充分发挥网络具有的资源共享、信息传输、互动交流的优势，通过监督和制约措施，遏制工程"概算超估算，预算超概算，结算超预算"现象，在 PDMS 基础上形成和应用动态造价信息系统。

（3）在施工过程和竣工后运营中的应用

PDMS 将项目施工中所需的技术信息明晰化，精确化，从而具体、形象、全面反映工程项目的全貌。其建模特征的可拓展性，使工程各个专业的施工管理可不断深化延展。尤其是 PDMS 为项目竣工保留的三维技术资料，从一个入口进入，可以方便直观地查询任何一个元件、设备的相关资料，极大地便利了项目运行后的维护。

9.6.3 三维模型设计

不同的三维设计软件虽然操作方法不同，但是其功能和原理是相似的。以下简要介绍三维模型设计的方法和过程。

1. 项目建立

首先必须建立项目三维模型的环境，如定义项目名称、模型的坐标系、设置设计、操作、校对人的权限、管道材料等级库路径、软件用户号指向、单管图自动生成设置、自动标注开关设置，各种管件、设备、建筑颜色设置。

管道材料等级库的建立：根据给排水管道材料编制项目管道材料等级表，应用软件自有的生成器或文件从软件域筛选和调用项目中所需要的给排水管道材料，包括外形尺寸、管件编码和管件描述，目前各软件工程库中较完整的数据资料有 GB、SH、ASME、DIN 等标准。

2.设备模型建立

在已设定好坐标系的设备模型中,根据设备平立面图、设备小样图上外形尺寸和管口方位输入所建各种设备的数据信息。

3.钢结构模型建立

根据土建结构计算出的柱梁型钢规格,输入设定好坐标系的钢结构模型中,可快速地建立钢结构框架模型,同时生成型钢材料表。目前一些钢结构计算软件已与三维设计软件有接口,三维软件可直接读取计算结果,生成钢结构模型。

管道模型的建立应事先规划好,可依照管道平面分区图设置。设备模型范围一般与管道模型范围相一致,以方便建模和碰撞检查。建模时,设备及设备管接口是重要的依据。由于管接口已带有与之相接管道的属性,因此管道很容易建立起来,不需要再输入任何管道的属性。

目前绝大多数工程公司或设计院在建立管道模型时,均参照管道平面研究图进行,若配管设计人员三维空间想象力好的话,可简化管道研究图,直接在三维模型中设计管道。

4.仪表电气模型建立

仪表、电气建立模型,仅仅是电缆桥架、现场仪表和现场电气柜等,可帮助配管设计人员避免管道与之碰撞。

5.检查报告和材料报表

从已建立的管道模型能自动提取各种所需的材料报表,如管道材料汇总表、管道综合材料表、区域管道材料表等。从管道模型还可以产生供检查用的报告,如点坐标报告、管件特性和材料报告等。以上报表和报告能在屏幕上显示,也可以在打印机输出。

6.碰撞检查

给水排水管道模型可能会出现管道之间及管道和设备基础、钢结构基础、混凝土结构基础、管沟、电缆沟、地下设备、地坑、桩基等地下设施之间的发生碰撞现象。干扰检查可以自动检查并显示出相碰的位置,并产生报告。设计人员据此对设计进行修改,以确保设计质量,避免在施工时发生碰撞,造成金钱和时间方面的浪费。

碰撞既可以管道和物体直接相碰的硬碰撞,也可以管道和物体周围必要的操作、维护空间和热、磁辐射范围相碰的软碰撞。该软件相碰的管道和物体通过屏幕闪耀和颜色的变化来显示。在报告中指明碰撞类型、碰撞的目标体及坐标位置。

7.其他设计功能

三维设计软件具有消除隐藏线和渲染功能。经命令操作后可得到消除隐藏线图像的管道模型或渲染的管道模型。

三维设计软件还有和相应二维设计软件管道和仪表流程的校验功能。通过命令操作可产生管道模型和P&ID校验报告,指出多余的、遗漏的和不符合的部件。

9.6.4 三维模型漫游软件

目前一些大型工程公司已取消了我们所熟悉的常规核对方式,即审核管道图是在二维图纸上进行的。而是直接运用模型漫游软件在屏幕上进行。检查的内容有:可操作性、安全性,并考虑维修、施工及安装等要求。

常用的漫游软件是美国鹰图公司的SPR,全称是Smart Plant Review,是一款3D渲染软件,提供了一个模块化、可扩展、灵活的可视化环境,可以将PDS建立的模型立体写实地呈现在人们面前。主要用它进行简单的查看、标注和测量等。SPR 是用于对化工和电力工厂的大型、复杂三维模型进行交互式审核和分析的完整的可视化环境。企业通过 SPR 对所有项目设计审核进行标准化。SPR 可以提供任何角度的视图,因此,相比采用传统工程模型可以更有效地对布局进行校核、审核工作,以及业主 30%、60%和 90%的工程设计审查,将业主的意见在工程设计过程中及时反映给工程公司,在设计工程中完善设计,避免了传统的施工后业主根据实物工程情况提出修改意见,重新返工。

为方便管理者和客户进行项目审批,SPR 可给出技术和非技术观众均很容易理解的清晰的表现方式。管理者和客户可以在多种环境下方便地观看。SPR 可以在任何远程地点显示整个工厂模型及相关数据,完全与办公室网络无关。

9.6.5 三维模型设计在给水排水工程设计中的应用

通常,石油化工装置工程设计中的给排水专业的地下管道和地上管道参与模型设计,给水排水管道主要包括生产污水管道、初期雨水管道、雨水管道、生活水管道、生产水管道、循环水管道和消防水管道等,地下给水排水管道参与模型设计主要是为了避免管道与地下的管沟、设备基础、建构筑物基础和桩基等的碰撞。地下管道与地下基础请见图 9-5～图 9-9 地下管道模型。图中深色是地下管道,灰色是管沟和地下基础。

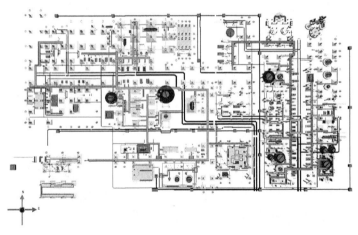

图 9-5　地下管道与地下基础图

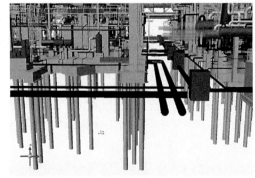

图 9-6　地下管道、雨水井、基础、桩基示意图

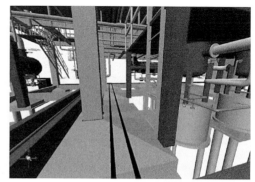

图 9-7　地下管道在基础承台上穿过示意图

图 9-8　地下管道在基础、桩基中穿过示意图

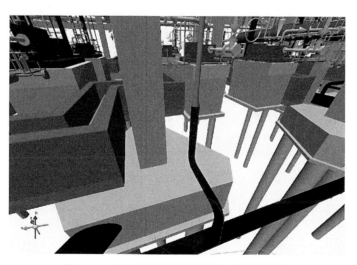

图 9-9　地下管道与地上管道连接处示意图

第 10 章 给水排水管道材料设计

给水排水管道的材料设计是整个设计过程中的基础部分,它直接影响到整个给水排水管道的可靠性和经济性。因此,许多法规性的标准如 GB 50316《工业金属管道设计规范》、SH3059《石油化工管道设计器材选用通则》、ASME B31.3《Process Piping》等都是主要针对管道材料设计编写的,已经出版的 TSG D0001《压力管道安全技术监察规程——工业管道》也都是围绕着这部分内容进行规定。给水排水管道因其介质的多样性和复杂性,管材的选用也非常广泛,有金属材料、无机非金属材料和有机高分子材料。给水排水管道的材料设计主要为管道器材标准体系的选用、材料选用、压力等级的确定、管道及其元件形式的选用和阀门的选用等内容,其表现形式一般为管道材料等级表。

10.1 管道材料等级

10.1.1 管道材料等级概念

管道等级的概念分为两种:管道压力等级和管道材料等级。工程中的管道是由管子、管件(弯头、三通、异径管等)、阀门、法兰接头(法兰、垫片和螺栓)等组成的。这些组成件一般都是标准件,因此管道组成件的设计主要是其标准件的选用,管道压力等级的确定也就是其标准件等级的确定。管道的压力等级包括两部分:以公称压力表示的标准管道法兰的公称压力等级;以壁厚等级表示的标准管件的壁厚等级。

以下为常用的法兰公称压力等级,Class 系列见表 10 - 1,PN 系列见表 10 - 2。

表 10 - 1 Class 系列(美洲体系)法兰公称压力等级及对照表

公称压力,PN/MPa	公称压力(美洲体系),Class	公称压力,PN/MPa	公称压力(美洲体系),Class
11	75	110	600
20	150	150	900
50	300	260	1 500
68	400	420	2 500

表 10 - 2　PN 系列(欧洲体系)法兰公称压力等级

公称压力,PN/MPa	公称压力(欧洲体系),PN
2.5	63
6	100
10	160
16	250
25	320
40	400

给水排水法兰压力等级两个体系都会用到,管道材料等级规定是设计院或工程公司制定的管道组成件选用规定。通过管道材料等级表,工程技术人员可确定出一定的设计压力、设计温度和流体介质条件下对应的各种尺寸规格的管道组成件的详细具体规定。该表也是设计院或工程公司现场人员和专业技术人员选择管道组成件的依据。管道材料等级代号中每个字母或数字表示的意义不同,通常两个字母或数字分别表示压力等级和材质。

管道壁厚应根据管道介质的压力、温度、外部荷载、腐蚀裕量及是否产生水锤确定。金属管道的壁厚通常应经过计算,参考管标号选择确定,影响管道壁厚确定的因素包括压力、温度、管材特性、外部荷载、腐蚀裕量等。非金属管道的壁厚应考虑压力、温度折减系数、管道环刚度等方面的因素,同时参照行业标准确定。

10.1.2　管道材料等级组成

管道材料等级表的内容包括以下内容。

(1) 工程名称。

(2) 工程号。

(3) 管道材料等级代号。

(4) 适用的介质范围。

(5) 适用温度范围。

(6) 管道公称压力。

(7) 法兰温度—压力范围表。

(8) 管道分支表号。

(9) 管道规格参数:管道材料的名称、公称直径范围、材质及对应的壁厚或表号、管道标准、管道外径标准系列号、管道端部加工形式。

管道公称直径(mm)应按以下系列优先选用:15,20,25,32,40,50,65,80,100,150,200,250,300,350,400,450,500,600,700,800,900,1 000,1 200,1 400,1 600,1 800,2 000。

(10) 阀门规格参数。

阀门名称、公称直径范围、公称压力、材质、型号、密封端形式。

（11）法兰规格参数。

法兰名称、公称直径范围、公称压力、材质、标准号、管端加工形式、密封端加工形式、相匹配的管道外径标准系列号。

（12）垫片规格参数。

垫片名称、公称直径范围、公称压力、材质、标准号、厚度、密封端面加工形式、相匹配的管道外径标准系列号、垫片形式代号。

（13）紧固件规格参数。

螺栓、螺母名称、对商品级螺栓、螺母填写材料级别代号；对专用级螺栓、螺母直接填写材质、标准编号。

（14）管件规格参数。

管件名称、公称直径范围、公称压力、材质、标准号、相匹配的管道外径标准系列号等。

（15）支管连接表。

规定主管和支管连接形式。常见的支管连接形式包括：三通（等径/异径）、支管台（承插/对焊）、主管开支管（补强/不补强）以及三通＋异径管过渡等（表 10-3）。

表 10-3　管道分支表

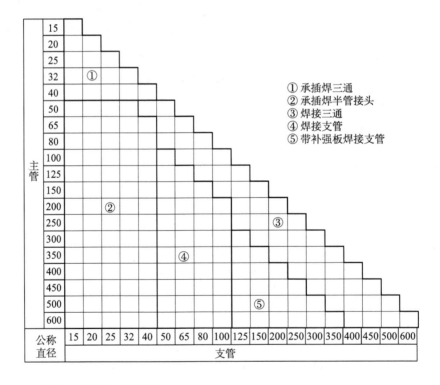

10.1.3　管道材料等级作用

管道材料等级是管道设计的基础和核心。其首要作用是保证管道系统在相应的设计条件下是安全可靠的。其次，通过合理的材料选用，压力等级分类和标准化管件设计，既规范了配管设计，又兼顾了工程的经济性。

作为把工艺流程图(P&ID)上的管道系统实物化的桥梁,管道等级在从设计到施工的各个环节上有着非常重要的作用。

在工艺流程 P&ID 图上,每条管线都标注有相应的管道等级代号。管道等级代号通常由几个单元组成。每个单元分别由字母或数字表示,分别表示了管道压力等级、管道主要材质、密封或连接形式、腐蚀裕量等。不同公称压力等级代号表示方法不尽相同,但表示的主要内容却是相似的。

P&ID 图上的每一个等级代号都会由管道材料工程师编制成相对应的管道材料等级表,并以此为依据生成标准化的 PDS 数据库供配管设计,进而按照等级表上规定的材料进行采购和施工。

10.1.4 管道材料等级表

管道材料等级表样表(L1B)见表 10 - 4。

表 10 - 4 管道材料等级表样表

名称	公称直径 /mm	公称压力 /MPa	材料	标准号或型号	壁厚或厚度/mm	管端	密封端形式	尺寸系列	备注
无缝钢管	15~20		20	GB/T 8163	2.5	BE		B	
无缝钢管	25~40		20	GB/T 8163	3	BE		B	
无缝钢管	50~50		20	GB/T 8163	3.5	BE		B	
无缝钢管	65~125		20	GB/T 8163	4	BE		B	
无缝钢管	150~150		20	GB/T 8163	4.5	BE		B	
无缝钢管	200~200		20	GB/T 8163	6	BE		B	
无缝钢管	250~250		20	GB/T 8163	8	BE		B	
无缝钢管	300~300		20	GB/T 8163	8	BE		B	
焊接钢管	350~350		20	GB/T 3091	9	BE		B	
焊接钢管	400~400		20	GB/T 3091	10	BE		B	
焊接钢管	450~450		20	GB/T 3091	12	BE		B	
焊接钢管	500~500		20	GB/T 3091	14	BE		B	
焊接钢管	600~600		20	GB/T 3091	16	BE		B	
软管	15~100	1.0	夹布胶管				B		
截止阀	15~200	1.6		J41H—16C			RF	B	
闸阀	15~200	1.0		Z45T—10C			RF	B	
球阀	15~200	1.6		Q41F—16C			RF	B	

名称	公称直径/mm	公称压力/MPa	材料	标准号或型号	壁厚或厚度/mm	管端	密封端形式	尺寸系列	备注
蝶阀	50～200	1.0		D72X—10C			RF	B	
蝶阀	250～600	1.0		D372—10C			RF	B	
止回阀	15～150	1.6		H41H—16C			RF	B	
安全阀	15～80	1.6		A41H—16C			RF	B	
带颈平焊法兰	15～600	1.0	20	HG 20594—		SO	RF	B	
带颈平焊法兰	15～600	1.6	20	HG 20594—		SO	RF	B	
法兰盖	15～600	1.0	20	HG 20601—			RF	B	
法兰盖	15～600	1.6	20	HG 20601—			RF	B	
聚四氟乙烯包裹垫片	15～600	1.0	F4/石棉橡胶	HG 20607—	3		RF	B	
螺栓	—		8.8级	GB 5782—					
螺母	—		8级	GB 6170—					
弯头	15～600	1.6	20	GB/T 12459—		BE		B	
三通	15～600	1.6	20	GB/T 12459—		BE		B	
异径管	15～600	1.6	20	GB/T 12459—		BE		B	
视镜	15～150	1.0	20				RF	B	
Y 型过滤器	15～150	1.6	20				RF	B	
软管接头	15～100	1.6	20				RF	B	

10.2　常用给水排水管道器材及其选用

给水排水管道材料的选择,应根据压力、温度、水质、管径、厂区地形、地质、地下水位、施工条件、管材供应等条件,按照运行安全、经济合理、施工方便的原则确定。给水排水管道材料按输送方式可分为两类:一类为有压管道;另一类为无压管道,即重力流管道。给水系统采用的管材和管件,应符合国家现行有关产品标准的要求;管材和管件的工作压力不得大于产品标准公称压力或标称的允许工作压力。

10.2.1　管道连接方式

1.承插焊（SW）（图 10-1）

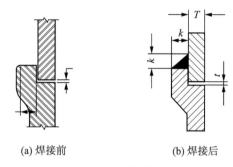

(a) 焊接前　　　　　　(b) 焊接后

图 10-1　承插焊接示意图

一般情况下 DN≤40 的管子、管件的连接宜采用承插焊连接；当管子表号（公称壁厚）大于或等于 Sch160，或介质可能产生缝隙腐蚀时，或介质是润滑油时，应采用对焊连接。

2.对焊连接（BW）（图 10-2）

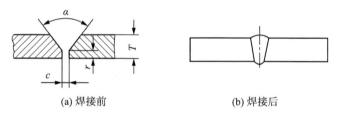

(a) 焊接前　　　　　　　　　(b) 焊接后

图 10-2　对焊连接示意图

一般情况下，DN≥50 的管子、管件的连接应采用对焊连接。

3.螺纹连接（SCRD 或 THRD）（图 10-3）

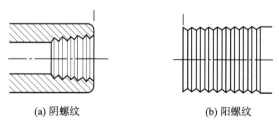

(a) 阴螺纹　　　　　　　(b) 阳螺纹

图 10-3　螺纹连接示意图

螺纹连接一般适用于 DN≤-50 的管子及管件之间的连接，用它代替承插焊以实现可拆卸连接，但螺纹连接受下列条件限制：

（1）螺纹连接的管件应采用锥管螺纹；并应注明是 NPT（60°锥管螺纹）还是 Rc/-R2（55°锥管螺纹）；

（2）螺纹连接不推荐用在大于 200℃ 及低于-45℃ 的温度下；

（3）螺纹连接不得用在剧毒介质管道上；

（4）螺纹连接不推荐用在可能发生应力腐蚀、间隙腐蚀或由于振动、压力脉动及温度变化可能产生交变载荷的部位；

（5）用于可燃气体管道上时，宜采用密封焊进行密封。

4.沟槽连接（图 10-4）

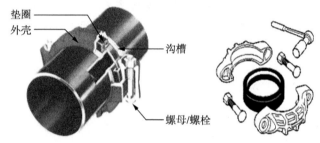

图 10-4　沟槽连接示意图

沟槽连接管件包括两大类产品：

（1）起连接密封作用的管件有刚性接头、挠性接头、机械三通和沟槽式法兰；

（2）起连接过渡作用的管件有弯头、三通、四通、异径管、盲板等。

沟槽连接管件主要由三部分组成：卡箍、密封橡胶圈和锁紧螺栓。

橡胶密封圈在连接管道的外侧，并与滚制的沟槽相吻合，在橡胶圈的外部扣上卡箍，用两颗螺栓紧固即可。橡胶密封圈和卡箍采用特有的可密封的结构设计，使得沟槽连接件具有良好的密封性。

沟槽管件连接，仅在被连接管道外表面用滚槽机挤压出一个沟槽，不会破坏管道内壁结构，这是沟槽管件连接特有的技术优点。如果采用传统的焊接操作，许多内壁做过防腐层的管道都将遭到破坏。比如镀锌管道，衬塑钢管、钢塑复合管等都不得使用焊接和法兰方式连接，否则需要二次处理。

沟槽管件主要用于喷淋消防水、泡沫消防水系统（镀锌管道）、饮用水管道、建筑给水管道、采暖热水管道等，应用镀锌防腐或洁净要求的管道。制造标准见 CJ/T 156《沟槽式管接头》。

10.2.2　金属管和非金属管

1.金属管的种类

无缝钢管（SMLS）：钢抷经穿孔轧制或拉制成的钢管，以及用浇注方法制成的钢管。

焊接钢管（WELD）：由钢板、钢带等卷制，经焊接而成的钢管。

焊接钢管又分为:直缝焊钢管,螺旋焊钢管。其代号和种类如下。

(1) EFW,电熔化焊焊接钢管;

(2) ERW,电阻焊焊接钢管;

(3) SAW,单面埋弧焊焊接钢管(属于电容焊);

(4) DSAW,双面埋弧焊焊接钢管(属于电容焊);

(5) HFW,高频焊焊接钢管(属于电阻焊)。

2.金属管的常用制造标准

无缝钢管(Seamless Steel Pipes)见 GB/T 8163《输送流体用无缝钢管》,GB/T 14976《流体输送用不锈钢无缝钢管》等。

焊接钢管(Welded steel pipes)见 GB/T 3091《低压流体输送用焊接钢管》,GB 9711《石油天然气工业系统用输送钢管》等。

3.金属管尺寸系列标准

设计压力小于 1.0 MPa,温度小于 150℃的工业用水管道宜选用直缝焊碳钢管、螺旋焊缝碳钢管,钢管标准为 GB/T 3091《低压流体输送用焊接钢管》、GB9711《石油天然气工业系统用输送钢管》、SY/T5037《低压流体输送管道用螺旋埋弧焊钢管》;对饮用水介质,当 DN≤40 时,应采用镀锌有缝碳钢管 GB/T 3091《低压流体输送用焊接钢管》;当 DN≥50 时,可采用无缝碳钢管 GB/T 8163《输送流体用无缝钢管》。

4.非金属管标准

常见非金属管标准有 GB/T 5836.1—2006《建筑排水用硬聚氯乙烯管材》、GB/T 10002.1—2006《给水用硬聚氯乙烯(PVC-U)管材》、GB/T 11836—2009《混凝土和钢筋混凝土排水管》、GB/T 18742—2002《冷热水用聚丙烯管道系统》等。

5.石油化工压力流管道管材选择,宜按下列要求选用:

(1) 生活给水管地上敷设时,宜采用给水塑料管、塑料和金属复合管、热浸镀锌钢管等;

(2) 生活给水管道埋地敷设时,宜采用给水塑料管、塑料和金属复合管或热浸镀锌钢管、球墨铸铁管等;

(3) 生产给水(新鲜水)、循环水、消防给水管道,宜采用钢管;

(4) 回用水、压力流污水管道等,宜采用塑料和金属复合管等抗腐蚀管材;

(5) 原水输送管道宜采用钢管、非金属材料管、球墨铸铁管、预应力钢筋混凝土管等。

6.石油化工重力流管道的材质选择,宜按下列要求选用。

(1) 生活排水埋地管道,宜采用塑料管、承插式混凝土管、钢筋混凝土管、球墨铸铁管等。

(2) 生产污水、清洁废水等埋地管道,宜采用球墨铸铁管、塑料管、玻璃钢管等。

(3) 雨水、污染雨水管道,宜采用混凝土管、钢筋混凝土管、塑料管、玻璃钢夹砂管等。

(4) 建筑内部排水管道宜采用建筑排水塑料管及管件、柔性接口机制排水铸铁管及相应管件。

(5) 初期雨水管道和生产污水管道根据 GB/T 50934《石油化工工程防渗技术规范》应采用钢管,当管道公称直径不大于 500 mm 时,应采用无缝钢管;当管道公称直径大于 500 mm 时,采用直缝埋弧焊焊接钢管,焊缝应进行 100％射线探伤。管道设计壁厚的腐蚀余量不应小于 2 mm 或采用管道内防腐。

7.输送有腐蚀性介质的管道,根据介质性质、敷设方式,应采用耐腐蚀性管材或在管道内壁采取防腐蚀措施。

8. 以下情况应采用热浸镀锌钢管或内涂塑热浸镀锌钢管：

（1）报警阀后的喷淋管道；

（2）罐区控制阀后及储罐上设置的消防冷却水管道。

9. 泡沫原液管道采用流体输送用不锈钢无缝管。输送药液、消毒剂等管道的材质宜符合下列要求：

（1）水质处理的加药管道宜采用聚氯乙烯管或不锈钢管；

（2）液氯管道宜采用加厚无缝钢管或铜管；

（3）氯水管道宜采用聚氯乙烯管或工程塑料管（ABS）；

（4）输送药液的管道，在寒冷地区需伴热时，不宜采用塑料管。

10. 管道穿越厂区铁路和主要道路，当不设套管时，应符合下列要求：

（1）压力流管道宜采用钢管；

（2）重力流管道宜采用球墨铸铁管或预应力钢筋混凝土管。

10.2.3　管道连接

管道连接可采用柔性和刚性等接口形式，管道接口形式应根据地质条件、抗震要求、管道材质、敷设环境和施工方法确定。

污水和合流污水管道应采用柔性接口，当管道穿过粉砂、细砂层并在最高地下水位以下，或在地震设防烈度为 7 度及以上设防区时，必须采用柔性接口。

钢管连接，埋地敷设时应采用焊接；架空敷设时可采用焊接、法兰、螺纹、卡箍等连接形式。钢管采用法兰连接时，应根据管道设计压力、设计温度、介质特性及泄漏率等要求选用。

镀锌钢管的连接方式宜符合下列要求：

（1）管径小于或等于 80 mm 时，宜采用螺纹连接；

（2）管径大于 80 mm 时，宜采用卡箍式专用管件或法兰连接，镀锌钢管与法兰的焊接处宜二次镀锌。

埋地铸铁管应采用承插式接口，接口填塞材料宜采用橡胶圈等，并应符合 GB/T 21873《橡胶密封件 给、排水管及污水管道用接口密封圈 材料规范》的要求。含油污水管道应采用耐油的接口材料。混凝土管、钢筋混凝土管或预应力钢筋混凝土管，宜采用柔性接口管，接口填塞材料宜采用橡胶圈。有抗震要求时，应执行 GB 50032《室外给水排水和燃气热力工程抗震设计规范》的有关要求。

塑料管道的连接应符合下列要求：

（1）高密度聚乙烯管道、钢骨架聚乙烯管道宜采用热熔连接或法兰连接；

（2）聚氯乙烯管道、工程塑料管（ABS）应采用承插黏连接或法兰连接；

（3）聚丙烯管应采用热熔连接。

通常给水用聚乙烯管、钢丝网骨架塑料复合管可采用电熔、热熔及法兰连接；排水用硬聚氯乙烯、聚乙烯管可采用承插式弹性密封圈连接；排水用高密度聚乙烯（PE-HD）管可采用热熔连接；排水用聚乙烯（PE）缠绕结构壁管按形式采用双承插口弹性密封圈或承插式电熔连接；排水用聚乙烯（PE）塑钢缠绕管、钢带增强聚乙烯（PE）螺旋波纹管可采用卡箍或电热熔连接。玻璃钢管道宜采用承插连接、平端对接或活套法兰接口方式。衬塑钢塑复合管及涂塑复合管应采用螺纹连接、沟槽连接或法兰连接。

弯头、三通、异径管及法兰等管件和阀门的压力等级、材质及壁厚应与连接管道相一致或相匹配。

10.2.4 管件

1.弯头(图 10-5)

弯头分为 90°弯头、45°弯头。弯头半径分为：长半径弯头 $R=1.5d$，短半径弯头 $R=1.0d$。(d 为管内径)。

(1) DN≤40 的弯头一般应采用锻钢制弯头，DN≥50 的弯头一般应采用无缝钢管锻制弯头(DN≤600)、钢板焊制弯头(DN≥700)或虾米腰弯头；

(2) 一般情况下，DN≥50 的弯头宜选用长半径弯头(曲率半径 $R=1.5DN$)；当受空间限制时可以选用短半径弯头($R=1DN$)；对含固体颗粒的介质，或工艺上要求有较小的阻力降的介质，可选用曲率半径 $R=3DN$ 或 $R=6DN$ 的弯管。

(a) 弯头   (b) 弯管

图 10-5　弯头、弯管示意图

2.异径管(大小头)及异径短节(图 10-6)

异径管分为同心异径管和偏心异径管。

(1) 大端直径 DN≤50 时，宜采用锻钢制异径短节；大端直径 DN≥80 时，宜采用无缝钢管推制异径管(DN≤600)或钢板焊制异径管(DN≥700)；

(2) 异径管的变径级数应符合相应标准的要求，超出时宜采用多级变径。

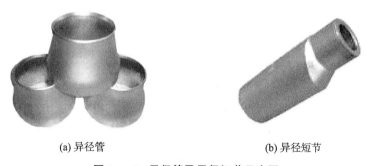

(a) 异径管   (b) 异径短节

图 10-6　异径管及异径短节示意图

3.三通、加强管嘴(管箍)、加强管接头(支管台)、补强圈(图 10-7)

(1) 主管直径 DN≤40 时，宜采用锻钢制三通；主管直径 DN≥50 时宜采用无缝钢管推制或挤压三通(DN≤600)，或钢板焊制三通(DN≥700)；

（2）对于在 DN50 的主管上分支出 DN40、DN25、DN20、DN15 支管的情况，宜采用 DN50×50 的三通＋DN50×（15～40）的异径短节或是直接采用管箍的结构形式；

（3）三通的变径级数应符合相应标准的要求。当超出标准变径范围时，若支管 DN≤40，应采用管箍连接；若支管 DN≥50（但最大到 DN200），并且设计温度大于 250℃或设计压力大于 2.5 MPa 时，宜采用支管台连接。否则，可采用开孔补强的分支连接形式。

（4）母管直径 DN≤100 时，其连接的支管台应采用弧底形式；母管直径 DN≥125 时，其连接的支管台应采用平底形式。

（5）支管台分为对焊支管台，承插焊支管台，螺纹支管台，弯头支管台和斜接支管台。

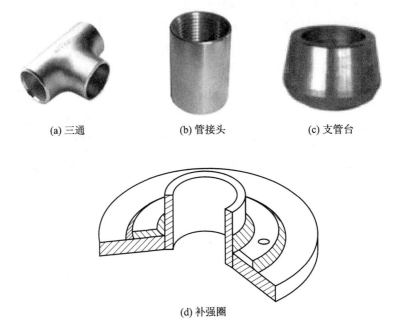

(a) 三通　　　　　(b) 管接头　　　　　(c) 支管台

(d) 补强圈

图 10 - 7　三通、加强管嘴、加强管接头、补强圈示意图

4. 管帽（图 10 - 8）

（1）DN≤40 时一般采用锻制管帽。用作放净、排空的终端时一般用锥管螺纹连接；

（2）DN≥50 时，一般采用标准椭圆封头。

图 10 - 8　管帽示意图

5. 管箍（图 10 - 9）

管箍分为半管管箍和双承口管箍

（1）一般情况下宜采用双承口管箍；

（2）DN≤40 的直管管段较长时（一般大于 6 m），宜采用同径双承插口管箍进行过渡连接，应用数量为[1 个/6 米长度直管]（注：不宜采用承插焊连接的情况除外）。

（3）DN≤40 的双承插口异径管箍可在一些情况下代替异径短节，但应视与它相连的管件而定，相连管件为被承插件时采用异径短节；相连管件为承插件时，应采用异径管箍。

图 10-9　异径管箍示意图

6. 螺纹短节、活接头和丝堵（图 10-10）

（1）这些管件均为螺纹连接件，一般情况下，它们适用于大外径管系中；

（2）活接头和至少一个双头螺纹短节配合使用，才能实现可拆卸连接；

（3）一般情况下，DN≤40 的管道上宜用方形丝堵。

(a) 螺纹短节　　　　　　　(b) 活接头　　　　　　(c) 丝堵

图 10-10　螺纹短节、活接头、丝堵示意图

短管一般是一段一定长度的直管，有两个端部。两个端部连接形式可以相同也可以不同。短管是工程中将非标准件变成了标准件。短管长度：76 mm、100 mm、150 mm、200 mm 等；短管端部：BE-BE、BE-MNPT、MNPT-MNPT 等。

钢制管件标准见 SH/T 3408《石油化工钢制对焊管件》，SH/T 3410《石油化工锻钢制承插焊和螺纹管件》。

支管台标准见 MSS SP-97《支管台》，GB/T 19326《锻制承插焊、螺纹和对焊支管座》。

补强圈标准见 JB/T 4736《补强圈》。

10.2.5　管路补偿接头(伸缩接头)(图 10-11)

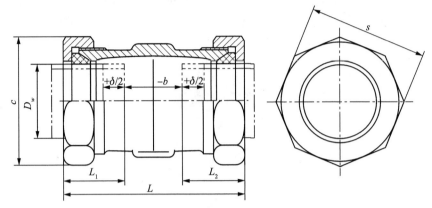

图 10-11　管路补偿接头示意图

防沉降管道伸缩接头由短管法兰、本体、压盖、挡圈、限位环、密封圈和压紧构件组成,用于吸收轴向位移和挠度为 $6°\sim 7°$ 的角度位移的管道伸缩连接的装置。

管路补偿接头按功能可分为六类:A—松套补偿接头,B—松套限位补偿接头,C—松套传力补偿接头,D—大挠度松套补偿接头,E—球形补偿接头,F—压力平衡型补偿接头。

防沉降管道伸缩接头与管道连接的形式按使用环境可采用双对焊连接、双法兰连接、一端法兰一端对焊连接中的任何一种,如有特殊要求也可采用其他方式连接。

伸缩接头主要零件材料可用碳素结构钢、优质碳素结构钢、铸钢、球墨铸铁件、不锈钢钢板等;密封圈可根据使用介质采用各种材料橡胶;用于润滑油等介质的碳钢、球墨铸铁伸缩接头,其外表面应涂防锈漆或环氧涂层,并采用符合 GB/T 5267.1 规定的电镀锌碳钢紧固件,或采用不锈钢紧固件。

伸缩接头标准见 GB/T 12465《管路补偿接头》。

10.2.6　法兰、垫片及紧固件

1.法兰

(1) 法兰的种类及代号

表 10-5　法兰的种类及代号

连接形式	代号	密封面形式	代号
对焊	WN	凸台面	RF
承插焊	SW	全平面	FF
平焊	SO	凹凸面	MF(凹面 LF,凸面 LM)
螺纹	PT	榫槽面	TG(槽面 GF,榫面 TF)
松套	LJ	环槽面	RJ 或环号(R11~R70)

（2）法兰的密封面

① RF-突面（或凸台面）（图 10-12）

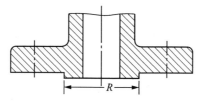

图 10-12　RF-突面示意图

② MF-凹凸面（图 10-13）

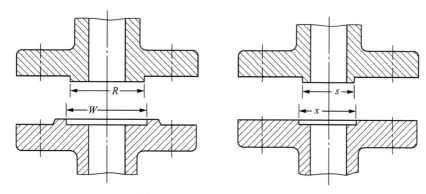

图 10-13　MF-凹凸面示意图

③ TG-榫槽面（图 10-14）

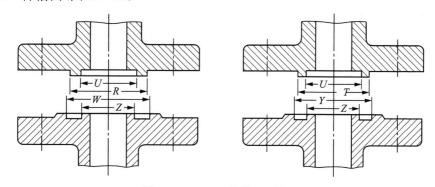

图 10-14　TG-榫槽面示意图

④ RJ-环槽面（图 10-15）

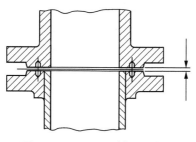

图 10-15　RJ-环槽面示意图

○石油化工给水排水工程设计○

（3）法兰与管道的连接形式（图 10 - 16）

① SO -平焊法兰；

② WN -对焊法兰；

③ SW -承插焊法兰；

④ PT -螺纹法兰；

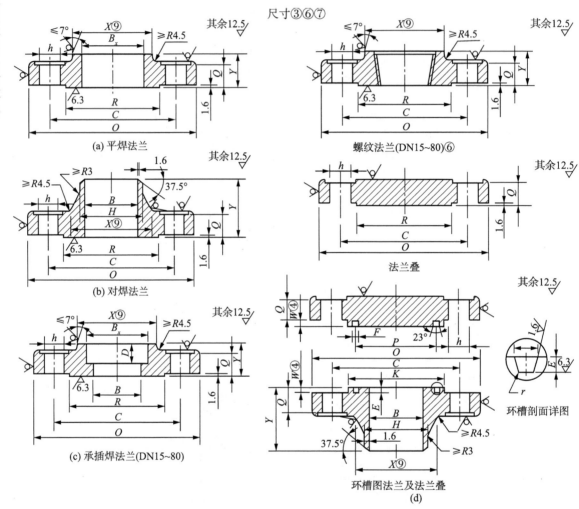

（a）平焊法兰

（b）对焊法兰

（c）承插焊法兰(DN15~80)

尺寸③⑥⑦

螺纹法兰(DN15~80)⑥

法兰叠

环槽剖面详图

环槽图法兰及法兰叠
(d)

图 10 - 16　法兰与管道连接形式示意图

⑤ LJ -松套法兰（图 10 - 17）

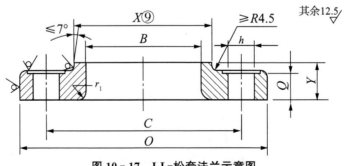

图 10 - 17　LJ -松套法兰示意图

（4）法兰连接形式宜按下列要求选用。

① 平焊法兰一般情况下应与软质垫片、低强度六角头螺栓配合使用，用于 PN≤2.0 MPa，设计温度低于 150℃的压缩空气、工业用水条件下。

② 承插焊和螺纹连接法兰一般用于 PN≤10.0 MPa（若法兰密封面为 RJ 时，则用对焊），DN≤40 的条件下，同时螺纹连接法兰还应受螺纹连接应用的限制。

③ 松套法兰则用于 DN≤2.0 MPa，T≤100℃的腐蚀介质条件下。

④ 对焊法兰则适用于除上述情况以外的条件下。

⑤ 全平面法兰一般与平焊连接形式配合使用于低条件情况下（见上述平焊法兰的使用条件）。

⑥ 凸台面法兰适用于 PN≤10.0 MPa 条件下（见 SH/T 3406《石油化工钢制管法兰》）。

⑦ 环连接面法兰适用于 PN≥10.0 MPa 的条件下。

法兰的常用标准见 SH/T3406《石油化工钢制管法兰》，HG/T20592《钢制管法兰 PN 系列》，HG/T20615《钢制管法兰 CLASS 系列》等。

2. 螺栓

（1）六角头螺栓、螺母见图 10 - 18。

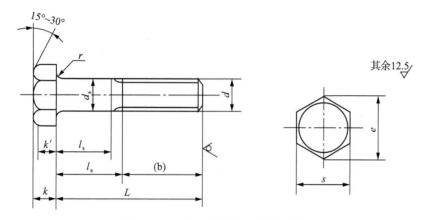

图 10 - 18　六角头螺栓、螺母示意图

（2）等长双头螺柱、螺母见图 10 - 19。

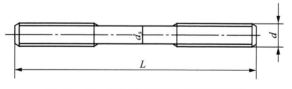

图 10 - 19　等长双头螺柱、螺母示意图

（3）全螺纹螺柱、螺母见图 10 - 20。

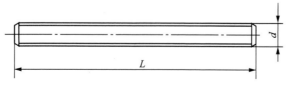

图 10 - 20　全螺纹螺柱、螺母示意图

（4）美国标准螺栓、螺柱和螺母见图 10-21。

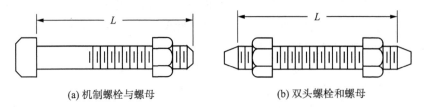

(a) 机制螺栓与螺母　　　　　(b) 双头螺栓和螺母

图 10-21　美国标准螺栓、螺柱和螺母示意图

配套使用的螺栓、螺母，一般情况下，其螺母的硬度应比螺栓的硬度低 HB30～40。螺栓、螺柱、螺母标准见表 10-6。

表 10-6　螺栓、螺柱、螺母标准

SH3404	管法兰用紧固件
HG 20592～20635	钢制管法兰、垫片、紧固件
ASME B18.2.1	SQUARE AND HEX BOLTS AND SCREWS
ASME B18.2.2	SQUARE AND HEX NUTS

常用紧固件材料适用条件见表 10-7。

除公称压力小于 5.0 MPa、采用软质垫片的法兰连接可采用六角头螺栓外，其他紧固件均应选用双头（通丝或等长）螺柱。而通丝螺柱一般应用在 PN10.0 MPa 及以上的等级中。

表 10-7　常用紧固件材料适用条件

		PN2.0			PN5.0/PN10.0			PN15.0、PN25.0、PN42.0	
		非金属垫片	PTFE 包覆垫片	半金属垫片	非金属垫片	PTFE 包覆垫片	半金属垫片	半金属垫片	金属垫片
紧固件材料	−196℃		0Cr19Ni9/0Cr19Ni9	0Cr19Ni9/0Cr19Ni9		0Cr19Ni9/0Cr19Ni9	0Cr19Ni9/0Cr19Ni9	0Cr19Ni9/0Cr19Ni9	
	−100℃		0Cr19Ni9/0Cr19Ni9	0Cr19Ni9/0Cr19Ni9		0Cr19Ni9/0Cr19Ni9	0Cr19Ni9/0Cr19Ni9	35CrMoA/30CrMo	
	−40℃	35/25	35/25	35CrMoA/35	35/25	35/25	35CrMoA/35	35CrMoA/35	
	～200℃	—		35CrMoA/35	35/25		35CrMoA/35	35CrMoA/35	
	～300℃	35/25		35CrMoA/35	35/25		35CrMoA/35	35CrMoA/35	
	～350℃			35CrMoA/35			35CrMoA/35	35CrMoA/35	
	～500℃						35CrMoA/30CrMo	35CrMoA/30CrMo	
	～550℃						25Cr2MoVA/35CrMo	25Cr2MoVA/35CrMo	

3.垫片

(1)法兰用垫片的种类

非金属平垫片:主要包括橡胶类垫片、非石棉纤维橡胶垫片、聚四氟乙烯包覆垫片等。

半金属垫片:由非金属和金属两种材料组合而成,主要包括缠绕式垫片、金属包覆垫片等。

金属垫片:此类垫片由金属材料经机械加工制成。垫片形式有平垫、椭圆形、八角形、透镜垫片等。材料有软铁、合金钢、铜、铝等。

(2)垫片的选用要求如下

① 设计压力小于等于1.6 MPa、设计温度不大于200℃的工艺介质,低压公用工程管道用法兰宜采用非金属软质垫片。其中,压缩空气、工业用水管道宜采用普通中压橡胶石棉垫片;酸碱介质宜采用耐酸碱中压橡胶石棉垫片;净化压缩空气、饮用水、润滑油管道宜采用聚四氟乙烯(PTFE)垫片;工艺油品、油气宜采用耐油石棉橡胶垫片;

② 缠绕式垫片的使用条件见表10-8。对凸台面法兰,当PN≤5.0 MPa,设计温度≤350℃时,宜采用带外环缠绕式垫片。当PN≥5.0 MPa,设计温度≥350℃时,宜采用带内外环缠绕式垫片;对凹凸面法兰,应采用带内环型缠绕式垫片;对榫槽面法兰,应采用基本型缠绕式垫片;

表10-8 缠绕式垫片使用条件

垫片材料	法兰公称压力/MPa	温度范围/℃
奥氏体不锈钢/无石棉纤维	≤25.0	—50~200
奥氏体不锈钢/柔性石墨	≤25.0	—196~800(氧化介质不高于450)
奥氏体不锈钢/聚四氟乙烯	≤10.0	—196~200

③ 金属平垫片可与凸台面法兰、凹凸面法兰、榫槽面法兰配合用于过热蒸汽管道;八角形和椭圆形金属垫片应与环连接面法兰配合用于PN≥10.0 MPa的管道上。一般情况下,宜用八角形而不用椭圆形。常用金属垫片材料的硬度和最高使用温度见表10-9;

④ 设计温度小于等于150℃、PN5.0 MPa的液化烃等介质宜采用聚四氟乙烯(PTFE)包覆垫片;

⑤ 金属垫片的硬度应比与其配套使用的法兰的硬度低HB30~40。

表10-9 常用金属垫片材料的硬度和最高使用温度

材料名称	最高硬度		相当于国外标准	最高使用温度 /℃	最低使用温度 /℃
	布氏(HB)	洛氏(HC)			
软铁	90	52	软 铁	—540	
10#	120			—540	
5Cr-0.5Mo	130	74	ASTM A182 F5a-	—650	
13Cr	170	84	ASTM A182 F6-	—650	
18Cr-8Ni	160	84	ASTM A182 F304-	700	—196
18Cr-8Ni 低碳	150	81	- ASTM A182 F304L	450	—196
18Cr-12Ni-Mo	160	84	ASTM A182 F316-	700	—196

续表

材料名称	最高硬度		相当于国外标准	最高使用温度 /℃	最低使用温度 /℃
	布氏(HB)	洛氏(HC)			
18Cr-12Ni-Mo 低碳	150	81	-ASTM A182 F316L	450	-196
铜垫(紫铜)				316	-70
铝垫				428	-70

（3）垫片常用标准

见 SH/T 3401《石油化工钢制管法兰用非金属平垫片》，SH/T 3407《石油化工钢制管法兰用缠绕式垫片》等。

10.2.7 硫化橡胶密封圈(图 10-22)

图 10-22 硫化橡胶密封圈示意图

硫化橡胶密封圈适用于铸铁管、钢管、陶瓷管、石棉水泥管、水泥管、钢筋水泥管、塑料管及玻璃纤维增强塑料管等所有管道接口密封圈。给水排水管道接口的工作性能与密封圈材料的性能、密封圈的几何形状及管接口的结构有关。

密封圈材料按照公称硬度分为 6 类，材料应不含有任何对输送中的液体、密封圈、管道或配件的寿命有害的物质。在输送冷饮用水时，密封圈材料在使用条件下不应损害水质。密封圈材料应符合有关国家标准的规定(表 10-10)。如果实际应用中有微生物破坏要求的话，材料应能耐微生物破坏。试验方法和要求应符合有关国家标准的规定。

表 10-10 密封圈材料分类

硬度等级	40	50	60	70	80	90
硬度范围/IRHD	36~45	46~55	56~65	66~75	76~85	86~95

密封圈常用标准 GB/T 21873《橡胶密封件 给、排水管及污水管道用接口密封圈材料规范》。

10.2.8 阀门

1.阀门的种类

（1）闸阀：启闭件为闸板，由阀杆带动沿阀座(密封面)作升降运动的阀门(图 10-23)。

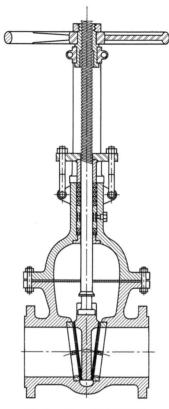

图 10 - 23　闸阀示意图

（2）截止阀：启闭件为阀瓣，由阀杆带动沿阀座（密封面）作升降运动的阀门（图 10 - 24）。

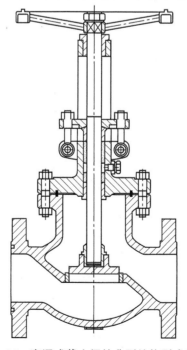

图 10 - 24　直通式截止阀的典型结构型式示意图

（3）止回阀：能自动阻止介质逆流的阀门（图 10 - 25）。

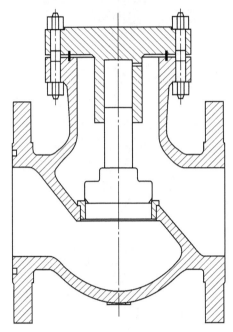

图 10 - 25　升降式止回阀的典型结构形式示意图

（4）截止止回阀，切断止回阀（图 10 - 26）。

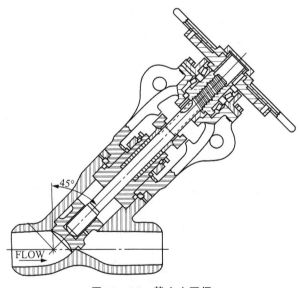

图 10 - 26　截止止回阀

（5）球阀：启闭件为球状，绕其轴旋转 90 度开关的阀门（图 10 - 27）。

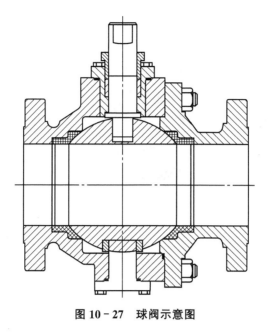

图 10 - 27 球阀示意图

（6）旋塞阀：启闭件呈塞状，绕其轴旋转 90 度开关的阀门（图 10 - 28）。

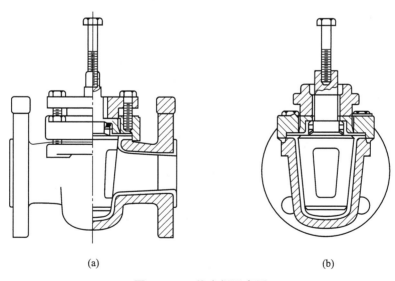

(a)   (b)

图 10 - 28 旋塞阀示意图

（7）蝶阀：启闭件为蝶阀板，绕其轴旋转 90 度开关的阀门（图 10 - 29）。

图 10 - 29　蝶阀示意图

（8）针型阀：阀瓣和阀杆一体，有一个精度非常高的针状头部与阀座配合，一般作为精确的流量控制或取样用（图 10 - 30）。

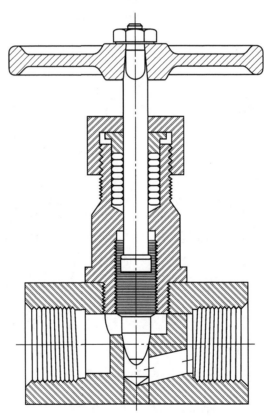

图 10 - 30　针型阀示意图

（9）隔膜阀：启闭件为隔膜，由阀杆带动沿阀杆座升降运动，并将动作机构与介质隔开的阀门（图 10 - 31）。

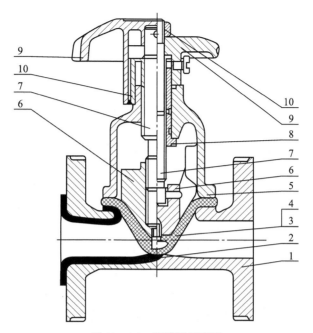

图 10-31 隔膜阀示意图

1—阀体；2—阀体衬里；3—隔膜；4—螺钉；5—阀盖；6—阀瓣；
7—阀杆；8—阀杆螺母；9—手轮；10—指示器

（10）安全阀：当管道或设备内介质的压力超过规定值时，启闭件（阀瓣）自动开启排放，低于规定值时自动关闭，对管道或设备起保护作用的阀门（图 10-32）。

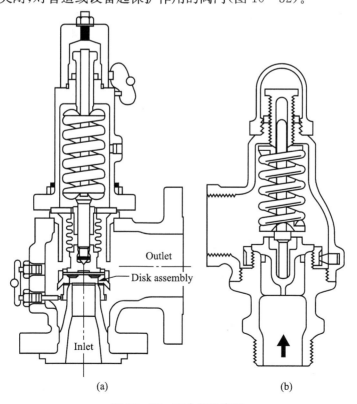

Outlet

Disk assembly

Inlet

(a)   (b)

图 10-32 安全阀示意图

阀门的常用标准见 API 600《法兰和对焊连接的钢制闸阀》,API 594《对夹型、凸耳型和双法兰型止回阀》,API 608《法兰连接和对焊连接的金属球阀》,API 609《法兰连接和对夹型连接的蝶阀》,API 599《法兰或对焊连接的钢制选塞阀》。

2.阀门形式的选用

给水管道上使用的阀门,应根据使用要求按下列原则选择阀门类型。

(1)对要求有一定调节作用的开关场合需调节流量、水压时,宜采用调节阀、截止阀;截止阀宜采用明杆支架形式。截止阀一般适用于 DN200 以下尺寸。

(2)要求水流阻力小的部位宜采用闸阀、球阀;一般开关情况下应首选闸阀。DN≤40 的闸阀宜采用明杆支架楔式固定闸板结构形式;DN≥50 的闸阀宜采用明杆支架楔式弹性闸板结构形式。

(3)安装空间小的场所,宜采用蝶阀、球阀。

(4)水流需双向流动的管段上,不得使用截止阀。

(5)口径较大的水泵,出水管段上宜采用多功能阀。

(6)一般情况下,DN≤40 时宜用升降式止回阀(仅允许安装在水平管道上);DN=50~400 时,宜采用旋启式止回阀(不允许装在介质由上到下的垂直管道上);DN≥450 时,宜选用 Tillting-Disc 止回阀;DN=100~400,也可以采用对夹式止回阀,其安装位置不受限制;止回阀的类型选择,应根据止回阀的安装位置、阀前水压、关闭后的密闭性能要求和关闭时引发的水锤大小等因素确定,并应符合下列要求。

① 阀前水压小的部位,宜选用旋启式、球式和梭式止回阀;

② 关闭后密闭性能要求严密的部位,宜选用有关闭弹簧的止回阀;

③ 要求削弱关闭水锤的部位,宜选用速闭消声止回阀或有阻尼装置的缓闭止回阀;

④ 止回阀的阀瓣或阀芯,应能在重力或弹簧作用下自行关闭;

⑤ 管网最小压力或水箱最低水位应能自动开启止回阀。

(7)蝶阀在下列条件下可以代替闸阀。

① 设计压力小于 1.0 MPa,设计温度小于 100℃,管道直径为 400~1 200 mm,介质为工业用水或压缩空气。可采用双偏心或三偏心软密封形式。

② 设计压力小于 1.0 MPa,设计温度小于 300℃,介质为压缩空气。此时应采用双偏心或三偏心金属硬密封形式。

③ 设计压力小于 1.0 MPa,设计温度小于 300℃,直径为 400~1 000 mm,介质为油气。此时应采用双偏心或三偏金属硬密封形式。

④ 设计压力小于 2.0 MPa,设计温度小于 300℃,直径为 200~500 mm,介质为油气。此时应采用三偏心金属硬密封形式。

⑤ 双偏心形式必须具有金属弹性密封环结构。

⑥ 双偏心或三偏心蝶阀宜具有双向密封功能,至少其逆向密封压力应不低于正向的 80%。

⑦ 设计选型应结合制造厂进行。

(8)球阀在下列条件下可以代替闸阀。

① 设计压力小于 1.0 MPa,设计温度小于 100℃,DN≤200,介质为工业用水,压缩空气。此时可选用非金属密封副也可以选用金属密封副球阀。

② 设计压力小于 2.0 MPa,设计温度小于 300℃,DN≤200,介质为油品油气。此时应选用金属密封副球阀。

③ 设计压力小于 4.0 MPa,设计温度小于 425℃,DN≤300,介质为饱和水或过热蒸汽。此时应选用金属密封副球阀。

④ 金属密封副球阀必须具有磨损补偿和热胀补偿结构。

⑤ 设计选型应结合制造厂进行。

3. 驱动方式的选用

一般情况下,阀门均采用手轮操作。在较高压力和较大直径下,可采用伞齿轮操作或电动、气动操作。下面给出了不同阀门应考虑齿轮操作的条件,对于不同的制造厂,这些条件可能会稍有变化,应协商确定。

(1) 闸阀

PN≤CL300,　　　　　　DN≥400;

PN=CL600,　　　　　　DN≥300;

PN=CL900,　　　　　　DN≥250;

PN=CL1 500,　　　　　DN≥200;

PN=CL2500,　　　　　DN≥150。

(2) 截止阀

PN=CL900,　　　　　　DN≥150;

PN=CL1 500~2 500,　　DN≥100。

(3) 蝶阀

任何压力等级,　　　　　DN≥150。

(4) 球阀

任何压力等级,　　　　　DN≥250。

4. 闸阀、截止阀阀内件的选用

(1) 碳素钢阀和铬钼钢阀门

一般情况下应选用 13Cr。当 PN=CL300 时,可考虑在阀座上堆焊 STILLITE 合金,或阀板、阀座均堆焊 STILLITE 合金。PN≥CL600 时,阀板、阀座均堆焊 STILLITE 合金。

(2) 不锈钢阀门

一般情况下,阀内件材料同阀体材料。当 PN = CL300 时,可考虑在阀座上堆焊 STILLITE 合金,或阀板、阀座上均堆焊 STILLITE 合金。当 PN≥CL600 时,阀板和阀座上均堆焊 STILLITE 合金。

5. 闸阀、截止阀阀杆填料的选用

对于水、汽、风等公用工程管道及 DN≤40 的管道上的阀门,阀杆填料可选用石墨编织填料。除此之外,均采用柔性石墨编织填料加石墨环。

6. 闸阀、截止阀阀盖垫片的选用

一般情况下可按表 10-9 选用。

7. 闸阀、截止阀阀盖形式选用

一般情况下,PN≥CL900、DN≥50 采用压力密封(PS)阀盖;PN≤CL600 及所有 DN≤40 的阀门均采用螺栓连接(BB)阀盖。

注:BB 为栓连阀盖,栓连压盖结构;PS 为压力密封阀盖,栓连压盖结构。

8. 阀门的端面长度

通用阀门的法兰端面长度标准规定可按 GB/T 12221《金属阀门结构长度》和 ASME B16.10《Face to Face and End to End Dimensions of Ferrous Valves》选用。

9. 阀门的压力试验

阀门的压力试验可遵循 GB/T 13927《工业阀门压力试验》和 API598《Valve Inspection and Testing》。阀门壳体试验压力为阀门在 20℃下最大允许工作压力的 1.5 倍。阀门的密封试验压力为在 20℃下最大允许工作压力的 1.1 倍。阀门在 20℃下最大允许工作压力与阀体材质有关,与阀门的公称压力有关。

10. 安全阀的分类

安全阀结构主要有两大类:弹簧式、杠杆式和先导式安全阀。

弹簧式是指阀瓣与阀座的密封靠弹簧的作用力。

杠杆式是靠杠杆和重锤的作用力。

先导式安全阀是由主安全阀和辅助阀组成。当管道内介质压力超过规定压力值时,辅助阀先开启,介质沿着导管进入主安全阀,并将主安全阀打开,使增高的介质压力降低。

安全阀的排放量决定于阀座的口径与阀瓣的开启高度,也可分为两种:微启式开启高度是阀座内径的 1/20～1/15,全启式是 1/4～1/3。

11. 安全阀的选用原则

对给水排水专业而言,当给水管网存在短时超压工况,且短时超压会引起使用不安全时,应设置泄压阀,一般用到安全阀的地方就是消防泵房,为防止超压液体介质用安全阀,一般选用微启式弹簧安全阀。

安全阀的标准见 API RP 520《安全阀选型和安装》,ASME 第Ⅷ卷等。

第11章　管道的绝热、防腐与表面色设计

能源问题是世界各国当前共同面临的重大问题。解决能源问题有两条途径,一是开源,即开发能源;二是节流,就是节约能源。我国的能源方针是开源与节流并重。管道的保温就是节约能源的一个具体措施。另外钢材等基础性原材料也是我国国民经济发展重要物质基础。为了节约资源,延长钢质管道在工业生产中的寿命,对钢质工业管道进行防腐也是节约能源的重要举措。

本章主要介绍管道的绝热,管道防腐及管道的表面色的相关内容。为了对管道的绝热,防腐和表面色有一个具体的了解,本章分 3 节对管道的绝热,管道防腐及管道的表面色的设计及应用作详细的介绍。

11.1　管道的绝热设计

11.1.1　绝热术语

绝热——也称管道的隔热,是保温和保冷的统称。

保温——为了减少设备、管道及其附件向环境散热或降低表面温度,在其外表面采取的包覆措施。

保冷——为了减少周围环境中的热量传入低温设备及管道内部,防止低温设备及管道外表面凝露,在其外表面采取的包覆措施。

绝热层——对维护介质温度稳定起主要作用的绝热材料及其制品。

硬质绝热制品——制品使用时能基本保持其原状,在 2×10^{-3} MPa 荷载下,其可压缩性小于 6%,制品不能弯曲。

半硬质绝热制品——制品在 2×10^{-3} MPa 荷载下,可压缩性为 6%~30%,弯曲 90° 以下尚能恢复其原状。

软质绝热制品——制品在 2×10^{-3} MPa 荷载下,可压缩性为 30% 以上,弯曲 90° 以上而不损坏。

绝热结构——由绝热层、防潮层、保护层等组成的结构综合体。

经济绝热厚度——绝热后年散热损失所花费的费用和绝热工程投资的年摊销费用之和为最小值时的计算绝热厚度。

设计使用年限——在计算经济绝热厚度时选取的计算年数或绝热工程正常使用年数。

最高使用温度——在保证正常使用的条件下,绝热制品所能承受的最高温度。

11.1.2　管道的绝热的功能及目的

绝热是指减少工业生产中的管道向周围环境散发热量或冷量而进行的隔热工程。在实际应用中工业管道外表面温度在$-196℃\sim850℃$之间,是我们通常的绝热设计的范围。绝热工程已成为生产和建设过程中不可缺少的。我国已制订了绝热工程的各种标准及规定,以便统一和应用。绝热的功能及目的如下。

（1）减少管道及其附件的热（冷）量损失,节约能源;

（2）保证操作人员安全,改善劳动条件,防止烫伤和减少热量散发到操作区;

（3）控制长距离输送介质时的热量损失或防止敏感介质在输送中温度降低,以满足生产上所需要的温度;

（4）在冬季,采用保温来延缓或防止管道内液体的冻结,以免管道产生故障;

（5）当管道内的介质温度低于周围空气露点温度时,采用绝热可防止管道的表面结露,减少冷量损失及保护管道的安全运行。

11.1.3　管道绝热的应用范围

为了保护操作人员的安全及维护管道生产安全和减少冷热损失,均需进行绝热。

对于给水排水专业而言,地上敷设的下列管道应采取绝热措施。

（1）产生结露会影响环境,造成人身伤害、安全隐患或财产损失的室内给水排水管道;

（2）热水管道;

（3）环境温度低于$0℃$的给水管道;

（4）对水温使用有要求的给水管道;

（5）室外阳光照射环境下敷设的非金属管道。

热水管道采取绝热措施,可节省能源,同时防止人员烫伤。环境温度过低时,给水管道采取保温措施,可防止管道冻裂,保证供水的安全性。室外明设的塑料管道采取绝热措施可以防止紫外线辐射,延缓管道老化,防止夏季管道内水温过高,造成安全隐患,如南方炎热地区,室外洗眼器用水温度升高造成烫伤。

地上敷设的下列给水管道应采用绝热措施。

（1）管道内水温低于室内空气温度,并且室内环境要求较高的给水管道;

（2）间断用水且环境温度低于$0℃$的管道;

（3）输送热水的室外管道应采取绝热措施;室内明装或安装在吊顶内的热水管道宜采取绝热措施。

（4）管道绝热层的材料、厚度、结构及其计算,应按照11.1.6节和SH3010《石油化工设备和管道绝热工程设计规范》的有关规定。

11.1.4　绝热材料的要求

在工业生产中对管道进行绝热,采用的绝热材料必须满足工业生产的要求,同时也需结合我国的实际情况,采用我国实际易生产又满足要求的材料。

绝热材料的基本性能要求为,具有密度小、机械强度大、热导率小、化学性能稳定、对管道没有腐蚀,以及能长期在工作温度下运行等性能。

设计采用的各种绝热材料,其性能必须符合现行国家、行业或省市级产品标准的规定,新材料必须通过部、省、市级鉴定后方可采用。对绝热材料及其制品的基本性能要求,一般有以下具体规定。

对于热保温来说,绝热材料包括绝热层材料和保护层材料。对于冷保温来说,绝热材料包括绝热层材料,防潮层材料和保护层材料及黏结剂、密封剂和耐磨剂等。

1. 绝热层材料的性能及要求

绝热层材料应具有明确的随温度变化的热导率方程式或图表。对于松散或可压缩的绝热材料,应提供在使用密度下的热导率方程式或图表。

保温材料在平均温度低于 25℃时,热导率不得大于 0.08 W/(m·℃),泡沫塑料保冷材料在平均温度低于 25℃时,热导率不得大于 0.044 W/(m·℃)。泡沫橡胶保冷材料在平均温度低于 0℃时,热导率不得大于 0.036 W/(m·℃)。泡沫玻璃保冷材料在平均温度低于 25℃时,热导率应不得大于 0.064 W/(m·℃)。

保温硬质材料密度一般不得大于 300 kg/m³;软质材料及半硬质制品密度不得大于 220 kg/m³;保冷材料密度不得大于 180 kg/m³;对强度要求特殊的除外。

耐振动硬质材料抗压强度不得小于 0.4 MPa;用于保冷的硬质材料抗压强度不得小于 0.15 MPa。如需要,还需提供抗折强度。

保冷材料的吸水率要求为:泡沫塑料保冷材料吸水率不大于 4%;泡沫橡胶保冷材料真空吸水率不大于 10%;泡沫玻璃保冷材料吸水率不大于 0.5%。

绝热层材料及其制品允许使用的最高或最低温度要高于或低于流体温度,绝热材料应具有安全使用温度的性能和燃烧性能(包括不燃性、难燃性和可燃烧性等)资料。

对于化工和石化企业,阻燃型保冷材料及其制品的氧指数不应小于 30。

用于与奥氏体不锈钢表面接触的绝热材料,其氯化物、氟化物、硅酸根、钠离子的含量应符合《覆盖奥氏体不锈钢用绝热材料规范》GB/T 17393—2008 的要求。

防潮层材料的性能要求如下。

(1) 抗蒸汽渗透性好,防水防潮力强,吸水率不大于 1%。

(2) 防潮层材料的防火性能:阻燃,火焰离开后在 1~2s 内自熄,其氧指数不小于 30。

(3) 化学稳定性好,无毒或低毒耐腐蚀,并不得对绝热层和保护层材料产生腐蚀或溶解作用。

保温层外壳渗漏会造成绝热层失效,因此保温层外壳应密封防渗。从便于检修的角度考虑,阀门、仪表等法兰连接处宜采用可拆卸式保温方式。

2. 保护层材料的性能要求

保护层材料应具有一定的强度,在使用环境下不软化、不脆裂、外表整齐美观、抗老化、使用寿命长(至少应达到经济使用年限),重要工程或难检修部位保护层材料使用寿命应在 10 年以上。

保护层材料应具有防水、防潮、抗大气腐蚀等性能,宜采用不燃材料。化学稳定好,对接触的防潮层或绝热层不产生腐蚀或溶解作用。

3. 黏结剂、密封剂和耐磨剂的主要性能要求

保冷用黏结剂能在使用的低温范围内保持良好的黏结性,黏结强度在常温时大于 0.15 MPa,软化温度大于 65℃。低温用黏结剂在 −190℃时的黏结强度应大于 0.05 MPa。

对金属壁不腐蚀,对保冷材料部溶解;固化时间短、密封性好、长期使用(至少在经济使用年限内)不开裂;有明确的使用温度范围和有关性能数据。

11.1.5　常用绝热材料的性能

我国绝热材料种类很多,各种绝热制品也很多,常用绝热材料的性能见表 11-1。

表 11-1　常用绝热材料性能

材料名称		使用密度 /(kg/m³)	极限使用温度 /℃	最高使用温度 /℃	常温热导率 (70℃时)λ₀ /[W/(m·℃)]	热导率参考方程	抗压强度 /MPa	备　注
岩棉、矿渣棉制品	原棉≤150		约 650	600	≤0.044	$\lambda=\lambda_0+0.000\ 18\times$ (T_m-70)		
	毡 60～80		约 400	400	≤0.049			
	毡 100～120		约 600	400	≤0.049			
	板管 80		约 400	350	≤0.044			
	板管 100～120		约 600	350	≤0.046			
	板管 150～160		约 600	350	≤0.048			
	≤200 (管壳)		约 600	350	≤0.044			
玻璃棉制品	Φ≤ 5μm	60	约 400	300	0.042	$\lambda=\lambda_0+0.000\ 23\times$ (T_m-70)		
	Φ≤ 8μm	40	约 350	300	≤0.044	$\lambda=\lambda_0+0.000\ 17\times$ (T_m-70)		
		64～120	约 400	300	≤0.042			
普通硅酸铝纤维制品		64～192	原棉 1 200	1 200	0.056	$T_m\leq400℃$时 $\lambda_L=\lambda_0+0.000\ 2\times$ (T_m-70) $T_m>400℃$时 $\lambda_H=\lambda_L+0.000\ 36\times$ (T_m-400)		式中 λ_L 取 $T_m=400℃$ 时的结果
			毡,毯 600	600				
复核硅酸盐制品	毯	60～110	约 500		≤0.050	$\lambda=\lambda_0+$ $0.000\ 15(T_m-70)$		
	管壳	80～130	约 500		≤0.055	$\lambda=\lambda_0+$ $0.000\ 15(T_m-70)$		
硬质聚氨酯泡沫塑料		30～60	-180～100	-65～ 80	0.0275 (25℃)	保温时: $\lambda=\lambda_0+0.000\ 14\times$ (T_m-25); 保冷时: $\lambda=\lambda_0+$ $0.000\ 09\times T_m$		氧指数应不小于 30%;用于 -65℃以特级聚氨酯,性能应与产品厂商协商

材料名称		使用密度 /(kg/m³)	极限使用温度 /℃	最高使用温度 /℃	常温热导率 (70℃时)λ_0 /[W/(m·℃)]	热导率参考方程	抗压强度 /MPa	备 注
泡沫玻璃	Ⅰ类	120±8	−200～400		≤0.045 (25℃)	$\lambda=\lambda_0+0.000\,150(T_m-25)+3.21\times10^{-7}(T_m-25)^2$		
	Ⅱ类	160±10			≤0.064 (25℃)	$\lambda=\lambda_0+0.000\,155(T_m-25)+1.60\times10^{-7}(T_m-25)^2$		
硅酸钙制品		170	650	550	0.055	$\lambda=\lambda_0+0.000\,11\times(T_m-70)$	0.4	
		220			0.062		0.5	
		240			0.064		0.5	

注1：热导率参考方程中，(T_m-70)、(T_m-400)等表示该方程的常数项；如λ_0、λ_{H1}等代入T_m为70℃，400℃时的数值。

注2：本表数据仅供参考。

注3：设计采用的各种绝热材料，其物理化学性能及数据应符合各自的产品标准规定。

注4：T_m——保温层平均温度，℃；T_a——周围环境的温度，℃。

11.1.6 绝热计算

冷热介质的能量从管道内部，经金属壁，保温结构的主保温层和保护层，最后散失到周围大气中去，这是一种复杂的传热过程。

冷热介质的能量首先从冷热介质传递至金属壁的内表面，这是一种包含传导、对流和辐射三种方式的传热过程。

冷热介质的能量继续从金属内表面向金属外表面传递，然后再从保温结构（由保温层和保护层等组成）内表面向它的外表面传递；

冷热介质的能量从保温结构外表面向周围大气散热或从保温结构外表面向密闭无风场合（如地沟内空气）散热，这也是一种包括传导、对流和辐射三种方式的复杂传热过程。

在绝热设计方面，我国已制订了许多规范和标准，如管道绝热设计规范、管道保温设计导则、管道保冷技术通则等，设计计算时可结合选用，参见标准 GB 50264《工业设备及管道绝热工程设计规范》，GB/T 8175《设备及管道绝热设计导则》，GB 50126《工业设备及管道绝热工程施工规范》。

1. 保温计算数据的选取

保温设计和保温厚度的决定，受环境中各种因素的影响较大。因此，进行保温计算时，要按条件选取有关数据。

（1）保温层表面至周围空气之间的总给热系数

$$\alpha_s = \alpha_r + \alpha_k \qquad (11-1)$$

式中　α_r——管道或保温层面的辐射传热系数，$W/(m^2 \cdot ℃)$；

　　　α_k——对流传热系数，$W/(m^2 \cdot ℃)$。

$$\alpha_r = \frac{C_r}{T_s - T_a}\left[\left(\frac{T_s + 273}{100}\right)^4 - \left(\frac{T_a + 273}{100}\right)^4\right] \qquad (11-2)$$

式中　T_s——管道或保温层外面的温度，$℃$；

　　　T_a——环境温度，$℃$；

　　　C_r——辐射系数，$W/(m^2 \cdot ℃)$，（表 11-2）。

表 11-2　辐射系数，C_r　　　　　　　　　　单位：$W/(m^2 \cdot ℃)$

材　料	表面状态	C_r	材　料	表面状态	C_r
铝　板	磨光	0.32	钢　板	黑色光泽	3.95
铝　漆		2.33	钢　板	已氧化	4.65
油　漆		5.23	黑　漆	有光泽	5.00
薄铁皮		5.23	黑　漆	无光泽	5.47

① 在密闭无风场合（如地沟）：

$$\alpha_k = 1.28\sqrt[4]{\frac{T_s - T_a}{D_1}} \qquad (11-3)$$

式中　D_1——管道或保温层外径，m。

② 在室内无风情况下：

$$\alpha_k = \frac{26.33}{\sqrt{297 + T_m}} \times \sqrt[4]{\frac{T_r - T_a}{D_1}} \qquad (11-4)$$

$$T_m = \frac{1}{2}(T_s + T_a) \qquad (11-5)$$

式中　T_m——保温层的平均温度，$℃$。

③ 当风速小于 5 m/s 时，可按下式求 α_r 值：

平壁：
$$\alpha_r = (1.3 \sim 5.1)\frac{T_a}{100} \times \frac{\omega^{0.8}}{L^{0.2}} \qquad (11-6)$$

圆筒：
$$\alpha_r = 3.95\frac{\omega^{0.6}}{D_1^{0.4}} \qquad (11-7)$$

式中　ω——风速，应以当地气象资料为依据，m/s；

　　　L——沿风速向的平壁长度，m。

④ 为了便于计算，也可用图 11-1、图 11-2 给出的简便方法，决定总给热系数。$T_a = 0 \sim 150℃$ 时，室内总给热系数可按式（11-8）、式（11-9）近似计算。

管道：
$$\alpha_s = 8.1 + 0.045(T_s - T_a) \qquad (11-8)$$

平壁：
$$\alpha_s = 8.4 + 0.06(T_s - T_a) \qquad (11-9)$$

室内保温可认为 $\omega=0$，取 $\alpha_s=11.63\text{W}/(\text{m}^2\cdot\text{℃})$。

对室外保温，必须考虑受风的影响，风速 ω 大于 5 m/s 时，室外总的给热系统 α'_s 为

$$\alpha'_s=(\alpha_s+6\sqrt{\omega})\times1.163\ \text{W}/(\text{m}^2\cdot\text{℃}) \qquad (11-10)$$

保冷可取 $\alpha_s=6\sim7$；保温取 $\alpha_s=11$。

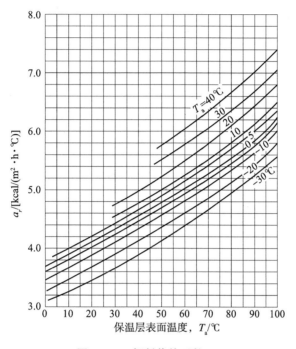

图 11 - 1　辐射传热系数 α_r

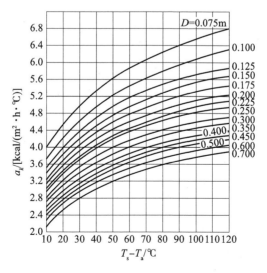

图 11 - 2　对流传热系数 α_k

（2）周围空气温度 T_a

① 室内一般采用 $T_a=20\text{℃}$。

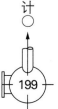

② 通行地沟,当介质温度为 80℃时取 $T_a=20℃$,当介质温度为 81~110℃时,取 $T_a=30℃$,当介质温度大于等于 110℃时,取 $T_a=40℃$。

③ 室外保温常年运行采用历年年平均温度;季节运行采用历年运行期日平均温度。

④ 保冷在经济厚度计算时取年平均温度,在防结露及最大热损失时取夏季空调计算干球温度。

⑤ 防冻取冬季历年极端平均最低温度。

⑥ 防烫伤取历年最热月平均温度值。

（3）相对湿度 ψ 和露点温度 T_d

保冷采用最热月相对湿度。露点温度 T_d 可根据选定的周围空气温度 T_s 及相对湿度 ψ（%）从相关的标准中查得。

（4）被绝热物体的外壁温度 T_o

绝热计算中,对外壁的传热一般忽略不计,因此,外壁温度可采用载热介质温度 T_f（℃）

（5）保温层表面温度 T_s

"经济厚度"是绝热后的年散热（冷）损失费用和投资的年分摊费用之和为最小值时绝热层的计算厚度。

① 保温层表面温度的确定,关系到热损失和经济厚度。为简便计算,在室内情况下,可按式（11-11）求得保温层表面温度。为方便起见也可按表 11-3 选用。另外,室内外表面温度计算也可按式（11-33）~式（11-36）计算。

$$T_s=32+0.028T_f \tag{11-11}$$

表 11-3 表面温度 T_s 选用 单位:℃

介质温度,T_f	100	150	200	250	300	350	400
表面温度,T_s	34.8	36.2	37.6	39.0	40.4	41.8	43.2
介质温度,T_f	450	500	540	555	600	650	
表面温度,T_s	44.6	46.0	47.1	47.5	48.8	50.2	

2. 管道的保温计算

（1）在满足保温工程需要和各种工艺要求的情况下,为了简化保温计算需作几点说明。

① 管道的计算分界线为公称直径 DN=1 000 mm。DN≤1 000 mm 的管道,都视为按管道（即圆筒面）计算;DN>1 000 mm 的管道可视为按大直径管道（即平壁面）计算。

② 无特别工艺要求时,保温厚度应以"经济厚度"的方法计算厚度。并且其散热损失不得超过最大允许热损失量标准。

③ 防止烫伤的保温层厚度,按表面温度法计算,保温层外表面不得超过 60℃。

（2）保温层厚度计算。

① 经济厚度计算

（a）外径 $D_o \leq 1$ m 的管道绝热层厚度计算经济厚度 δ,见式（11-12）。保冷计算时,式（11-12）中的 (T_o-T_a) 改用为 (T_a-T_o)。保冷经济厚度必须用防结露厚度校核。

$$\left. \begin{aligned} D_1\ln\frac{D_1}{D_o}&=3.795\times10^{-3}\sqrt{\frac{P_R\lambda_t(T_o-T_a)}{P_T S}}-\frac{2\lambda}{\alpha_s} \\ \delta&=\frac{1}{2}(D_1-D_o) \end{aligned} \right\} \tag{11-12}$$

式中 D_o——管道外径,m;

    D_1——绝热层外径,m;

    P_R——能价,10^{-3} 元/千焦,保温中,$P_R = P_H$,P_H 称"热价";保冷中,$P_R = P_C$,P_C 称 "冷价";

    P_T——绝热结构单位造价,元/立方米;

    λ——绝热材料在平均温度下的热导率,$W/(m \cdot ℃)$;

    α_s——绝热层(最)外表面周围空气的放热系数,$W/(m^2 \cdot ℃)$;

    t——年运行时间,h(常年运行的按 8 000 h 计,其余按实际情况计算);

    T_o——管道的外表面温度,℃。金属管道外表面温度,在无衬里时,取介质的正常运行温度;保冷时取介质最低操作温度;当要求用热介质吹扫管道时,取吹扫介质的最高温度;

    T_a——环境温度;

    S——绝热投资年分摊率,$S = \dfrac{i(1+i)^n}{(i+i)^n - 1}$,%;

    i——年利率(复利率),%;

    n——计息年数,年;

    δ——绝热层厚度,m。

求出 $D_1 \ln \dfrac{D_1}{D_o}$ 值后,查表 11-4 可得经济厚度 δ。

(b) 大直径管道(平面型)的绝热层经济厚度按式(11-13)计算。

$$\delta = 1.897\ 5 \times 10^{-3} \sqrt{\frac{P_H \lambda t(T_o - T_a)}{P_T S}} - \frac{\lambda}{\alpha_s} \qquad (11\text{-}13)$$

式中,各符号意义及有关说明与式(11-14)相同。

② 允许热(冷)损失下的保温厚度计算。

(a) 管道单层绝热层厚度

按允许热(冷)损失量计算:

$$\left.\begin{aligned} D_1 \ln \frac{D_1}{D_o} &= 2\lambda \left(\frac{T_o - T_a}{[Q]} \right) - \frac{1}{\alpha_s} \\ \delta &= \frac{1}{2}(D_1 - D_o)\ (保温时) \\ \delta &= \frac{\chi}{2}(D_1 - D_o)\ (保冷时) \end{aligned}\right\} \qquad (11\text{-}14)$$

式中 χ——修正值,取 $\chi = 1.1 \sim 1.4$;

    $[Q]$——绝热层外表面单位面积的最大允许热(冷)损失量,W/m^2。

保温时按国家标准取 $[Q]$ 值;保冷时,最大允许冷损失量分不同情况,按下列两式分别计算 $[Q]$。

当 $T_a - T_d \leqslant 4.5$ 时,$[Q] = -(T_a - T_d)\alpha_s$;

当 $T_a - T_d \geqslant 4.5$ 时,$[Q] = -4.5\alpha_s$。

式中 T_d——当地气象条件下(最热月的)的露点温度,℃;

(b) 管道双层绝热层厚度计算

按每米管道长度的允许热(冷)损失量计算厚度。绝热层总厚 δ,外层绝热层外径 D_2,双层绝热层总厚度 δ 计算中,应使外层绝热层外径 D_2 满足恒等式(11-15)的要求。

$$
\left.\begin{aligned}
D_2 \ln \frac{D_2}{D_o} &= 2\left[\frac{\lambda_1(T_o-T_1)+\lambda_2(T_1-T_2)}{[Q]}-\frac{\lambda_2}{\alpha_s}\right] \\
\delta &= \frac{1}{2}(D_2-D_o)(\text{保温时}) \\
\delta &= \frac{x}{2}(D_2-D_o)(\text{保冷时})
\end{aligned}\right\} \tag{11-15}
$$

内层厚度 δ_1 计算中,应使内层绝热层外径 D_1 满足恒等式(11-16)的要求。

$$
\left.\begin{aligned}
\ln \frac{D_1}{D_o} &= \frac{2\lambda_1}{D_2} \times \frac{(T_o-T_1)}{[Q]} \\
\delta &= \frac{1}{2}(D_1-D_o)(\text{保温时}) \\
\delta &= \frac{x}{2}(D_1-D_o)(\text{保冷时})
\end{aligned}\right\} \tag{11-16}
$$

式中　T_1——内层绝热层外表面温度,要求 $T_1<0.9[T_2]$,其正负号与 $[T_2]$ 的符号一致;

$\quad\quad[T_2]$——外层绝热材料的允许使用温度,℃;

$\quad\quad T_2$——外层绝热层外表面温度,℃;

$\quad\quad\lambda_1$——内层绝热材料热导率,W/(m·℃);

$\quad\quad\lambda_2$——外层绝热材料热导率,W/(m·℃)。

$[Q]$ 的取值与式(11-14)相同。

(c) 大直径管道(平面型)单层绝热层,在最大允许放热(冷)损失下,绝热层厚度应按式(11-17)计算。

$$
\delta = \lambda\left(\frac{T_o-T_a}{[Q]}-\frac{1}{\alpha_s}\right) \tag{11-17}
$$

(d) 大直径管道(平面型)异材双层绝热层在最大允许热、冷损失下,绝热层厚度应按式(11-18)、式(11-19)计算。

内层厚度 δ_1 应按式(11-18)计算:

$$
\delta_1 = \frac{\lambda_1(T_o-T_1)}{[Q]} \tag{11-18}
$$

外层厚度 δ_2 应按式(11-19)计算:

$$
\delta_2 = \lambda_2\left(\frac{T_1-T_a}{[Q]}-\frac{1}{\alpha_s}\right) \tag{11-19}
$$

$[Q]$ 的取值同式(11-14)相同。

③ 防结露,防烫伤厚度计算

(a) 管道防止单层绝热层外表面结露的绝热层厚度计算中,应使绝热层外径 D_1 满足恒等式(11-20)的要求。

$$
\left.\begin{aligned}
D_1 \ln \frac{D_1}{D_o} &= \frac{2\lambda}{\alpha_s} \times \frac{T_d-T_o}{T_a-T_d} \\
\delta &= \frac{x}{2}(D_1-D_o)
\end{aligned}\right\} \tag{11-20}
$$

（b）管道防止异材双层结露绝热层厚度计算中，应使绝热外径D_2满足恒等式（11-20）的要求。

双绝热层总厚度δ的计算中，应使外层绝热层外径D_2满足恒等式（11-21）的要求。

$$D_2\ln\frac{D_2}{D_o}=\frac{2}{\alpha_s}\times\frac{\lambda_1(T_1-T_o)+\lambda_2(T_d-T_1)}{T_a-T_d} \tag{11-21}$$

内层厚度δ_1的计算中，应使内层绝热层外径D_1满足恒等式（11-22）的要求。

$$\ln\frac{D_1}{D_o}=\frac{2\lambda_1}{D_2\alpha_s}\times\frac{T_1-T_o}{T_a-T_d} \tag{11-22}$$

外层厚度δ_2的计算中，应使内层绝热层外径D_1满足恒等式（11-23）的要求。

$$\ln\frac{D_2}{D_1}=\frac{2\lambda_2}{D_2\alpha_s}\times\frac{T_d-T_1}{T_a-T_d} \tag{11-23}$$

式中　T_d——当地气象条件下，最热月份的露点温度，T_d的取值可查相关资料得到，℃。

（c）大直径管道（平面型）单层防结露保冷层厚度，应按式（11-24）计算。

$$\delta=\frac{K\lambda}{\alpha_s}\times\frac{T_d-T_o}{T_a-T_d} \tag{11-24}$$

（d）大直径管道（平面型）异材双层防结露绝热层厚度，应按式（11-25）、式（11-26）计算。

内层厚度δ_1应按式（11-25）计算

$$\delta_1=\frac{K\lambda_1}{\alpha_s}\times\frac{T_1-T_o}{T_a-T_d} \tag{11-25}$$

外层厚度δ_2，应按式（11-26）计算

$$\delta_2=\frac{K\lambda_2}{\alpha_s}\times\frac{T_d-T_1}{T_a-T_d} \tag{11-26}$$

式中，界面温度T_1取值为第2层保冷材料安全使用温度$[T_2]$的0.9倍。

（e）管道防止人身烫伤的绝热层厚度计算中，绝热层外径D_1应满足恒等式（11-27）的要求。

$$\left.\begin{array}{l} D_1\ln\dfrac{D_1}{D_o}=\dfrac{2\lambda}{\alpha_s}\times\dfrac{T_o-T_s}{T_s-T_a} \\[2mm] \delta=\dfrac{1}{2}(D_1-D_o) \end{array}\right\} \tag{11-27}$$

式中　T_s——绝热层外表面温度，取$T_s=60℃$。

（5）大直径管道（平面型）防烫伤绝热层厚度，按式（11-28）计算。

$$\delta=\frac{\lambda}{\alpha_s}\times\frac{T_o-T_s}{T_s-T_a} \tag{11-28}$$

式中　取$T_s=60℃$。

单位:/mm

表 11-4 绝热层厚度 δ 速查表

$D_1\ln\frac{D_1}{D_0}$	D_0																								平壁
	18	25	32	38	45	67	76	89	108	133	169	219	273	325	377	426	480	530	630	720	820	920	1020	2020	
0	0	0	0	0	0	0	0	0	0	0	0	0	0	0	0	0	0	0	0	0	0	0	0	0	0
0.05	16	17	18	18	19	19	20	21	21	22	22	23	23	23	24	24	24	24	24	24	24	24	24	25	25
0.1	27	29	31	32	33	35	36	37	39	40	41	43	44	44	45	45	46	46	47	47	47	48	48	49	50
0.2	40	50	53	55	57	60	64	68	68	71	73	77	80	82	84	85	86	87	89	90	91	91	92	98	100
0.3	63	68	72	75	78	82	88	91	94	99	102	108	113	116	119	121	123	124	127	129	131	133	134	141	150
0.4	79	85	90	93	97	103	109	113	118	124	128	137	143	147	151	154	157	159	163	166	169	171	173	184	200
0.5	94	101	107	111	115	122	130	135	141	147	153	164	171	177	182	186	190	193	198	202	205	209	211	226	250
0.6	108	116	123	128	133	140	150	155	162	170	177	189	198	205	211	216	220	224	231	236	240	244	248	267	300
0.7	122	131	138	144	150	158	169	175	183	192	199	214	224	232	239	245	250	255	262	268	274	279	283	307	350
0.8	135	145	153	160	168	176	187	194	203	212	221	237	249	258	206	273	279	284	293	300	307	312	317	346	400
0.9	148	159	168	175	182	192	205	212	222	233	242	260	273	283	292	300	307	313	323	331	338	345	350	385	450
1.0	161	173	183	190	197	208	222	230	241	262	263	283	297	308	318	326	334	340	352	361	389	376	383	422	500
1.1	174	186	197	204	212	224	239	248	259	272	283	304	319	332	343	341	360	367	380	390	399	407	415	459	550
1.2	180	199	210	219	227	239	256	265	277	291	303	325	342	355	367	376	386	394	408	418	429	438	446	495	600
1.3	198	212	224	233	241	255	272	282	295	309	322	346	364	378	391	401	411	420	435	446	457	467	476	530	650
1.4	210	225	237	248	258	270	289	298	312	327	341	367	385	401	414	426	436	445	461	474	486	496	506	565	700
1.5	222	238	251	260	270	284	304	315	329	346	359	387	407	423	437	449	460	470	487	501	514	525	535	600	750
1.6	234	250	264	274	284	299	319	331	346	363	378	407	427	445	459	472	484	495	613	527	514	553	564	633	800
1.7	245	262	277	287	298	314	334	347	362	380	396	426	448	466	482	495	508	519	538	553	568	581	593	667	850
1.8	257	275	289	300	311	328	350	362	379	397	414	446	468	487	504	517	531	543	563	579	594	608	621	700	900
1.9	268	287	302	313	325	342	365	378	396	414	431	464	488	508	525	540	554	566	588	604	621	635	648	732	950
2.0	279	299	314	326	338	358	379	393	411	431	449	480	508	528	546	562	577	599	612	629	646	662	676	764	1 000

注:D_0——裸管外径,mm;D_1——绝热层外径,mm;δ——绝热层厚度,mm。

（3）热（冷）损失量计算

最大允许冷损失量 $[Q]$ 计算

① 当 $T_a - T_d \leqslant 4.5$ 时

$$[Q] = -(T_a - T_b)\alpha_s$$

② 当 $T_a - T_d > 4.5$ 时

$$[Q] = -4.5\alpha_s$$

式中　T_d——当地气象条件下（最热月份）的露点温度，℃。

③ 绝热层的热、冷损失量计算

管道单层绝热结构的热、冷损失计算。

$$Q = \frac{T_o - T_a}{\dfrac{D_1}{2\lambda}\ln\dfrac{D_1}{D_o} + \dfrac{1}{\alpha_s}} \tag{11-29}$$

两种不同热损失单位的数值，应采用式（11-30）换算。

$$q = \pi D_1 Q \tag{11-30}$$

式中　Q——以每平方米绝热层外表面积表示的热损失量，Q 为负值时为冷损失量，W/m^2；

　　　q——以每米管道长度表示的热损失量，q 为负值时为冷损失量，W/m。

管道异材双层绝热结构的热、冷损失计算。

$$Q = \frac{T_o - T_a}{\dfrac{D_2}{2\lambda_1}\ln\dfrac{D_1}{D_o} + \dfrac{D_2}{2\lambda_2}\ln\dfrac{D_2}{D_1} + \dfrac{1}{\alpha_s}} \tag{11-31}$$

两种不同热损失单位之间的数值，应采用式（11-32）换算。

$$q = \pi D_2 Q \tag{11-32}$$

大直径管道（平面型）单层绝热结构的热、冷损失量计算。

$$Q = \frac{T_o - T_a}{\dfrac{\delta}{\lambda_1} + \dfrac{1}{\alpha_s}} \tag{11-33}$$

大直径管道（平面型）双层绝热结构的热、冷损失量计算。

$$Q = \frac{T_o - T_a}{\dfrac{\delta_1}{\lambda_1} + \dfrac{\delta_2}{\lambda_2} + \dfrac{1}{\alpha_s}} \tag{11-34}$$

（4）绝热层外表面温度计算

对 Q 以 W/m^2 计的圆筒型、平面型单、双层绝热结构，其外表面温度应按式（11-35）计算。

$$T_s = \frac{Q}{\alpha_s} + T_a \tag{11-35}$$

对 q 以 W/m 计的圆筒型单、双层绝热结构的外表面温度应按式计算。

$$T_s = \frac{q}{\pi D_2 \alpha_s} + T_a \tag{11-36}$$

式中　D_2——外层绝热层的外径，m。对单层绝热，$D_2 = D_1$。

① 圆筒型异材双层绝热结构，层间界面处温度 T_1 应按式（11-37）校核。

$$T_1 = \frac{\lambda_1 T_o \ln\dfrac{D_2}{D_1} + \lambda_2 T_s \ln\dfrac{D_1}{D_o}}{\lambda_1 \ln\dfrac{D_2}{D_1} + \lambda_2 \ln\dfrac{D_1}{D_o}} \tag{11-37}$$

② 大直径管道(平面型)双层异材绝热结构,层间界面处温度T_1应按式(11-38)校核。

$$T_1 = \frac{\lambda_1 T_o \delta_2 + \lambda_2 T_s \delta_1}{\lambda_1 \delta_2 + \lambda_2 \delta_1} \tag{11-38}$$

式中 T_s 用式(11-35)或式(11-36)求取。

对双层异材绝热结构内外层界面处的温度T_1,应校核其外层绝热材料对温度的承受能力。当 T_1 超出外层绝热材料的安全使用温度$[T_2]$的 0.9 倍,即 $T_1 > 0.9[T_2]$ 时,必须重新调整内外层厚度比。

(5) 绝热层伸缩量计算

① 管道的线膨胀量或收缩量的计算

$$\Delta L_o = (a_L)_o L (T_o - T_a) \times 1\,000 \tag{11-39}$$

式中 ΔL_o——管道的线膨胀或收缩(为负值时)量,mm;

$(a_L)_o$——管道的线胀系数,1/℃;

L——伸缩缝间距,m;

② 绝热材料的线膨胀量或收缩量的计算

单层绝热结构

$$\Delta L_1 = (a_L)_o L \left(\frac{T_o - T_s}{2} - T_a \right) \times 1\,000 \tag{11-40}$$

多层绝热结构

$$\Delta L_i = (a_L)_i L \left(\frac{T_{i-1} + T_i}{2} - T_a \right) \times 1\,000 \tag{11-41}$$

式中 ΔL_1——绝热材料的线膨胀或收缩(为负值时)量,mm;

ΔL_i——第 i 层绝热材料的线膨胀或收缩量,mm;

$(a_L)_o$——绝热材料的线胀系数,1/℃;

$(a_L)_i$——第 i 层绝热材料的线胀系数,1/℃;

③ 绝热层伸缩缝的膨胀或收缩量的计算

$$\Delta L = \Delta L_o - \Delta L_1 \tag{11-42}$$

$$\Delta L = \Delta L_{i-1} - \Delta L_i \tag{11-43}$$

式中 L——绝热层伸缩缝的扩展或压缩(为负值时)量,mm。

(6) 地下敷设管道的保温计算

地下管道有三种敷设方法,其保温计算方法要视敷设情况不同而有所区别。在通行地沟中敷设的管道,可按前述室内架空管道的保温计算方法计算;无管沟直埋敷设的管道以及在不通行地沟敷设的管道,其计算相当复杂,且以经验公式据多,在此不再详细描述。

3. 伴热

(1) 蒸汽,热水外伴管加热

寒冷地区为了防止给水排水的管道、防冻跨接管道、控制阀旁路、放净等间歇操作的管道,在冬季被冻,可采用蒸汽、热水和电外伴管加热,以维持给水排水管道的正常运行。

蒸汽、热水伴管常以 0.3～1.0 MPa 的饱和蒸汽和热水作为加热介质,伴管直径一般为15～40 mm,但常用 18～25 mm。

输送凝固点低于 50℃的物料,可采用压力为 0.3 MPa 的蒸汽伴管加热和热水伴管加热。

输送凝固点高于 50℃的物料,可采用压力为 0.3～1.0 MPa 的蒸汽伴管和热水伴管单根或多根伴管保温。输送凝固点等于或高于 150℃ 的物料,应采用蒸汽夹套管加热。夹套管保温层厚度的计算,按夹套中蒸汽温度进行。

　　带蒸汽、热水伴管的物料管道,常采面软质保温材料,将其一并包裹保温,如超细玻璃棉毡、矿渣棉席等。为提高加热效果,在伴管与物料管间应形成加热空间,使热空气易于产生对流传热。设计中采用铁丝网做骨架,使之构成加热空间。物料管的管壁与热空气接触面小于180°的称为"自然加热角",等于 180°的称"半加热角"(图 11-3),管道管壁完全被热空气包围的称为"全加热"。考虑安装方便、节约物料,通常采用前两种加热方法。当介质温度不高(50~80℃)时,可采用"自然加热角"方式保温;温度较高时,最好采用"半加热角"结构;必要时,采用"全加热"或夹套管加热保温。

　　当输送物料为腐蚀性介质,或热敏性强、易分解的介质,不允许将伴热管紧贴于物料管管壁,应在伴管上焊一隔离板或在物料管和伴热管之间衬垫一绝热片。

　　(2) 电伴热

　　电伴热是电伴热带安装在物料管道外部,利用电阻发热来补充物料管道的散热损失。

　　电伴热能适用于各种情况,尤其适用于热敏介质管道伴热,因为电伴热能有效地控制伴热温度,克服蒸汽管道伴热的温降及温度过热。同时电伴热还适用于分散或远离供气点的管道及设备,对无规则外形的设备的伴热同样适合,但造价及费用较高。

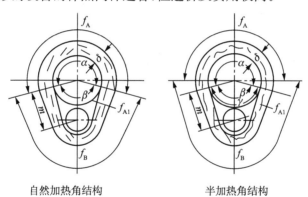

自然加热角结构　　　　　　　　半加热角结构

(a) 蒸汽伴管紧靠被加热管安装

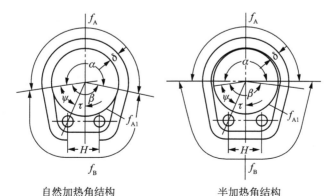

自然加热角结构　　　　　　　　半加热角结构

(b) 蒸汽伴管与被加热管位于同一切线上

图 11-3　自然加热角和半加热角结构

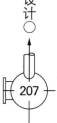

4. 绝热计算实例

例 设一架空蒸汽管道,管道$D_o=108$ mm,蒸汽温度$T_o=200℃$,当地环境温度$T_a=20℃$,室外风速$\omega=3$ m/s,能价为$P_R=3.6$ 元/10^6kJ,投资计息年限数$n=5$ 年,年利率$i=10\%$(复利率),绝热材料总造价$P_r=640$ 元/立方米;选用岩棉管壳作为保温材料。计算管道需要的保温厚度、热损失量以及表面温度。

解 (1)求热导率

$$T_m=\frac{200+20}{2}=110℃$$

岩棉管壳的密度小于200 kg/m^3,$\lambda=0.044+0.000\ 18(T_m-70)=0.044+0.000\ 18(110-70)=0.0512$ W/(m·℃)

(2)求总的表面给热系数α_s

取$\alpha_o=7$,代入式(11-10)得

$$\alpha_s=(\alpha_o+6\sqrt{\omega})\times1.163=(7+6\sqrt{3})\times1.163=20.23$$

(3)保温工程投资偿还年分摊率S按下式计算。

$$S=\frac{i+(1+i)^n}{(1+i)^n-1}=\frac{0.1(1+0.1)^5}{(1+0.1)^5-1}=0.264$$

(4)由式(11-12)求保温厚度

$$D_1\ln\frac{D_1}{D_o}=3.795\times10^{-3}\sqrt{\frac{P_R\lambda t(T_o-T_a)}{P_T S}}-\frac{2\lambda}{\alpha_s}$$

$$=3.795\times10^{-3}\sqrt{\frac{3.6\times0.051\ 2\times8\ 000(200-20)}{640\times0.264}}-\frac{2\times0.051\ 2}{20.23}$$

$$=0.145\ 4$$

查表11-4得$\delta=57$ mm,取60 mm。

(5)由式(11-29)计算管道热损失

$$D_1=108+60\times2=228\text{ mm}$$

$$Q=\frac{T_o-T_a}{\frac{D_1}{2\lambda}\ln\frac{D_1}{D_o}+\frac{1}{\alpha_s}}$$

$$=\frac{200-20}{\frac{0.228}{2\times0.051\ 2}\ln\frac{0.228}{0.108}+\frac{1}{20.23}}=105\text{ W/m}<[q]$$

(6)由式(11-43)求保温层外表面温度

$$T_s=\frac{Q}{\alpha_s}+20=\frac{105}{20.23}+20=25.2℃$$

11.1.7 绝热结构设计

在工业实践中,不同的绝热类型及不同的保温材料其保温结构及要求各不相同。绝热结构由保温层和保护层组成,保冷结构中还有一道防潮层。

1. 绝热结构的设计要求

绝热结构是保冷和保温结构的统称。正确地选择绝热结构,直接关系到绝热效果,投资费用,能量耗损,使用年限及外观整洁美观等问题。因此对绝热结构的设计有如下要求。

绝热结构应有足够的机械强度,能承受自重及外力的冲击,在受风力、雪载荷、空气温度波动及雨水的影响下不致脱落,以保证结构的完整性。

要有良好的保护层,使外部的水蒸气、雨水以及潮湿泥土的水分不能进入绝热材料内,否则会使绝热材料的热导率增加,还会使其变软、腐烂、发霉,降低机械强度,破坏绝热结构的完整性,同时也增加了散热损失。

绝热结构要简单,尽量减少材料的消耗量;应符合使用寿命长,在经济使用年限内绝热结构应能保持完整,在使用过程中不得有冻坏、烧坏、粉化等现象;应考虑施工简单,如采用预制块材料,以减少施工时间和降低造价,并要便于检查和维修,损坏时易于补换;外表应整齐美观,与周围布置协调,保证车间美观。

2. 绝热结构的种类

石油化工装置中,其管道、容器、反应器、塔器、加热炉、泵和鼓风机等的绝热结构组成如下。

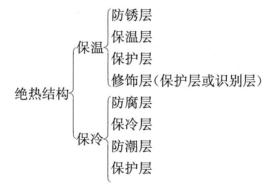

根据采用保温材料的性质、保温层的结构形式和安装方法不同,保温结构通常有下列几种。

1)胶泥涂抹结构

这种结构已较少采用,只有外形较复杂的特殊管道构件或临时性保温才使用。这种结构的施工方法是将管道、管件壁清扫干净,焊上保温钩(钩的间距为 250～300 mm),刷防腐漆后,再将已经拌好的保温胶泥分层进行涂抹。第一层可用较稀的胶泥散敷,厚度为 3～5mm,待完全干后再敷第二层,厚度为 10～15 mm;第二层干后再敷第三层,厚度为 20～25 mm,以后分层涂抹,直到符合设计要求厚度为止。然后外包镀锌铁丝网一层,用镀锌铁丝网绑在保温钩上;如果保温厚度为 100 mm 以上或形状特殊、保温材料容易脱落的,可用第二层铁丝网,外面再抹 15～20 mm 保护层,保护层应光滑无裂缝。

2)填充结构

一般采用圆钢或扁钢做支承环,将环套上或焊在管道外壁,在支承环外包镀锌铁丝网或镀锌铁皮,在中间填充疏松散状的保温材料。这种结构常用于表面不规则的管道、阀门的保温。由于施工时难以保证质量,因此填充时要注意填充材料应达到设计要求的容重,若填充不均匀会影响保温效果。这种结构由于使用散料填充,粉尘容易飞扬、影响施工人员的健康。现除局部异形部件保温及制冷装置采用外,已很少采用。填充材料有矿渣棉、玻璃棉、超细玻璃棉及珍珠岩散料等。

3)包扎结构

利用毡、席、绳或带类的半成品保温材料,在现场剪成所需要的尺寸,然后包扎于管道上,包扎一层材料达不到设计厚度时,可以包两层或三层。包扎时要求接缝严密,厚薄均匀,保温层外面用玻璃布缠绕扎紧。包扎结构材料有:矿渣棉毡和席、玻璃棉毡、硅酸铝布等。

4)复合结构

适用于较高温度(如 650℃以上)管道的保温。施工时将耐热度高的材料作为里层,耐热度低的材料作为外层,组成双层或多层复合结构,既满足保温要求,又可以减轻保温层的重量,能有效降低工程费用。如温度高于 450℃的管道,以硅酸铝作为第一层保温后,可使第一层保温层外表面的温度降低到 250℃左右,再用耐温合适的保温材料作为第二层保温层,这种结构对高温管道特别适用。

5)浇灌式结构和喷涂结构

将发泡材料的现场浇灌入被保温的管道的模壳中,发泡成保温层结构。这种结构过去常用于地沟内的管道,即在现场浇灌泡沫混凝土保温层。近年来,随着泡沫塑料工业的发展,对管道、阀门、管件、法兰及其他异形部件的保冷,常用聚氨酯泡沫塑料原料在现场发泡,以形成良好的保冷层。

喷涂为近年来发展起来的一种新的施工方法,化工厂制冷装置的保冷是将聚氨酯泡沫塑料原料在现场喷涂于管道外壁,使其瞬间发泡,形成闭孔泡沫塑料保冷层。这种结构施工方便,但要注意施工安全。

6)预制块结构

将保温材料预制成硬质或半硬质的成型制品,如管壳、板、块、砖及特殊成型材料,施工时将成型预制块用钩钉或铁丝捆扎在管道壁上构成保温层。

绝热结构设计的规定和要求如下。

(1)防腐层设计

对碳钢、铸铁、铁素体合金钢管道,在清除其表面铁锈、油脂及污垢后,保温时应涂 1~2 道防锈底漆,保冷时应涂两道冷底子油。

(2)绝热层设计

绝热层厚度一般按 10 mm 为单位进行分档。硬质绝热材料制品最小厚度为 30 mm,硬质泡沫塑料最小厚度可为 20 mm。

① 绝热层分层规定:除浇注型和填充型外,绝热层应按下列规定分层。

(a)绝热层总厚度 $\delta > 80$ mm 时,应分层敷设(硬质保温材料暂可存留 $\delta > 100$ mm 的分层规定),当内外层采用同种绝热材料时,内外层厚度宜大致相等。

(b)当内外层为不同绝热材料时,内外层厚度的比例应保证内外层界面处温度不超过外层材料安全使用温度的 0.9 倍(以摄氏度计算)。

② 绝热结构支承件:对立管和平壁面的绝热结构,应设支承件。支承件应符合下列规定。

(a)支承件的支承面宽度应控制在小于绝热层厚度 10~20 mm 以内。

（b）支承件的间距：立管（包括水平夹角大于 45°的管道）支承件的间距，保温时，平壁为 1.5～2 m；保温圆筒，在高温介质时为 2～3 m，在中低温介质时为 3～5 m；保冷时，均不得大于 5 m。

（c）立式圆筒绝热层可用环形钢板、管卡顶焊半环钢板、角铁顶焊钢筋等做成德支承件支承。

（d）不锈钢及有色金属管道上的支承件，应采用抱箍型结构。

③ 绝热层用钩钉和销钉设置：保温层用钩钉、销钉，用 ϕ 3～6 mm 的低碳圆钢制作（软质材料用下限）。硬质材料保温钉的间距为 300～600 mm，保温钉宜根据制品几何尺寸设在缝中，作攀系绝热层的柱桩用。软质材料保温钉的间距不得大于 350 mm。每平方米面积上钉的个数：侧面部少于 6 个，底部不少于 8 个。

④ 捆扎件结构

（a）保温层捆扎：保温结构中一般采用镀锌铁线、镀锌钢带作保温结构的捆扎材料。DN≤100 mm 的管道，宜用 ϕ 0.8 mm 双股镀锌铁丝捆扎；100 mm＜DN≤600 mm 的管道，宜用 ϕ 1～1.2 mm 双股镀锌铁丝捆扎；600 mm＜DN≤1 000 mm 的管道，宜用 12 mm×0.5 mm 镀锌钢带或 ϕ 1.6～2.5 mm 镀锌铁丝捆扎；DN＞1 000 mm 的管道，宜用 20 mm×0.5 mm 镀锌钢带捆扎。

捆扎间距为 200～400 mm（软质材料靠下限），每块绝热材料至少要捆扎两道。

（b）保冷层捆扎：保冷结构中最外层捆扎方法、材料与保温结构的捆扎方法相同。双层或多层保冷时，其内层应逐层捆扎，捆扎材料采用不锈钢。

⑤ 伸缩缝设置

（a）绝热层为硬质制品时，按绝热材料膨胀量正、负值来决定是否应留设伸缩缝。一般硅酸钙、珍珠岩在受热后收缩，可用软质绝热材料将缝隙填平。材料的性能应满足（保冷用憎水型）介质温度要求。

（b）伸缩缝宽度为 20～25 mm。伸缩缝间距：直管直段长每隔 3.5～5 m 应设一伸缩缝（中低温靠上限，高温和深冷靠下限）。

（3）防潮层设计

① 保冷管道的保冷层表面，埋地管道的保温表面，以及地沟内敷设的保温管道，其保温层外表面应设防潮层。

② 防潮层的材料应符合选材规定，防潮层在环境变化与振动情况下应能保持其结构的完整性和密封性。

（4）保护层设计

绝热结构外层，必须设置保护层。保护层的设计必须切实起到保护绝热层作用，以阻挡环境和外力对绝热材料的影响，延长绝热结构的寿命。保护层应使绝热结构外表整齐、美观。

保护层结构应严密和牢固，在环境变化和振动情况下不渗雨（室内例外）、不裂纹、不散缝、不坠落。

① 保护层一般宜选用金属外壳保护层，腐蚀性严重的环境下宜采用不锈钢和非金属保护层。

② 保护层厚度选择见表 11-5。

表 11 - 5　不同使用场合的保护层厚度　　　　　　　　　单位:mm

材料类型	平壁	管道	DN≤100 mm管道	可拆卸结构
镀锌薄钢板	0.5~0.7	0.35~0.5	0.3~0.35	0.5~0.6
铝合金薄板	0.8~1.0	0.5~0.8	0.4~0.5	0.6~0.8
铝箔玻璃钢薄板	0.5~0.8	0.5	0.3	
不锈钢板	0.5~0.7	0.30~0.5	0.3~0.35	0.5~0.6

注:需增加刚度的保护层可采用瓦楞板形式

③ 金属保护层接缝形式:可根据具体情况选用搭接、插接或咬接形式。

(a) 硬质绝热制品金属保护层纵缝,在不损坏里面制品及防潮层前提下可进行咬接。伴硬质和软质绝热制品的金属保护层的纵缝可用插接或搭接。插接缝可用自攻螺钉或抽芯铆钉固定(立式保护层有防坠落要求者除外)。

(b) 金属保温层的环缝,可采用搭接或插接(重叠宽度 30~50 mm)。搭接或插接的环缝上,水平管道一般不应使用螺钉或铆钉固定(立式保护层有防坠落要求者除外)。

11.1.8　绝热层结构图

目前国内常用的管道的保温层结构图如图 11 - 4~图 11 - 14 所示。

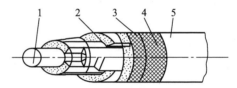

图 11 - 4　绑扎法分层保温结构

1—管道;2—保温毡或布;3—镀锌铁丝;4—镀锌铁丝网;5—保护层

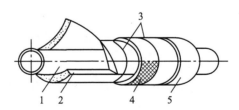

图 11 - 5　包扎结构

1—管道;2—保温毡或布;3—镀锌铁丝;4—镀锌铁丝网;5—保护层

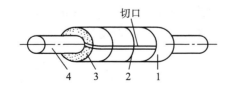

图 11 - 6　管壳式保温结构

1—金属护壳;2—镀锌铁丝;3—保温层管壳;4—管道

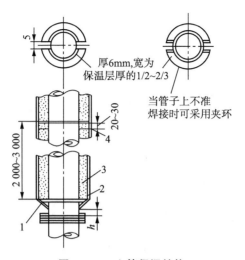

图 11 - 7　立管保温结构

1—托环(厚度为 6 mm,宽为保温厚的 1/2～2/3,当管子上不可焊接时可采用夹环);2—保护层;
3—保温层;4—填充硅酸铝绳或其他软质材料

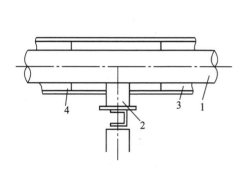

图 11 - 8　活动支架保温

1—管道;2—管托;3—保温层;4—保护层

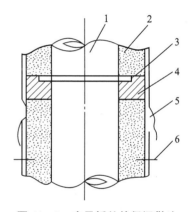

图 11 - 9　支承板处的保温做法

1—管道;2—保温层;3—支承板;4—填充保温材料;
5—镀锌铁皮保护层;6—自攻螺钉

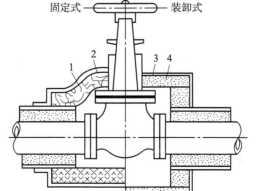

图 11 - 10　阀门保温结构

1—玻璃棉毡;2—玻璃布保护屋;3—铁壳保护层;4—保温板

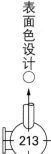

第11章　管道的绝热、防腐与表面色设计

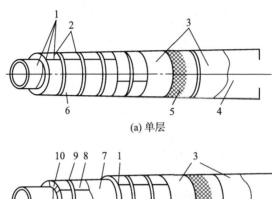

(a) 单层

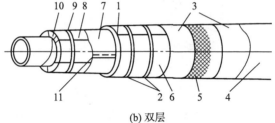

(b) 双层

图 11-11 直接保温结构

1—发泡性黏结剂；2—不锈钢带钢带(最大间距 200 mm)；3—阻燃型玛缔脂 3 mm 厚；4—金属保护层；
5—防潮层(或防水卷材)；6—聚氨酯泡沫塑料管壳；7—防潮层(或防水卷材)；8—泡沫玻璃管壳；
9—不锈钢带或丝(间距 225 mm)；10—耐磨涂料；11—防潮层搭接

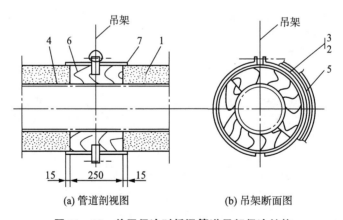

(a) 管道剖视图   (b) 吊架断面图

图 11-12 单层保冷时低温管道吊架保冷结构

1—保冷层(硬质泡沫塑料或泡沫玻璃)；2—防潮层，$\delta=3$ mm(沥青玛琋脂)；3—防潮层(平纹玻璃布)；
4—黏结剂、密封剂；5—金属外壳(薄铝板或镀锌薄钢板)；6—支承块(木材或硬塑料)；
7—保护铁皮，$\delta=8.6$ mm(薄钢板)

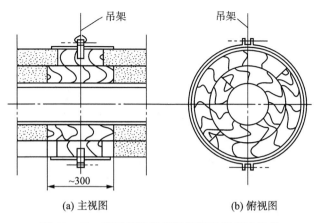

(a) 主视图   (b) 俯视图

图 11-13　双层保冷时低温管道吊架保冷结构

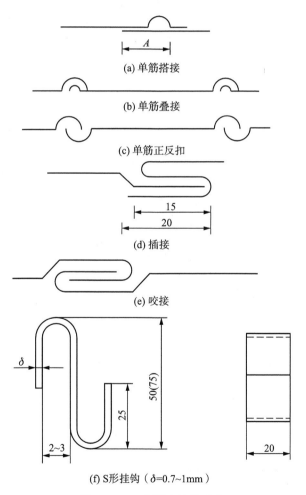

(a) 单筋搭接

(b) 单筋叠接

(c) 单筋正反扣

(d) 插接

(e) 咬接

(f) S形挂钩（δ=0.7~1mm）

图 11-14　金属壳连接形式

11.2 管道的防腐设计

管道的防腐又称为油漆或管道的涂漆或涂料,为了减少管道的外表面受大气腐蚀,增加管道的使用寿命,因此需对工程中易产生腐蚀的金属材料进行防腐。

金属的腐蚀是金属在所处的环境,因化学或电化学反应,引起金属表面耗损现象的总称。

金属的腐蚀按照环境的不同可分为干腐蚀和湿腐蚀两种,从腐蚀的表面来分可分为全面腐蚀和局部腐蚀。常见的晶间腐蚀和应力腐蚀为局部腐蚀。有一种常见的湿腐蚀是管道在土壤中的腐蚀,也叫埋地管道的腐蚀。另一种湿腐蚀叫电腐蚀在工程很少遇到。

在工程中需对金属的管道进行防腐,防腐涂料按原始组成来看由固体和液体组成。

液体材料有成膜材料和溶剂及稀释剂两部分组成。

(1)成膜材料也称黏结剂,它主要是油料或树脂在有机溶剂中的溶液。

(2)溶剂及稀释剂是一些挥发性液体,能溶解和稀释树脂或油料。

固体材料部分是由颜料和填料两部分组成。颜料和填料都能增加漆膜的厚度和提高漆膜的耐磨,耐热和耐化学腐蚀的性能。

关于油漆的设计及应用我国有许多设计规范及规定,大致的要求及内容是一致的,其中相关的要求及共性的内容做一些介绍。

11.2.1 外防腐一般要求

地上和埋地钢管外防腐应执行 SY/T 0407—2012《涂装前钢材表面预处理规范》、SY/T 0414—2017《钢质管道聚乙烯胶粘带防腐层技术标准》、SY/T 0415—1996《埋地钢质管道硬质聚氨酯泡沫塑料 防腐保温层技术标准》、SY/T 0420—1997《埋地钢质管道石油沥青防腐层技术标准、SY/T 0447—2014《埋地钢质管道环氧煤沥青防腐层技术标准》等有关规定。

埋地钢管道穿越或平行于电气化铁路以及通过有杂散电流的地段时,应做特加强级防腐蚀涂层。有特殊要求时可设置阴极保护。埋地铸铁管道无外防腐层时,应刷两道沥青漆。

11.2.2 内防腐一般要求

钢管道和铸铁管道的内防腐应根据水的结垢、腐蚀倾向确定,并且符合下列要求:

(1)当水的不饱和指数小于－0.25,稳定指数大于 7.5 时,宜做内防腐处理;

(2)当水的不饱和指数大于等于－0.25,稳定指数小于等于 7.5 时,宜根据试验与水的微生物分析,或参照当地给水管的结垢、腐蚀状况综合考虑确定;

(3)经过水质稳定处理的循环水管道,可不做管道的内防腐处理。

生活给水管道内的防腐涂料,严禁选用含有毒的涂料、有机溶剂和黏结剂。

采用水泥砂浆作内防腐涂层的管道,应符合 CECS10、SY/T 0321 的有关规定。

11.2.3 防腐油漆涂料选用及要求

油漆与涂料的选用,通常应遵守下列原则:

(1)与被涂物的使用环境相适应;

(2)与被涂物表面的材质相适应;

(3)各层涂料正确配套;

（4）安全可靠，经济合理；

（5）具备施工条件。

通常情况下，在工程中碳素钢、低合金钢的管道及其附属钢结构表面应涂漆，防锈涂漆（层）应耐环境大气腐蚀，需特别说明的是埋地管道必须进行涂料防腐蚀。钢制管道外部防锈处理采用的底漆和面漆应选择配套产品，外部设有隔热层的管道一般只涂底漆。镀锌钢管外部镀锌层有防锈功能，地上敷设时，外表面不宜做防锈处理。外露部分如进行防锈处理，可能引起镀锌钢管外部镀锌层局部受损。如镀锌钢管外部镀锌层局部受损，可采用银粉漆涂层防锈。

除设计另有规定外，在我国现阶段下列情况不需涂漆：

（1）奥氏体不锈钢的表面；

（2）镀锌表面；

（3）已精加工的表面；

（4）涂塑料或涂变色漆的表面；

（5）铭牌、标志板或标签。

在制造厂制造的管道及其附属钢结构需按设计要求在制造厂完成涂漆。

在现场需涂漆色通常有下列情况：

（1）在施工现场组装的管道及其附属钢结构；

（2）在制造厂只涂了底漆，需在施工现场修整和涂面漆的管道及其附属钢结构；

（3）在制造厂已涂面漆，需在施工现场对损坏的部位进行补漆的管道及其附属钢结构。

11.2.4　钢材表面腐蚀的分类

在工程实践中为了做好管道的防腐，需对钢材表面的防腐程度进行分级。大气中腐蚀性物质对钢材表面的腐蚀，可按其腐蚀程度分为强腐蚀、中等腐蚀、弱腐蚀三类，见表 11-6。

表 11-6　大气中腐蚀性物质对钢材表面的腐蚀程度

腐蚀性物质及作用条件			腐蚀程度		
类　别	作用量	空气相对湿度/%	强腐蚀	中等腐蚀	弱腐蚀
腐蚀性气体① A	—	<60	—	—	√
B	—		—	—	√
C	—		—	√	—
D	—		√	—	—
A	—	60～70	—	—	√
B	—		—	√	—
C	—		—	√	—
D	—		√	—	—
A	—	>75	—	√	—
B	—		—	√	—
C	—		√	—	—
D	—		√	—	—

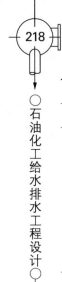

续表

腐蚀性物质及作用条件				腐蚀程度		
类　别		作用量	空气相对湿度/%	强腐蚀	中等腐蚀	弱腐蚀
酸雾	无机酸	大量	＞75	√	—	—
		少量	＞75	√	—	—
			≤75	—	√	—
	有机酸	大量	＞75	√	—	—
		少量	＞75	√	—	—
			≤75	—	√	—
颗粒物②	难溶解	大量	＜60	—	—	√
	易溶解、难吸湿			—	—	√
	易溶解、易吸湿			—	√	—
	难溶解	大量	60～70	—	—	√
	易溶解、难吸湿			—	√	—
	易溶解、易吸湿			—	√	—
	难溶解	大量	＞75	—	—	√
	易溶解、难吸湿			√	—	—
	A	—	＜60	—	—	√
	易溶解、易吸湿			√	—	—
滴溅液体	工业水	pH＞3	—	—	√	—
		pH≤3	—	√	—	—
	盐溶液	—	—	√	—	—
	无机酸	—	—	√	—	—
	有机酸	—	—	√	—	—
	碱溶液	—	—	√	—	—
	一般有机液体	—	—	—	—	√

注：① 大气中腐蚀性气体分类见表 11-7；
　　② 大气中颗粒物类别见表 11-7；
　　③ 表中"√"表示所在条件下的腐蚀程度。

大气中腐蚀性气体的分类及颗粒物的特性见表 11-7 及表 11-8。

表 11-7　大气中腐蚀性气体的分类

类　　别	名　　称	含　量/(mg/m³)
A	氯化氢	<0.05
	氯	<0.1
	氮氧化物(折合二氧化氮)	<0.1
	硫化氢	<0.01
	氟化氢	<0.05
	二氧化硫	<0.5
	二氧化碳	<2 000
B	氯化氢	0.05~5
	氯	0.1~1
	氮氧化物(折合二氧化氮)	0.01~5
	硫化氢	0.05~5
	氟化氢	0.5~10
	二氧化硫	0.5~10
	二氧化碳	>2 000
C	氯化氢	5~10
	氯	1~5
	氮氧化物(折合二氧化氮)	5~25
	硫化氢	5~100
	氟化氢	5~10
	二氧化硫	10~200
	二氧化碳	>2 000
D	氯化氢	5~10
	氯	1~5
	氮氧化物(折合二氧化氮)	5~25
	硫化氢	5~100
	氟化氢	5~10
	二氧化硫	200~1 000
	二氧化碳	>2 000

注:多种腐蚀性气体同时作用时,腐蚀程度取最高者。

表 11-8　大气中颗粒物的特性

特　性	名　　称
难溶解	硅酸盐,铝酸盐,磷酸盐,钙、钡、铅的碳酸盐和硫酸盐,镁、铁、铬、铝、硅的氧化物和氢氧化物
易溶解、难吸湿	钠、钾、锂、铵的氯化物、硫酸盐和亚硫酸盐,铵、镁、钠、钾、钡、铅的硝酸盐,钠、钾、铵的碳酸盐和碳酸氢盐
易溶解、易吸湿	钙、镁、锌、铁、铟的氯化物,镉、镁、镍、锰、锌、铜、铁的硫酸盐,钠、锌的亚硝酸盐,钠、钾的氢氧化物,尿素

11.2.5　钢材表面预表面处理锈蚀等级

在对钢材进行油漆前必须对钢材进行预处理,在预处理前需进行锈蚀等级的划分。钢材表面锈蚀等级和防锈等级的划分,我国采用与《涂装前钢材表面锈蚀等级和除锈等级》GB/T 8923.1 中典型样板照片对比的办法来确定。

1. 钢材表面的锈蚀等级,分为以下四级。

(1) A 级——全面地覆盖着氧化皮而几乎没有铁锈的钢材表面;

(2) B 级——已发生锈蚀,且部分氧化皮已经剥落的钢材表面;

(3) C 级——氧化皮已因锈蚀而剥落或可以刮除,且有少量点蚀的钢材表面;

(4) D 级——氧化皮已因锈蚀而完全剥离,且已普遍发生点蚀的钢材表面。

2. 钢材表面的除锈等级,分为以下五级。

(1) St2——彻底的手工和动力工具除锈。

除锈效果:钢材表面无可见的油脂和污垢,且没有附着不牢的氧化皮、铁锈和油漆涂层等附着物。

(2) St3——非常彻底的手工和动力工具除锈。

除锈效果:钢材表面无可见的油脂和污垢,且没有附着不牢的氧化皮、铁锈和油漆涂层等附着物,除锈应比 St2 更为彻底,底材显露部分的表面应具有金属光泽。

(3) Sa2——彻底的喷射或抛射除锈。

除锈效果:钢材表面无可见的油脂和污垢,且氧化皮、铁锈和油漆涂层等附着物已基本清除,其残留物应是牢固附着的。

(4) Sa2.5——非常彻底的喷射或抛射除锈。

除锈效果:钢材表面无可见的油脂、污垢、氧化皮、铁锈和涂料涂层等附着物,任何残留的痕迹应是点状或条纹状的轻微色斑。

(5) Sa3——使金属表面洁净的喷射或抛射除锈。

除锈效果:钢材表面无可见的油脂、污垢、氧化皮、铁锈和涂料涂层等附着物,该表面应显示均匀的金属色泽。

11.2.6　地上管道防腐蚀设计

在地上的管道在符合要求的情况下均需进行防腐。地上管道防腐蚀涂料,可按表 11-9 选用。

表 11-9　防腐蚀涂料性能和用途

涂料性能和用途		沥青涂料	高氯化聚乙烯涂料	醇酸树脂涂料	环氧磷酸锌涂料	环氧富锌涂料	无机富锌涂料	环氧树脂涂料	环氧酚醛树脂涂料	聚氨酯涂料	聚硅氧烷涂料	有机硅涂料	冷喷铝涂料	热喷铝(锌)
一般防腐		√	√	√	√	√	△	√	√	√	△	△	△	△
耐化工大气		√	√	○	√	√	√	√	√	√	√	√	√	√
耐无机酸	酸性气体	○	○	○	○	○	○	○	○	○	○	○	√	√
	酸雾	○	√	×	○	○	○	○	○	○	○	√	×	√
耐有机酸酸雾及飞沫		√	○	×	○	○	○	○	○	○	○	√	×	√
耐碱		○	√	○	○	○	×○	√	○	○	○	√	√	×○
耐盐类		○	√	○	○	○	√	√	○	○	○	√	√	√
耐油	汽油、煤油 等	×	√	○	○	○	√	√	√	√	○	×	√	√
	机油	×	√	○	○	○	√	√	√	√	○	○	√	√
耐溶剂	烃类溶剂	×	√	×	○	○	√	√	√	√	○	×	×	×
	脂、酮类溶剂	×	×	×	×	×	×	○	○	×	×	×	×	×
	氯化溶剂	×	×	×	×	×	×	○	√	√	√	×	×	×
耐潮湿		√	√	√	√	√	√	√	√	√	√	√	√	√
耐水		√	○	√	√	√	√	√	√	√	√	○	√	√
耐温/℃	常温	√	√	√	√	√	√	√	√	√	√	△	△	√
	≤100	×	√	√	√	√	√	√	√	√	√	△	△	√
	101~200	×	×	×	○	○	√	○b	×	○b	○b	△	√	√
	201~350	×	×	×	×	×	√	×	×	×	×	√	√	√
	351~500	×	×	×	×	×	○c	×	×	×	×	√	○d	○c
耐候性		×	○	○	×	○	√	×	×	√	√	√	○	○
附着力		√	○	√	√	√	√	√	√	√	√	√	√	√

注:表中"√"表示性能良好,推荐使用;"○"表示性能一般,可选用;"×"表示性能差,不宜选用;"△"表示由于价格、施工等原因,不宜选用;b——最高使用温度120℃;c——最高使用温度400℃;d——最高使用温度550℃;

　　通常绝热的管道需涂 1~2 道防腐底漆。除沿海、湿热地区保温的重要的碳钢及合金钢管道,需按管道的操作温度要求,涂合适的耐温底漆。按照目前的趋势来看,在外资项目中不锈钢管道无论保温与否均有涂漆的要求。

　　保冷的管道可选用冷底子油,石油沥青或沥青底漆,且宜涂 1~2 道。

化工及石油化工企业的运行在一定时间内均需一个检修周期,地上管道的防腐蚀涂层使用寿命应与装置的检修周期相适应,一般不宜少于两年。

地上管道防腐蚀效果与底漆的附着能力有极大关系,因此底漆涂料对钢材表面除锈等级有一定的要求,底层涂料对钢材表面除锈等级的要求,推荐采用表 11-10 的要求。对锈蚀等级为 D 级的钢材表面,需采用喷射或抛射除锈。

表 11-10　底层涂料对钢材表面除锈等级的要求

底层涂料种类	除 锈 等 级		
	强腐蚀	中等腐蚀	弱腐蚀
醇酸树脂底漆	Sa2.5	Sa2 或 St3	St3
环氧铁红底漆	Sa2.5	Sa2	Sa2 或 St3
环氧磷酸锌底漆	Sa2.5 或 Sa2	Sa2	Sa2
环氧酚醛底漆	Sa2.5	Sa2.5	Sa2.5
环氧富锌底漆	Sa2.5	Sa2.5	Sa2.5
无机富锌底漆	Sa2.5	Sa2.5	Sa2.5
聚氨酯底漆	Sa2.5	Sa2.5	Sa2.5 或 St3
有机硅耐热底漆	Sa3	Sa2.5	Sa2.5
热喷铝(锌)	Sa3	Sa3	Sa3
冷喷铝	Sa2.5	Sa2.5	Sa2.5

注:不便于喷射除锈的部位,手工和动力工具除锈等级不低于 St3 级。

11.2.7　埋地管道防腐蚀设计

埋地敷设的钢制管道应进行外防腐处理,当敷设在腐蚀性土壤中或存在杂散电流的区域时应采取阴极保护措施。出厂时未做防腐处理的铸铁管道,埋地敷设时应进行外防腐处理。埋地敷设的钢管和铸铁管道的防腐处理等级,应根据地下水位和土壤的腐蚀性确定,对穿越有杂散电流地段的管道和不便检查维修的区域内的管道,应提高防腐等级,必要时可增加阴极保护措施。埋地敷设的钢制管道外防腐可采用环氧煤沥青涂料或聚乙烯胶粘带材料,防腐做法应符合现行环氧煤沥青涂料防腐或聚乙烯胶粘带防腐的有关规定。埋地敷设的铸铁管道无外防腐层时,应刷沥青漆两遍。埋地管道接口法兰、卡箍及紧固件应安装在检查井或管沟内,当直埋在土壤中时应做防腐处理。

钢管及铸铁管的内防腐,应根据水的结垢、腐蚀倾向确定,并应符合下列要求:

(1)当水的饱和指数小于-0.25,稳定指数大于 7.5 时,宜做内防腐处理;

(2)当水的饱和指数大于等于-0.25,稳定指数小于等于 7.5 时,宜根据试验与水的微生物分析,或参照当地给水管的结垢、腐蚀状况综合考虑确定;

(3)经水质稳定处理的循环水管道,可不做管道的内防腐处理。

(4)为了保护人民的身体健康,生活给水管道的内防腐涂料应符合现行国家标准《生活饮用水输配水设备及防护材料的安全性评价标准》GB/T 17219 的有关规定,不得选用含有毒溶剂与黏合剂的内防腐涂料,并应经卫生部门检测、批准,获得卫生部门颁发的合格证。另外,生活给水管道采用承插连接时,承插口接口处填料也应符合上述要求。

由于电化学作用造成金属在土壤中腐蚀,其腐蚀速度,主要是由土壤的成分,如含盐的种类、pH 值、含水率、电阻率、透气性、温度等因素确定。根据防腐的效果与除锈及预处理有直接的关系,故首先确定埋地管道表面处理的防锈等级,在工程实践中埋地管道表面处理的防锈等级通常采用为 St3 级。同时需确定埋地管道防腐蚀等级。

埋地管道防腐蚀等级,推荐根据土壤腐蚀性等级按表 11-11 确定。

表 11-11　土壤腐蚀性等级及防腐蚀等级

土壤腐蚀 性等级	土壤腐蚀性质					防腐蚀等级
	电阻率 /Ω	含盐量/% (质量百分比)	含盐量/% (质量百分比)	电流密度 /(mA/cm²)	pH	
强	<50	>0.75	>12	>0.3	<3.5	特加强级
中	50～100	0.75～0.05	5～12	0.3～0.025	3.5～4.5	加强级
弱	>100	<0.05	<5	<0.025	4.5～5.5	普通级

注 1:其中任何一项超过表列指标者,防腐蚀等级应提高一级。
注 2:埋地管道穿越铁路、道路、沟渠,以及改变埋设深度时的弯管处,防腐蚀等级需为特加强级。

在工程实践中,我国现阶段对埋地的管道的防腐处理主要还采用石油沥青或环氧煤沥青防腐漆,在大多数外资、涉外项目及少数国内项目中已采用热塑聚乙烯聚丙烯包覆技术,对此项技术在此不作详细介绍,主要介绍传统的石油沥青或环氧煤沥青防腐漆技术。

埋地管道防腐蚀涂层可选用石油沥青或环氧煤沥青防腐漆。防腐蚀涂层结构,推荐采用表 11-12 和表 11-13 的要求。

表 11-12　石油沥青防腐蚀涂层结构　　　　　　　　　　单位:mm

防腐蚀等级	土壤腐蚀性质	每层沥青厚度	涂层总厚度
特加强级	沥青底漆-沥青-玻璃布-沥青-玻璃布-沥青-玻璃布-沥青-玻璃布-沥青-聚氧乙烯工业膜	≈1.5	≥7.0
加强级	沥青底漆-沥青-玻璃布-沥青-玻璃布-沥青-玻璃布-沥青-聚氧乙烯工业膜	≈1.5	≥5.5
普通级	沥青底漆-沥青-玻璃布-沥青-玻璃布-沥青-聚氧乙烯工业膜	≈1.5	≥4.0

表 11-13　环氧煤沥青防腐蚀涂层结构　　　　　　　　　　单位:mm

防腐蚀等级	土壤腐蚀性质	涂层总厚度
特加强级	底漆-面漆-玻璃布-面漆-玻璃布-面漆-玻璃布-两层面漆	≥7.0
加强级	底漆-面漆-玻璃布-面漆-玻璃布-两层面漆	≥5.5
普通级	底漆-面漆-玻璃布-两层面漆	≥4.0

为了符合石油沥青对防腐的要求,石油沥青防腐蚀涂层对沥青性能的要求也需符合表
11-14的要求。石油沥青性能也需符合表11-15的要求。

表 11-14　石油沥青防腐蚀涂层对沥青性能的要求

介质温度/℃	性能要求			说明
	软化点(环球法)/℃	针入度(25℃)/(1/10 mm)	延度(25℃)/cm	
常温	≥75	15～30	>2	可用 30 号沥青或 30 号与 10 号沥青调配
25～50	≥95	5～20	>1	可用 10 号沥青或 10 号与 2 号、3 号专业沥青调配
51～70	≥120	5～15	>1	可用专用 2 号或专用 3 号沥青
71～75	≥115	<25	>2	专用改性沥青

注:防腐蚀涂层的沥青软化点应比管道内介质的正常操作温度高 45℃以上,沥青的针入度宜小于 20(1/10 mm)。

表 11-15　石油沥青性能

牌　号	软化点(环球法)/℃	针入度(25℃)/(1/10 mm)	延度(25℃)/cm
专用 2 号	135±5	17	1.0
专用 3 号	125～140	7～10	1.0
10 号	≥95	10～25	1.5
30 号	≥70	25～40	3.0
专用改性	≥115	<25	>2

为了提高埋地管道的防腐结构绝缘层和热稳定性,在防腐结构中需要采用玻璃布,为了适应防腐的要求,因此对玻璃布必须有相应的要求,玻璃布宜采用含碱量不大于 12% 的中碱布,经纬密度为 10×10 根/平方厘米,厚度为 0.10～0.12mm,无捻、平纹、两边封边、带芯轴玻璃布卷。不同管径适宜的玻璃布宽度见表 11-16。

表 11-16　不同管径的玻璃布适宜宽度　　　　　　　　　　单位:mm

管径(DN)	<250	250～500	>500
布宽	100～250	400	500

如在埋地管道的防腐中采用聚氯乙烯工业膜的,聚氯乙烯工业膜也需采用防腐蚀专用聚氯乙烯薄膜,耐热 70℃,耐寒－30℃拉伸强度(纵、横)不小于 14.7 MPa,断裂伸长率(纵、横)不小于 200%,宽 400～800 mm,厚 0.2±0.03 mm。

埋地钢管道外防腐层的结构参照表 11-17 选用。

表 11－17　埋地钢管道外防腐层的结构表 单位:mm

表 11－17　埋地钢管道外防腐层的结构表　　　　　　　　　　　　　　　　单位:mm

项　目	外防腐层结构					
	普通级	总厚度	加强级	总厚度	特加强级	总厚度
石油沥青涂料	第1层底漆 第2,4,6层沥青 第3,5层玻璃布 第7层外保护层	≥4.0	第1层底漆 第2,4,6,8层沥青 第3,5,7层玻璃布 第9层外保护层	≥5.5	第1层底漆 第2,4,6,8,10层沥青 第3,5,7,9层玻璃布 第11层外保护层	≥7.0
环氧煤沥青涂料	第1层底漆 第2,4,5层面漆 第3层玻璃布	≥0.4	第1层底漆 第2,4,6,7层面漆 第3,5层玻璃布	≥0.6	第1层底漆 第2,4,6,8,9层面漆 第3,5,7层玻璃布	≥0.8
聚乙烯胶黏带	第1层底漆 第2层内带,缠绕一层厚度 第3层外带,缠绕一层厚度 胶带搭接,内、外层搭接量均相同(注1)	≥0.7	第1层底漆 第2层内带,缠绕成二层厚度 第3层外带,缠绕成二层厚度 胶带搭接,内、外层压缝,搭接量为50%～55%	≥1.0	第1层底漆 第2层内带,缠绕成二层厚度 第3层外带,缠绕成二层厚度 胶带搭接,内、外层压缝,搭接量为50%～55%	≥1.4

注 1:搭接宽度 b' 按胶带宽度 b 确定:$b≤75$ mm 时,$b'≥10$ mm;75 mm$<b<$230 mm 时,$b'≥15$ mm;$b≥$230 mm 时,$b'≥20$ mm。

注 2:特加强级与加强级使用聚乙烯黏胶带厚度不同。

防腐油漆的常用标准有 SH 3034《石油化工给水排水管道设计规范》、SH/T 3022《石油化工设备和管道涂料防腐蚀设计规范》。

根据 GB/T 50934《石油化工工程防渗技术规范》的要求,输送对环境有害介质的埋地管道的外防腐等级应采用特加强级。

11.2.8　管道防腐施工一般要求

在工程实践中,管道的防腐施工也是重要的一个环节,因此在对管道进行防腐时必须有一定程序及要求。首先,石油化工管道防腐蚀工程施工需有专业技术人员分别进行负责技术、质量管理和安全防护。在施工前,施工方需完成方案编制和相关技术交底。施工人员必须熟悉施工方法和技术要求。其次,涂料防腐蚀施工机具需安全可靠,并满足工艺要求。另外在进行涂装前需注意以下要求。

(1)应按要求对被涂表面进行表面处理,经检查合格后方可涂装。

(2)涂装表面的温度至少应比露点温度高 3℃,但不应高于 50℃。

(3)管道防腐蚀涂装宜在焊接施工(包括热处理和焊缝检验等)完毕,系统试验合格后进行。

(4)当改变涂料的品种或型号时,需征得设计部门同意,并按新的涂料技术性能和施工要求制定相应的涂装技术方案。

（5）底漆、中间漆、面漆需根据设计文件规定或产品说明书配套使用。不同厂家、不同品种的防腐蚀涂料，不宜配套使用。如需配套使用，需经试验确定。

（6）防腐蚀涂料需有产品质量证明书，且需符合出厂质量标准。

（7）使用稀释剂时，其种类和用量需符合涂料生产厂标准的规定。

（8）进行防腐蚀涂料施工时，通常需先进行试涂。

为了保证管道的油漆质量，表面预处理是重要的一个步骤，表面预处理即除锈可采用以下方法。

（1）干喷射法　宜采用石英砂为磨料，以 0.4～0.7 MPa 清洁干燥的压缩空气喷射，喷射后的金属表面不得受潮。当金属表面温度低于露点以上 3℃时，喷射作业应停止。

（2）手动工具除锈法　采用敲锈榔头等工具除掉钢表面上的厚锈和焊接飞溅物，再用钢丝刷、铲刀等工具刷、刮或磨，除掉金属表面上松动的氧化皮、疏松的锈和旧涂层。

（3）动力工具除锈法　用动力驱动旋转式或冲击式除锈工具，如旋转钢丝刷等，除去金属表面上松动的氧化皮、锈和旧涂层。当采用冲击式工具除锈时，不应造成金属表面损伤；采用旋转式工具除锈时，不宜将表面磨得过光。金属表面上动力工具不能达到的地方，必须用手动工具做补充清理。

被油脂污染的金属表面，除锈前可采用表 11-18 中所列方法之一除去油污，除油污后应用水或蒸汽冲洗。

在工程实践中经常会遇到管道表面旧的油漆，表面的旧涂层，可采用下列方法清除。

（1）机械法　就是采用以上的干喷射法，手动工具除锈发及动力工具除锈法。

（2）火烧法　对于薄壁管道需有防止壳体变形措施，本法通常不适用于耐碱腐蚀的涂层。

（3）热碱液溶解法　采用本法时需有排放残液的措施。不能对环境产生影响。本法通常不适用于耐碱腐蚀的涂层。

（4）脱漆剂法　采用本法时应有排放残液和保护操作人员皮肤的措施，脱漆完毕后应用汽油冲洗、擦净，才能进行涂装。

表 11-18　表面除油污方法

方　　法	清洗液/%（质量）		清洗液温度/℃	清洗时间/min	适用范围
溶剂法	200 号溶剂油		常　温	洗净为止	一般油污
	煤油				
碱洗法	氢氧化钠	3	90	40	含少量油污
	磷酸三钠	5			
	硅酸钠	3			
	水	89			
	氢氧化钠	5	90	40	含少量油污
	碳酸钠	10			
	硅酸钠	10			
	水	75			

表面处理后，通常需按规定进行宏观检查和局部抽样检查。合格后方可以涂漆施工。

11.2.9　地上管道防腐蚀施工要求

对于地上管道防腐蚀施工的方法宜采用手工刷涂、滚涂或喷涂。刷涂或滚涂时，层间应纵横交错，每层往复进行(快干漆除外)，涂匀为止。喷涂时，喷嘴与被喷面得距离，平面为 250～350 mm，圆弧面为 400 mm，并与被喷面成 70°～80°角。压缩空气压力为 0.3～0.6 MPa。大面积施工时，可采用高压无气喷涂；喷涂压力宜为 11.8～16.7 MPa，喷嘴与被喷涂表面的距离不得小于 400 mm。刷涂、滚涂或喷涂应均匀，不得漏涂。

防腐质量的一个主要指标就漆膜厚度和漆膜质量，因此涂层总厚度和涂装道数需符合设计要求；表面应平滑无痕，颜色一致，无针孔、起泡、流坠、粉化和破损等现象。

施工环境也是保证施工质量的一个因素，因此施工环境需通风良好，并符合下列要求：

(1) 温度以 13～30℃为宜，但不宜低于 5℃；

(2) 相对湿度不宜大于 80%；

(3) 遇雨、雾、雪、强风天气不宜进行室外施工；

(4) 不宜在强烈日光照射下施工。

11.2.10　埋地管道防腐蚀施工要求

对于埋地管道防腐蚀施工，首先埋地管道防腐蚀等级和选用材料由设计规定，防腐蚀涂层结构和厚度需符合相应防腐蚀涂料和等级要求。埋地管道防腐蚀应做好隐蔽工程记录，必要时需由业主或总承包方验收签字确认。

埋地管道采用石油沥青涂料的，石油沥青涂料的配制需符合相关要求。底漆需涂在洁净和干燥的表面上，涂抹应均匀，不得有空白、凝块和流坠等缺陷。底漆干燥后方可浇涂沥青及缠玻璃布。在常温下涂沥青应在涂底漆后 48 h 内进行。沥青应在已干和未受玷污的底漆层上浇涂。浇涂时，沥青涂料的温度应保持在 150～160℃。浇涂沥青后，应立即缠绕玻璃布。已涂沥青涂料的管道，在炎热天气应避免阳光直接照射。

埋地管道采用环氧煤沥青的，环氧煤沥青的配制需符合相关要求。底漆表面干后即可涂下一道漆，且应在不流淌的前提下将漆层涂厚，并立即缠绕玻璃布。玻璃布绕完后应立即涂下一道漆。最后一道面漆应在前一道面漆干后涂装。缠绕用玻璃布必须干燥、清洁。缠绕时应紧密无褶皱，压边应均匀，压边宽度宜为 30～40 mm，玻璃布接头的搭边长度宜为 100～150 mm。玻璃布的沥青浸透率应达 95% 以上，不能出现大于 50 mm×50 mm 空白。管子两端应按管径大小预留出一段不涂沥青，预留头的长度应符合表 11-19 的规定。钢管两端各层防腐蚀涂层，需做成阶梯形接茬，阶梯宽度应为 50 mm。

表 11-19　管端预留长度　　　　　　　　　　　　单位：mm

公 称 直 径	管端预留长度
<200	150
200～350	150～200
>350	200～250

在埋地管道的防腐中采用聚氯乙烯工业膜时,聚氯乙烯工业膜包扎应待沥青涂层冷却剂到100℃以下时进行,外包聚氯乙烯工业膜应紧密适宜,无褶皱、脱壳等现象。压边应均匀,压边宽度宜为30~40 mm,搭接长度宜为100~150 mm。管道涂层补口和补伤的防腐蚀涂层结构及所用材料,应与原管道防腐蚀涂层相同。当损伤面长度大于100 mm时,应按该防腐蚀涂层结构进行补伤,小于100 mm时可用涂料修补。补口、补伤处的泥土、油污、铁锈等应清除干净呈现钢灰色。补口时每层玻璃布及最后一层聚氯乙烯工业膜应在原管涂层接茬处搭接50 mm以上。

对于埋地管道防腐蚀施工,气温低于5℃时,防腐蚀施工需按冬季施工处理,应测定沥青涂料的脆化温度,达到脆化温度时,不能作业。在气温低于-5℃且不下雪时,如空气相对湿度小于75%,管子不需要预热即可进行防腐蚀施工;如空气相对湿度大于75%,管子上凝有霜露时,管子应先经干燥及加热后方可进行防腐蚀施工;在气温低于-25℃时,不能进行管子的防腐蚀施工。

石油沥青防腐蚀涂层结构应采用电火花检漏仪进行检测,以不打火花为合格,检漏电压见表11-20。

表11-20 检漏电压(kV)

防腐蚀等级	石油沥青防腐蚀结构	环氧煤沥青防腐蚀结构
特加强级	26	5
加强级	22	3
普通级	16~18	2

另外,防腐蚀后的管段堆放、装卸、运输、下沟、回填等需采取有效措施,保证防腐蚀涂层不受损伤,并符合相关要求。

在工程实践中,常用的,化工行业用油漆配套系统如表11-21所示。

表11-21 油漆配套表

代号	使用场合	表面处理	除锈、防腐涂漆厚度/μm	涂层总厚度/μm	备注
P1	不保温碳钢、低合金钢 $t \leqslant 90℃$	St3 或 Sa2.5	底　漆:改性环氧漆　　100 中间漆:改性环氧漆　　100 面　漆:聚氨酯面漆　　50	≥250	涂料中 VOC 含量必须小于40%
P2	不保温碳钢、低合金钢 $91℃ < t \leqslant 350℃$	Sa2.5	底漆:无机富锌防腐底漆　　50 面漆Ⅰ:有机硅耐热漆　　25 面漆Ⅱ:有机硅耐热漆　　25	≥100	不挥发分中锌粉含量不低于80%
P3	保温碳钢、低合金钢 $t \leqslant 90℃$	Sa2.5	底漆:无机富锌防腐底漆　　80	≥80	不挥发分中锌粉含量不低于80%
P4	保温碳钢、低合金钢 $t \geqslant 91℃$	Sa2.5	底　漆:无机富锌防腐底漆　　80	≥80	不挥发分中锌粉含量不低于80%

11.3 管道的表面色设计

管道的表面色(包括标志)是为了在工业生产中容易识别管道的管线号、管道物料、管道中物料的流向等管道的运行特性,便于操作人员操作、检查、维修生产装置,确保生产装置的安全运行。

管道表面色是指在管道等设施的外表面涂刷的颜色。

管道标志(又称标识)是指在管道外表面局部范围所刷或采用挂牌形式的关于管线号、介质名称或代号、流向箭头等信息的标志。

管道标志的设置通常需符合下列要求:

(1)生产装置中的管道,其阀门、分支和设备进出口处(1 m 范围内)以及跨越装置边界处一般需刷管道标志。

(2)管道标志字样表示采用介质的中文名称或介质的英文名称缩写,同一装置内的字样表示一致。

(3)管道标志一般需标志管道起止点(根据现场位置确定标志起点或终点)。

(4)管道标志也需标志管道的公称直径(以毫米为单位的具体数字,下同)。

(5)当管道中介质为双向流动时,管道标志需采用双向箭头表示。字样和箭头的尺寸、位置应适宜,排列规整。

管道标志有以下三种标志方法,同一单位内所有装置标志方法需一致。

(1)在管道表面色上直接涂刷管道标志字样和箭头,采用"管道表面色+标志色"进行标志。

(2)在管道表面粘贴或涂刷管道标志色带,采用"色带标志颜色"进行标志。

(3)在管廊上制作管架标志牌(包括管道编号、介质中文名称、公称直径),采用"色带标志颜色"进行标志,同时在管架上对应管道上标识管道编号和流向。

地上管道的表面色和标志一般采用表 11 - 22 规定。通常情况下,管路上的阀门的编号和状态标志色为蓝底白字,并统一规格制作。管路上的阀门、小型设备的表面色见表 11 - 23 要求。

表 11 - 22　管道表面色和标志色

序号	设备类别	表面色	标志色 字样和箭头	色带标志颜色
1	物料管道			
	一般物料	银	大红(R03)	蓝底白字
	氢气	中酞蓝(PB04)	大红(R03)	黄底黑字
	酸、碱	管道紫	大红(R03)	紫底白字
2	公用工程管道			
	水	艳绿(G03)	白	绿底白字

续表

序号	设备类别	表面色	标志色 字样和箭头	色带标志颜色
	污水	黑	白	黑底黄字
	蒸汽	银	大红(R03)	红底白字
	氮气	淡黄(Y06)	大红(R03)	黄底黑字
	氨	中黄(Y07)	大红(R03)	黄底黑字
	空气及氧	天酞蓝(PB09)	大红(R03)	淡蓝白字
	天然气、沼气	淡黄(Y06)	大红(R03)	黄底黑字
3	氯气	银	中酞蓝(PB04)	蓝底白字
4	紧急放空管(管口)	大红(R03)	淡黄(Y06)	黄底黑字
5	消防管道	大红(R03)	白	红底白字
6	电气、仪表保护管	黑		
7	仪表风管	天酞蓝(PB09)		
8	气动信号管、导要管	银		

注:对于各种物料介质管道,有特殊要求的请按行业规范执行,没有特殊要求的,按表中"一般物料"要求执行。

表 11-23　管道上的阀门、小型设备表面色

序号	名　称	表面色	备注
1	阀门、阀体		
1)	灰铸铁、可锻铸铁	黑	
2)	球墨铸铁	银	
3)	碳素钢	中灰(P02)	
4)	耐酸钢	海蓝(PB05)	
5)	合金钢	中酞蓝(PB04)	
2	阀门手轮、手柄		
1)	钢阀门	海蓝(PB05)	
2)	铸铁阀门	大红(R03)	
3	小型设备	银色	
4	调节阀		
1)	铸铁阀体	黑	
2)	铸钢阀体	中灰(B02)	
3)	锻钢阀体	银	
4)	膜头	大红(R03)	
5	安全阀	大红(R03)	

管道表面色及标志其他要求如下。

（1）采用有色金属、不锈钢、陶瓷、塑料（含玻璃钢）、铝合金板、石棉、水泥等材料制成的管道或表面已采用搪瓷、镀锌处理的管道宜保持制造厂出厂色或材料本色，不应再刷表面色，但应刷标志。

（2）刷变色漆的管道表面严禁再刷表面色，但可刷标志，且标志不得妨碍对变色漆的观察。

（3）厚型防火涂料外表面不宜刷表面色，如因防腐等需要进行涂装时，应与钢结构表面色一致。

（4）有绝热层的管道以金属外保护层颜色（一般为铝色）为表面色，不再刷其他颜色，但应有标志。

（5）在外径或保护层外径小于等于 50 mm 的管道上刷标志有困难时，可采用标志牌（矩形：250×100 mm，指向尖角：90°）标牌上应标明流体名称并用标牌的尖端指示流体流向。

（6）当表面色有两种或两种以上可供选择时，原则上同一单位内所有装置的管道，设施表面色应一致。

附录 A 石油炼制、石油化学工业污染物排放标准

一、石油炼制工业企业水污染物排放限值

单位:mg/L(pH 值除外)

序号	污染物项目	排放限值		污染物排放监测位置
		直接排放	间接排放[1]	
1	pH 值	6.0~9.0	—	
2	悬浮物	70	—	
3	化学需氧量	60	—	
4	五日生化需氧量	20	—	
5	氨氮	8.0	—	
6	总氮	40	—	
7	总磷	1.0	—	
8	总有机碳	20	—	
9	石油类	5.0	20	企业污水总排放口
10	硫化物	1.0	1.0	
11	挥发酚	0.5	0.5	
12	总钒	1.0	1.0	
13	苯	0.1	0.2	
14	甲苯	0.1	0.2	
15	邻二甲苯	0.4	0.6	
16	间二甲苯	0.4	0.6	
17	对二甲苯	0.4	0.6	
18	乙苯	0.4	0.6	
19	总氰化物	0.5	0.5	

序号	污染物项目	排放限值		污染物排放监测位置
		直接排放	间接排放[1]	
20	苯并(a)芘	0.000 03		车间或生产设施废水排放口
21	总铅	1.0		
22	总砷	0.5		
23	总镍	1.0		
24	总汞	0.05		
25	烷基汞	不得检出		
加工单位原（料）油基准排水量（m³/t）（原油量）		0.5		排水量计量位置与污染物排放监控位置相同

注1：废水进入城镇污水处理厂或经由城镇污水管线排放，应达到直接排放值；废水进入园区（包括各类工业园区、开发区、工业聚集地等）污水处理厂执行间接排放限值，未规定限值的污染物项目企业与园区污水处理厂根据其污水处理能力商定相关标准，并报当地环境保护主管部门备案。

二、石油化学工业企业水污染物排放限值

单位：mg/L（pH 值除外）

序号	污染物项目	排放限值		污染物排放监测位置
		直接排放	间接排放[1]	
1	pH 值	6.0～9.0	—	企业污水总排放口
2	悬浮物	70	—	
3	化学需氧量	60 100[2]	—	
4	五日生化需氧量	20	—	
5	氨氮	8.0	—	
6	总氮	40	—	
7	总磷	1.0	—	
8	总有机碳	20 30[2]	—	
9	石油类	5.0	20	
10	硫化物	1.0	1.0	
11	氟化物	10	20	
12	挥发酚	0.5	0.5	
13	总钒	1.0	1.0	
14	总铜	0.5	0.5	
15	总锌	2.0	2.0	
16	总氰化物	0.5	0.5	
17	可吸附有机卤化物	1.0	5.0	

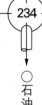

序号	污染物项目	排放限值		污染物排放监测位置
		直接排放	间接排放[1]	
18	苯并(a)芘	0.000 03		车间或生产设施废水排放口
19	总铅	1.0		
20	总镉	0.1		
21	总砷	0.5		
22	总镍	1.0		
23	总汞	0.05		
24	烷基汞	不得检出		
25	总铬	1.5		
26	六价铬	0.5		

注1:废水进入城镇污水处理厂或经由城镇污水管线排放,应达到直接排放值;废水进入园区(包括各类工业园区、开发区、工业聚集地等)污水处理厂执行间接排放限值,未规定限值的污染物项目、企业与园区污水处理厂根据其污水处理能力商定相关标准,并报当地环境保护主管部门备案。

注2:丙烯腈-腈纶、己内酰胺、环氧氯丙烷、BHT、PTA、间甲苯、等生产废水执行该限值。

附录 B 企业周边水环境敏感程度分类

类别	环境风险受体情况
高	(1) 企业雨水排口、清净下水排口、污水排口下游 10 公里范围内有如下一类或多类环境风险受体的:乡镇及以上城镇饮用水水源(地表水或地下水)保护区;自来水厂取水口;水源涵养区;自然保护区;重要湿地;珍稀濒危野生动植物天然集中分布区;重要水生生物的自然产卵场及索饵场、越冬场和洄游通道;风景名胜区;特殊生态系统;世界文化和自然遗产地;红树林、珊瑚礁等滨海湿地生态系统;珍稀、濒危海洋生物的天然集中分布区;海洋特别保护区;海上自然保护区;盐场保护区;海水浴场;海洋自然历史遗迹; (2) 以企业雨水排口(含泄洪渠)、清净下水排口、废水总排口算起,排水进入受纳河流最大流速时,24 小时流经范围内涉跨国界或省界的;
较高	企业雨水排口、清净下水排口、污水排口下游 10 公里范围内有如下一类或多类环境风险受体的:水产养殖区;天然渔场;耕地、基本农田保护区;富营养化水域;基本草原;森林公园;地质公园;天然林;海滨风景游览区;具有重要经济价值的海洋生物生存区域;
一般	企业下游 10 千米范围无上述类型 1 和类型 2 包括的环境风险受体。

附录 C　埋地钢管道外防腐层结构

单位：mm

项目	外防腐层结构					
	普通级	总厚度	加强级	总厚度	特加强级	总厚度
石油沥青涂料	第1层底漆 第2、4、6层沥青 第3、5层玻璃布 第7层外保护层	≥4.0	第1层底漆 第2、4、6、8层沥青 第3、5、7层玻璃布 第9层外保护层	≥5.5	第1层底漆 第2、4、6、8、10层沥青 第3、5、7、9层玻璃布 第11层外保护层	≥7.0
环氧煤沥青涂料	第1层底漆 第2、4、5层面漆 第3层玻璃布	≥0.4	第1层底漆 第2、4、6、7层面漆 第3、5层玻璃布	≥0.6	第1层底漆 第2、4、6、8、9层面漆 第3、5、7层玻璃布	≥0.8
聚乙烯胶黏带	第1层底漆 第2层内带,缠绕一层厚度 第3层外带,缠绕一层厚度 胶带搭接,内、外层搭接量均相同	≥0.7	第1层底漆 第2层内带,缠绕成二层厚度 第3层外带,缠绕成二层厚度 胶带搭接,内、外层压缝,搭接量为50%～55%	≥1.0	第1层底漆 第2层内带,缠绕成二层厚度 第3层外带,缠绕成二层厚度 胶带搭接,内、外层压缝,搭接量为50%～55%	≥1.4

参考文献

[1] 化工工艺设计手册. 北京:化学工业出版社,2009.

[2] SH 3015—2003. 石油化工给水排水系统设计规范. 北京:中国石化出版社,2004.

[3] SH 3034—2012. 石油化工给水排水管道设计规范. 北京:中国石化出版社,2012.

[4] GB 50160—2008. 石油化工企业设计防火规范. 北京:中国计划出版社,2009.

[5] SH/T3094—2013. 石油化工厂区雨水明沟设计规范. 北京:中国石化出版社,2013.

[6] GB/T50934—2013. 石油化工防渗工程技术规范. 北京:中国计划出版社,2014.

[7] SH/T 3533—2013. 石油化工给水排水管道工程施工及验收规范. 北京:中国石化出版社,
    2013.

[8] GB 50013—2006. 室外给水设计规范. 北京:中国计划出版社,2006.

[9] GB 50014—2006(2014 年版). 室外排水设计规范. 北京:中国计划出版社,2006.

[10] GB 50015—2003(2009 年版). 建筑给水排水设计规范. 北京:中国计划出版社,2009.

[11] GB 50011—2010(2016 年版). 建筑抗震设计规范. 北京:中国建筑工业出版社,2016.

[12] GB/T 50746—2012. 石油化工循环水场设计规范. 北京:中国计划出版社,2012.

[13] GB 50747—2012. 石油化工污水处理设计规范. 北京:中国计划出版社,2012.

[14] GB 50050—2017. 工业循环冷却水处理设计规范. 北京:中国计划出版社,2017.

[15] GB 50025—2004. 湿陷性黄土地区建筑规范. 北京:中国建筑工业出版社,2004.

[16] GB 50032—2003. 室外给水排水和燃气热力工程抗震设计规范. 北京:中国标准出版社,
    2003.

[17] GB 50242—2002. 建筑给水排水及采暖工程施工质量验收规范. 北京:中国标准出版社,
    2002.

[18] GB 50268—2008. 给水排水管道工程施工及验收规范. 北京:中国建筑工业出版社,2008.

[19] GB 5749—2006. 生活饮用水卫生标准. 北京:中国标准出版社,2006.

[20] SH 3099—2000. 石油化工给水排水水质标准. 北京:中国石化出版社,2000.

[21] GB 3838 —2002. 地表水环境质量标准. 北京:中国环境科学出版社,2002.

[22] GB 50335—2016. 城镇污水再生利用工程设计规范. 北京:中国建筑工业出版社,2016.

[23] GB 50684—2011. 化学工业污水处理与回用设计规范. 北京:中国计划出版社,2011.

[24] GB 50747—2012. 石油化工污水处理设计规范. 北京:中国计划出版社,2012.

[25] SH 3173—2013. 石油化工污水再生利用设计规范. 北京:中国石化出版社,2013.

[26] GB 50050—2017. 工业循环冷却水处理设计规范. 北京:中国计划出版社,2017.

[27] GB50223—2008. 建筑工程抗震设防分类标准. 北京:中国建筑工业出版社,2008.

[28] GB/T 4272—2008. 设备及管道绝热技术通则. 北京:中国标准出版社,2008.

[29] GB/T 17219—1998. 生活饮用水输配水设备及防护材料的安全性评价标准. 北京:中国标准出版社,1998.

[30] GB/T 21873—2008. 橡胶密封件 给、排水管及污水管道用接口密封圈材料规范. 北京:中国标准出版社,2008.

[31] GB 7231—2003. 工业管道的基本识别色、识别符号和安全标识. 北京:中国标准出版社,2003.

[32] GB/T8923.1—2011. 涂覆涂料前钢材表面处理表面清洁度的目视评定第 1 部分 未涂覆过的钢材表面和全面清除原有涂层后的钢材表面的锈蚀等级和处理等级. 北京:中国标准出版社,2011.

[33] GB/T8923.2—2008. 涂覆涂料前钢材表面处理表面清洁度的目视评定第 2 部分 已涂覆过的钢材表面局部清除原有涂层后的处理等级. 北京:中国标准出版社,2008.

[34] GB/T8923.3—2009. 涂覆涂料前钢材表面处理表面清洁度的目视评定第 3 部分 焊缝、边缘和其他区域的表面缺陷的处理等级. 北京:中国标准出版社,2009.

[35] GB/T8923.4—2013. 涂覆涂料前钢材表面处理表面清洁度的目视评定第 4 部分 与高压水喷射处理有关的初始表面状态、处理等级和除锈等级. 北京:中国标准出版社,2013.

[36] GB 50126—2008. 工业设备及管道绝热工程施工规范. 北京:中国计划出版社,2008.

[37] GB 50185—2010. 工业设备及管道绝热工程施工质量验收规范. 北京:中国计划出版社,2010.

[38] GB 50264—2013. 工业设备及管道绝热工程设计规范. 北京:中国计划出版社,2013.

[39] GB/T 50538—2010. 埋地钢质管道防腐保温层技术标准. 北京:中国计划出版社,2010.

[40] GB 50873—2013. 化学工业给水排水管道设计规范. 北京:中国计划出版社,2013.

[41] SH/T 3010—2013. 石油化工设备和管道绝热工程设计规范. 北京:中国石化出版社,2013.

[42] SH/T 3022—2011. 石油化工设备和管道涂料防腐蚀设计规范. 北京:中国石化出版社,2011.

[43] SH/T 3043—2014. 石油化工设备管道钢结构表面色和标志规定. 北京:中国石化出版社,2014.

[44] SH/T 3548—2011. 石油化工涂料防腐蚀工程施工质量验收规范. 北京:中国石化出版社,2011.

[45] SY/T 0407—2012. 涂装前钢材表面预处理规范. 北京:石油工业出版社,2012.

[46] SY/T 0414—2017. 钢质管道聚乙烯胶粘带防腐层技术标准. 北京:石油工业出版社,2017.

[47] SY/T 0415—1996. 埋地钢质管道硬质聚氨酯泡沫塑料防腐保温层技术标准. 北京:石油工业出版社,1996.

[48] SY/T 0420—1997. 埋地钢质管道石油沥青防腐层技术标准. 北京:石油工业出版社,1997.

[49] SY/T 0447—2014. 埋地钢质管道环氧煤沥青防腐层技术标准. 北京:石油工业出版社,2014.